秸秆基水处理材料制备及性能研究

Preparation and
Performance of Straw-based Water
Treatment Materials

卓胜男 著

化学工业出版社
·北京·

内 容 简 介

本书以秸秆的高值化功能材料制备以及水处理性能研究为主线，主要介绍了秸秆当前的综合利用现状，尤其是在水处理功能材料方面的研究，包括高级氧化水处理催化材料生物炭和木质素基絮凝剂，详细介绍了纳米零价铁生物炭、木质素基絮凝剂、铁-氮生物炭的制备过程和转化机制，描述了材料的物理化学特性，着重探究了材料在水处理应用中的催化效能和絮凝效能，并分析其作用机制，旨在为未来秸秆的规模化高值转化技术提供理论指导，为水污染深度处理提供新材料。

本书介绍了秸秆基水处理材料制备的改进方法，可以同时实现两类水处理材料的转化，而且对材料的性能和作用机理作出了较全面的分析阐释，可供从事固体废物及水处理相关研究的科研人员和技术人员参考，也可供高等学校环境科学与工程、资源循环科学与工程、生态工程及相关专业师生参阅。

图书在版编目（CIP）数据

秸秆基水处理材料制备及性能研究 / 卓胜男著 .
北京：化学工业出版社，2025. 8. -- ISBN 978-7-122
-48160-3

Ⅰ. TU991. 2
中国国家版本馆 CIP 数据核字第 202542NW55 号

责任编辑：刘　婧　刘兴春　　　　　　　　　文字编辑：李晓畅
责任校对：李雨函　　　　　　　　　　　　　装帧设计：刘丽华

出版发行：化学工业出版社（北京市东城区青年湖南街 13 号　邮政编码 100011）
印　　装：北京捷迅佳彩印刷有限公司
710mm×1000mm　1/16　印张 12½　彩插 6　字数 206 千字
2025 年 10 月北京第 1 版第 1 次印刷

购书咨询：010-64518888　　　　　　　　　售后服务：010-64518899
网　　址：http://www.cip.com.cn
凡购买本书，如有缺损质量问题，本社销售中心负责调换。

定　　价：98.00 元

前言

我国是农业大国，每年产生数亿吨的废弃秸秆，对其进行不当焚烧及填埋处理造成了严重的环境污染和资源浪费。自 2020 年中国在第七十五届联合国大会上向全世界作出实现"双碳"目标的承诺以来，我国出台了相应的政策文件支持减污降碳。秸秆作为大宗固体废物之一，其综合治理受到国家的重视。2021 年 3 月 8 日，国家发展改革委出台《关于"十四五"大宗固体废弃物综合利用的指导意见》，明确提出：大力推进秸秆综合利用，推动秸秆综合利用产业提质增效。当前我国对秸秆的综合利用以"五化"（肥料化、饲料化、燃料化、原料化、基料化）为主，但不能只停留在"五化"上。2021 年 10 月国务院印发的《2030 年前碳达峰行动方案》中明确提出了"加快推进秸秆高值化利用"要求，为秸秆的未来处理处置指明了方向。因此，大力发展秸秆的高值化利用对实现"双碳"目标意义重大。

秸秆具备绿色、低碳、可持续利用的优势和特点，天然的高分子芳香结构使其在水处理功能材料的高值转化和利用方面得到了广泛的关注和研究。然而，笔者阅读大量的文献研究发现，当前秸秆基水处理催化剂和絮凝剂的转化思路和处理技术都是独立的，严格来说并不能在真正意义上实现秸秆的综合利用。

因此，笔者长期以来围绕秸秆做高值材料的转化研究，通过不断地思考和试验，探索出了制备秸秆基生物炭和絮凝剂的改进方法，使材料获得了性能上的提升。通过数据分析，整理编写了《秸秆基水处理材料制备及性能研究》，希望把这些经验和思路分享给读者，为该领域科研人员和高等学校相关专业师生在制备秸秆基新材料方面提供思想上的启发，同时为未来秸秆的规模化、一体化转化技术提供借鉴。

　　本书共 6 章：第 1 章是对秸秆的综合利用和基于秸秆制备的功能材料在水污染处理领域中的研究现状的概述；第 2 章介绍了秸秆基水处理材料生物炭和絮凝剂的制备方法、材料表征方法、效能测试方法及其他分析方法；第 3～5 章分别对应第 2 章制备的三种材料进行了性能探究，分别为纳米零价铁生物炭的催化效能和机制、木质素基絮凝剂的脱色效能和絮凝机理、铁-氮生物炭参与降解抗生素的催化效能和机制；第 6 章是对本书成果的总结和对材料未来发展的展望。本书从秸秆的特性入手，到秸秆的材料转化机理，再到应用实例及其作用机理研究，由浅入深，便于读者更好地阅读和理解。

　　本书由卓胜男根据过往的研究数据整理和撰写，同时感谢哈尔滨工业大学提供的科研平台，感谢国家自然科学基金委员会、河南省联合基金、河南省科学院的项目支持。本书参阅的文献资料均已列出，若有疏漏敬请谅解。在此，向所有的参考文献作者表示衷心的感谢。

　　限于著者水平及撰写时间，书中不足和疏漏之处在所难免，敬请读者批评指正。

著者

2025 年 2 月

目录

第 5 章
铁-氮生物炭的
催化性能研究

142

第1章

概述

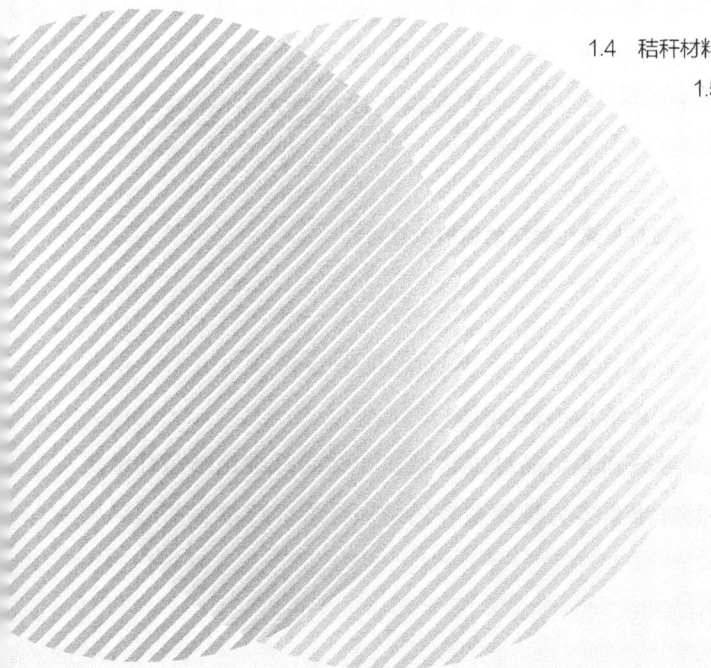

1.1　秸秆的结构特性

秸秆作为废弃生物质，属于木质纤维类生物质的一种，具有木质纤维素的结构特征，主要由纤维素、半纤维素和木质素三大组分构成[1]。不同的生物质中三种组分的含量有所差异，一般情况下，秸秆中的纤维素组分占比最高，在30%～45%范围内，半纤维素占比20%～33%，木质素占比5%～22%[2]。除主要组分外，秸秆生物质还包括一些果胶、其他可提取组分和灰分等。

如图1-1所示，秸秆中的纤维素、半纤维素、木质素交联缠绕，赋予了秸秆天然的异质结构。木质素组分存在于秸秆生物质的最外层，其三维芳香骨架为生物质提供了"天然屏障"。

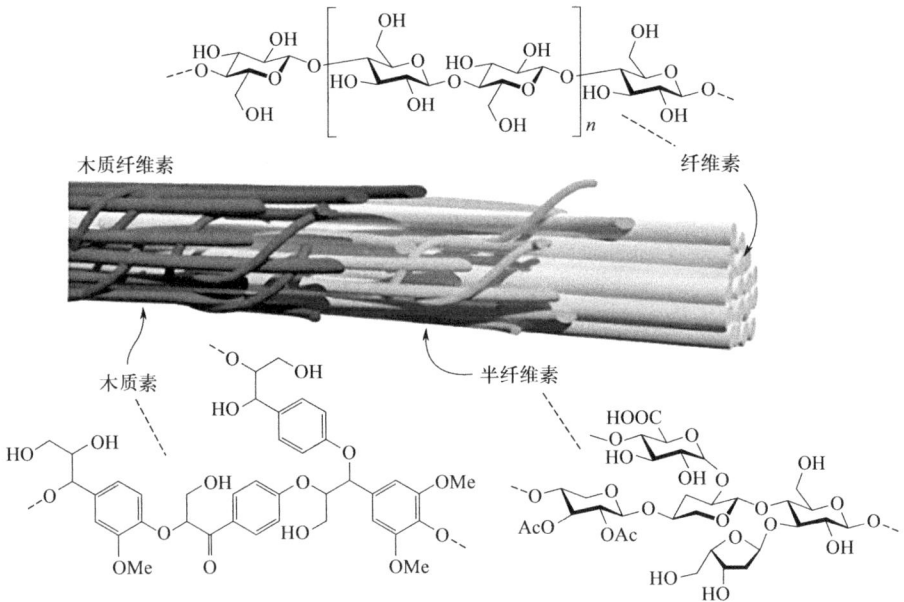

图 1-1　木质纤维素生物质的结构示意图[2]

（1）纤维素

作为植物中最丰富的物质，纤维素是一类由许多 D-葡萄糖通过 β-1,4 糖苷键连接而成的直链线性聚合物。其结构示意如图 1-2 所示[3]。

纤维素主要分为结晶纤维区域和非结晶纤维区域，非结晶纤维比结晶纤维更易被酶解，但是天然生物质的纤维素多为排列整齐的结晶纤维。纤维素的结晶度可通过结晶度指数来表征。结晶度指数越高，结晶区域所占的比例就越大；反之，非结晶区域所占比例越大。结晶区的纤维素排列整齐、规则、致密，非结晶区（又称无定形区）的纤维素结构排列较为松散，分布错乱不一[4]。天然的纤维素多数以纤维素Ⅰ型存在，1984 年 Atalla 和 van der Hart 研究认为天然的纤维素Ⅰ可被细分为 I_α 和 I_β[5]。纤维素Ⅰ的结构较为稳定，成为纤维素很难水解的原因之一[6]。通常无定形纤维素的酶解更为容易，因此降低纤维素的结晶度成为提高纤维素酶解效率的有效手段[7]。

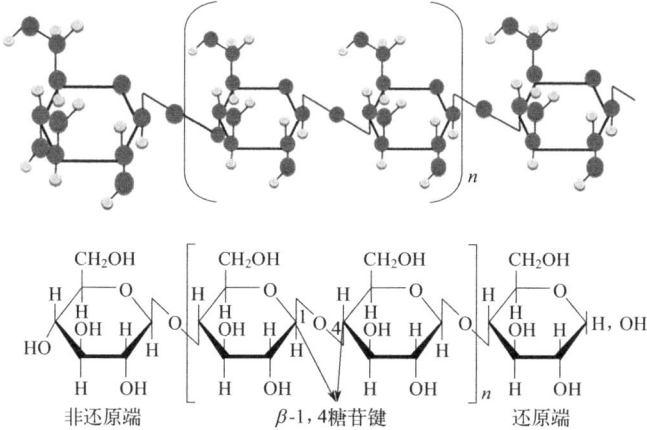

图 1-2　纤维素的结构[3]

（2）半纤维素

半纤维素的组成与纤维素不同，它是由多种单糖，包括五碳糖和六碳糖或糖醛酸构成的支链型复合多糖，例如木糖、阿拉伯糖、葡萄糖、甘露糖和半乳糖等，糖醛酸包括半乳糖醛酸和葡萄糖醛酸等[8,9]。半纤维素与纤维素的不同之处在于半纤维素的分子量比纤维素低，同时其聚合度低于纤维素，通常在 $50 \sim 300$ 之间，溶解性也优于纤维素[10]。半纤维素具有不同长度的支链，这些支链是连接纤维素和木质素的桥梁。这些分子链上含有大量游离的羟基，其无定形结构排列松散，因此半纤维素更容易被水解为单糖或低聚糖。总体来说，纤维素、半纤维素和小部分的果胶构成了全纤维素，果胶对生物质的抗性也有一定影响[11,12]。

（3）木质素

木质素的储量仅次于纤维素，它也是一种天然高分子聚合物，广泛存在于植物初生细胞壁中，是一种丰富的可再生资源。木质素与纤维素和半纤维素之间通过物理化学作用连接，在植物组织中起到结构支撑和加固作用，具有抗渗性，能够抵抗微生物的攻击[13,14]。木质素的结构交错复杂，它是由酚类单体交联构成的、三维网状结构的芳香族生物大分子[15]，如图 1-3 所示。

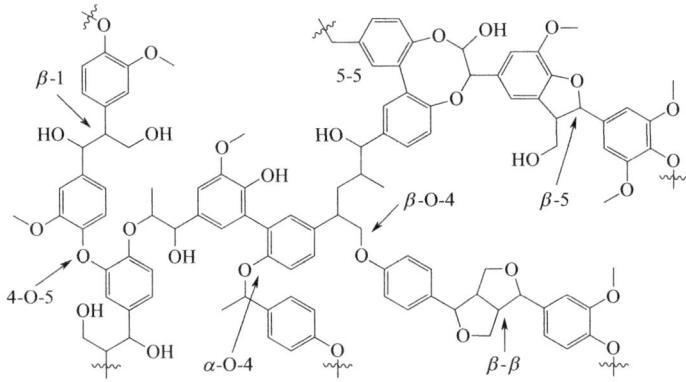

图 1-3　木质素的模型结构图

天然提取的木质素分子量通常在 1000～20000 之间，其分子量和组成取决于植物来源和生长环境等因素，其聚合度无法测量，因为木质素在提取过程中总是碎片式的[16,17]。木质素基本的结构组成单元有对羟基苯基（p-hydroxyphe-nyl，H）、愈创木基（guaiacyl，G）和紫丁香基（syringly，S）3 种（图 1-4），这 3 种基本单元通过碳碳键和醚键连接在一起，构成了疏水无活性的无定形木质素，其中较为常见的连接键有 β-O-4、α-O-4、5-5、β-β、5-O-5、β-5 等[17]。其中，β-O-4 是植物木质素中含量最多，也是木质素领域中研究最多的键联类型[18]；相较于醚键，碳碳键具有更高的键能，采用一般的处理方法很难将其打破。所以，具有复杂结构的木质素不易被解聚，是木质纤维素生物质的物理酶解屏障，阻碍了酶与包裹于内部的纤维素接触，成为生物质资源化过程中的主要障碍物。

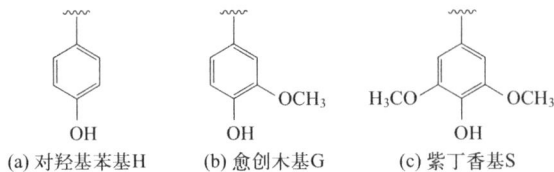

(a) 对羟基苯基H　　(b) 愈创木基G　　(c) 紫丁香基S

图 1-4　木质素的组成单元

1.2 秸秆的利用现状

作为农业大国，我国每年产生的废弃秸秆类固体废物数量巨大[19,20]，并且不恰当的焚烧处理对环境造成了严重的污染，对人类的健康构成了潜在的威胁。秸秆是一种富碳资源，若不能将其有效地利用将是一种资源浪费。因此，为了早日实现"双碳"目标，创造一个良好、和谐的国际生态环境，我国在多项政策文件中对秸秆的综合利用提出了要求，把固体废物作为资源综合利用的核心，固废综合利用是实现"双碳"目标的重要抓手[21]。2021年8月23日印发的《"十四五"全国农业绿色发展规划》提出，全域推进秸秆综合利用，因地制宜发展秸秆固化、生物炭等燃料化产业；2021年10月24日国务院印发的《2030年前碳达峰行动方案》提到，加快推进秸秆高值化利用，完善收储运体系，严格禁烧管控。

目前，不同类型的生物质废物（如食物垃圾、污泥、牲畜粪便和稻草等）已被用作生产的原料和增值产品，如沼气、生物肥料、生物乙醇、生物柴油等[22]。其中，秸秆由于其高可用性，已被视为一种有前景的能源和资源回收原料。据报道，秸秆产量随着全球农业发展显著增加。每年在全球范围内产生约70亿吨秸秆，其中中国贡献的秸秆占据9亿吨，稻草、玉米秸秆和小麦秸秆是主要的秸秆类型，约占秸秆总产量的90%[23]。秸秆的产生情况与区域地形地貌、自然资源条件、农业活动、经济特点有密切关系。据全国主要农区秸秆资源台账统计，秸秆产生量由大到小依次为华北区（27.18%）、东北区（24.47%）、长江中下游区（24.35%）、西南区（9.19%）、西北区（8.87%）、华南区（5.95%）。

在许多发展中国家，秸秆管理很大程度上依赖于露天焚烧，例如菲律宾约95%的水稻秸秆被焚烧，印度、埃及和泰国焚烧的水稻秸秆量分别为62%、53%和48%[24,25]。根据农业农村部的数据来源，2021年，我国秸秆综合利用量为6.47亿吨，综合利用率保持在86%以上。目前，我国秸秆综合利用主要包括肥料化、饲料化、燃料化、基料化和原料化的"五化"利用方式，五种方式的利用量占秸秆可收集量的比例分别为62.1%、15.4%、8.5%、0.7%和1.0%，秸秆在基料化、原料化利用方面还存在很大提升空间。

1.2.1 秸秆的肥料化

秸秆作为一种重要的有机肥资源，含有大量的有机质和矿物质元素，秸秆还田用作肥料不但可以替代一部分化肥，同时也提高了农田养分的循环利用效率。秸秆肥料化就是将农作物收获籽粒后的秸秆通过物理、化学和生物的技术方法处理后，使得秸秆在微生物的作用下分解转化，转变为容易被植物吸收的形式，实现资源循环利用，达到增加土壤有机质、改善土壤结构、提升土壤肥力等目的。秸秆作为肥料还田的方式，有直接还田和间接还田两种。直接还田是利用农机对没有腐熟的作物秸秆进行粉碎、整秆碾压、深耕或耙压等，将其直接覆盖于土壤表层或深埋。间接还田是通过一定技术手段，对秸秆进行处理后还田。

美国秸秆直接还田量占秸秆总产量的68%，研究发现这种还田方式能够增加土壤有机质含量，改善土壤结构，经过多年秸秆直接还田，土壤的保水保肥能力显著提高，土壤微生物活性增强。英国则多采用深耕的方式将秸秆深埋于土壤中，这种方式有利于秸秆在土壤中的分解，减少病虫害滋生的风险，同时深耕结合秸秆还田能够打破犁底层，增加土壤通气性。秸秆还田量占秸秆总产量的73%。日本在秸秆堆肥方面研究比较深入，利用微生物菌剂来加速秸秆的堆肥过程，通过筛选高效的纤维素分解菌、固氮菌等复合微生物菌剂，将秸秆在较短时间内转化为高质量的有机肥料，提高了秸秆的肥效转化效率，日本有2/3的秸秆用于还田[26]。

近年来，农业补贴力度的加大和政策的引导极大地推动了秸秆还田技术的应用以及秸秆还田机械的推广，并且配合秸秆禁烧和综合利用取得了明显的成效[27]。

1.2.2 秸秆的饲料化

秸秆饲料化利用模式也被称作过腹还田模式，将秸秆作为家畜可食用的动物饲料，食用饲料后产生的动物粪便经过无害化处理（堆肥发酵）后，可作为有机肥料施用于农田[28]。家畜食用秸秆饲料后产生的粪便和消化残余物，经过适当处理（如堆肥发酵）后，可作为有机肥料施用于农田，在拓宽饲料来源的同时，并行增加土壤有机质含量，提升土壤肥力，实现秸秆资源循环利用与生态系统服务的最大化，进一步促进现代生态循环农业模式的可持续发展。具体而言，农作物秸秆饲料化利用模式主要包括秸秆青（黄）贮、秸秆碱（氨）化、秸秆压块加工技术，而这些技术在本质上都是对秸秆进行物理、化学处理，以此将农业废弃物转化为高质量的饲料资源[29,30]。其中，秸秆青（黄）贮技术是指将不同状态的秸秆贮藏在密封环境中，通过微生物的厌氧发酵作用，在提升秸秆饲料适口性的同时，长期保存其营养成分；秸秆碱（氨）化技术侧重于通过化学方法处理，秸秆分离出秸秆木质素与纤维素，改善秸秆纤维结构使其更加疏松；秸秆压块加工技术是指以物理压缩方式，利用机械设备将松散的秸秆压制成高密度饼块，在减小秸秆体积的同时，较大程度上地保留其营养成分，更便于贮存、运输和饲喂。

农作物秸秆饲料化利用模式作为现代生态循环农业的重要组成部分，不仅实现了秸秆资源的高效转化与再利用，还深刻促进了农业生态系统的良性循环。在这一模式中，秸秆从农田废弃物转变为家畜的宝贵饲料，有效拓宽了农业生产的饲料来源，减轻了对传统粮食作物的依赖，从而有助于维护粮食安全和农业生态平衡。

1.2.3 秸秆的燃料化

秸秆燃料化利用是通过粗加工或者深加工的方式对秸秆进行处理，从而代替煤炭等化石能源为生活生产提供燃料。目前，农作物秸秆燃料化利用主要有 3 种方式：a. 秸秆直燃；b. 秸秆气化；c. 秸秆液化。

1.2.3.1 秸秆直燃

秸秆直燃方式包括高效燃烧、固化燃料、燃烧发电。

（1）高效燃烧

高效燃烧是将秸秆作为燃料直接燃烧的技术，是一种传统能源利用形式，通常燃烧不充分，且会造成空气污染。目前，部分农村仍存在这种秸秆利用方式，主要用于取暖和炊事。随着新农村建设和城镇化的推进、秸秆利用方式的多样化、节能炉的推广，该利用方式正逐步被取代[31]。在发达国家这类利用方式已很少见。

（2）固化燃料

固化成型是在一定条件（温度、湿度和压力）下，将秸秆压缩为一定形状成型燃料的技术。固化成型后，秸秆体积压缩至原来的 1/18～1/15，热效率增加 50%～70%，热值与原煤相当，不仅可用于炊事取暖、锅炉供热等，还提高了秸秆的运输及贮存能力。20 世纪 80 年代，我国引入秸秆固化成型技术，相对于秸秆气化和液化技术，固化成型技术更易推广。目前，该技术及其配套的设备、服务体系已初步建成。然而，我国秸秆固化成型产业化也面临诸多问题，例如，企业压缩设备能耗高，关键部件使用寿命短，配套燃料锅炉难以达到排放标准，较高的生产成本使企业很难盈利，太过依赖政府补贴。发达国家秸秆固化成型技术相对成熟，自动化技术已经全面应用于秸秆收集、粉碎、干燥、压缩成型、包装等环节[32]。

（3）燃烧发电

燃烧发电是将秸秆直接或混合燃烧，驱动蒸汽轮机进行发电的综合利用技术。燃烧发电比化石燃料燃烧排放的温室气体少。秸秆燃烧发电技术于 20 世纪 90 年代从丹麦引入我国，随着技术与设备的成熟、国家政策的扶持、秸秆禁烧的实施，秸秆发电产业在我国得到一定发展。然而，该方法人力和资源成本较高，过度依赖国家政策补贴，秸秆原料产生具有季节性，导致该产业不能持续盈利[33]。丹麦秸秆发电产业起步较早，经济效益和生态效益较好，农民出售秸秆既能得到经济回报，还能将返还的炉灰还田。日本也非常重视秸秆发电技术，生物质发电装机容量持续增加[34]。

1.2.3.2　秸秆气化

秸秆气化技术包括直接气化和沼气发酵。

（1）直接气化

直接气化是在一定条件下将秸秆转化为一氧化碳、氢气及甲烷等混合可燃气体的技术。秸秆气化工程效率较低，成本较高，设备系统改造难度较大，实际应用较少。

（2）沼气发酵

沼气发酵是一种通过微生物发酵将秸秆转化为沼气和沼渣的技术。我国沼气工程数量多，年产沼气量大，受气候等因素影响，该技术在河南省、四川省等地应用较多，在东北地区、西北地区应用存在一定局限性[35]。欧洲对沼气工程的研究和应用起步较早。在德国，以秸秆为原料的沼气工程常采用"秸秆＋粪便"全混合发酵、立式干法沼气发酵、发酵罐串联发酵等工艺，沼气原料大致为青贮能源作物、禽畜粪便、有机生活垃圾和工业有机废物，秸秆利用量较大[34]。

1.2.3.3　秸秆液化

秸秆液化技术包括燃料乙醇、燃料丁醇和水热液化技术。

(1) 燃料乙醇

燃料乙醇的制备原理是以纤维素生物质为原料，经过原料预处理、水解、发酵等工艺环节，最终将纤维素转化为乙醇。我国在纤维素乙醇产业的研发中已投入大量资金，并出台相应扶持政策。然而，我国利用秸秆制取纤维素乙醇的成本较高，致使不能盈利，不适合推广，尚无成熟商业化运作工厂[36]。美国、意大利、英国、加拿大、日本等是较早开展燃料乙醇技术研发、生产和运营的国家。美国重视燃料乙醇的研究和推广，并将其纳入可再生能源发展战略，目前该技术处于示范和商业推广阶段。日本燃料乙醇研究处于世界领先地位，技术已经比较成熟，处于示范阶段[31]。

(2) 燃料丁醇

经过特定的糖化工艺处理后，玉米与小麦秸秆成为非常好的燃料丁醇发酵原料，这使得利用农作物秸秆生产丁醇越来越受到关注，主要原因是丁醇能量密度大、热值高。

(3) 水热液化

水热液化是在惰性氛围下，通过催化剂或微波吸收剂使农作物秸秆热解，获得液体燃料油的技术。该技术的生产条件、设备要求苛刻，暂未发现商品化产品。

1.2.4 秸秆的基料化

秸秆基料化利用模式作为农作物秸秆综合利用的重要途径，高度契合生态循环发展理念。秸秆基料化是指以秸秆为主要原料，加工或制备成一种为动物、植物及微生物生长提供一定营养的有机固体物料[37]。具体可以通过秸秆栽培草腐菌类、木腐菌类技术实现秸秆资源的高效利用，促进农业生态的良性循环和可持续发展[38,39]。其中，秸秆栽培草腐菌类技术主要将农作物秸秆作为基料，利用秸秆中纤维素、半纤维素等有机物质，通过生物发酵为草菇、鸡腿菇、大球盖菇等草腐菌类提供生长基质，进而生产出优质食用菌；秸秆栽培木腐菌类技术主要利用农作物秸秆替代传统木料，作为香菇、平菇等木腐菌类的生长基质，同样基于生物发酵过程生产出优质食用菌。食用菌收获后的菌渣富含有机质、矿物质及微生物菌剂，能够显著改善土壤结构、提升土壤肥力，为下一轮作物生长提供了肥沃的土壤环境。这种"秸秆—食用菌—菌渣—土壤—作物"的循环模式，形成了一个闭环的生态系统，实现了农业废弃物的资源化、减量化与无害化，促进了农业生态的良性循环和可持续发展。

现阶段基料栽培食用菌以及植物育苗等技术相对比较成熟，在农村有一定的推广基础。以秸秆为基质栽培食用菌，大大增加了食用菌生产的原料来源。该技术的应用和推广可以使农业废弃物资源实现多层次增值，不仅可以大量利用农作物秸秆，减少环境污染，而且可以增加农民收入，符合可持续发展的大方向。在一个使用周期完成后无须回收，可直接进行堆肥还田，还有利于土壤固碳。

1.2.5 秸秆的原料化

秸秆原料化是以秸秆为原料生产各种材料。秸秆中含有大量的天然纤维素，是人造板材、纸制品及餐具的好原料。秸秆经过处理制成人造板等装修装饰材料，具有保温、节能环保等特点，而且材料成本和技术成本较低[40]。虽然我国的人造板产业历经了十几年的发展，但是能够持续运营的并不多，主要受到技术、资金、市场等因素的影响会发生亏损，导致资金链断裂[41]。利用秸秆作为原料进行造纸以及制造餐具，可以部分代替木材、塑料等材料，减轻环境资源压力，有效保护耕地和森林资源。此外，利用技术方法处理加工秸秆还可以制造人造丝、人造棉和农用地膜，生产糠醛、饴糖和木糖醇等[42]，但在利用秸秆制备化工原料等关键技术上还存在技术壁垒，亟须科研人员进行技术攻关与创新。

目前，全国秸秆"五化"利用正在加速推进，2020年全国秸秆综合利用率达到87.6%，但多地秸秆综合利用率已明显高出全国平均值，农作物秸秆综合利用早已不能唯数字是尊。

然而，秸秆综合利用没有止境，不能只停留在"五化"上，需要进一步提高"五化"科技含量和附加值，加快推进秸秆高值化利用。

1.2.6 秸秆的高值化

大力发展秸秆高值化利用是发展循环经济、实现"双碳"目标的重要路径，在实现"双碳"目标的背景下，要抓住"双碳"目标所带来的新一轮科技革命的历史性机遇，应特别关注生物技术的研发、推广和应用，通过生物基材料替代化石基材料，能从本质上实现减排和固碳，是绿色低碳产业的重要技术发展方向。

利用秸秆中的组分制备环境功能材料是实现秸秆高值化利用的一种重要方式。秸秆具有良好的理化性质，制备的秸秆生物炭材料已成为近年来研究的热点。生物炭作为一类绿色友好的碳材料，在大气、土壤、水等环境领域均有良好的应用潜力[43-45]。通过特定的处理或提取[46]，将秸秆中的木质素合成为可再生的木质素基絮凝剂在水环境修复方面也得到了一定的研究[47]。针对当下水体环境的污染问题，秸秆基水处理材料备受关注，其在多种污染物的去除方面表现出了良好的应用潜力。以废弃秸秆为原材料制备环境功能材料，并将其应用于水体污染物的环境治理，不仅能够实现废弃生物质的资源化和高值化利用，而且可以满足"以废治废"的生态理念，是一种高效的"增值"策略。

1.3 水体典型有机污染及其处理

随着社会经济的快速发展，水体环境的污染问题日益严重，危害着人类的健康和生命。水体中的污染类型多种多样，包括重金属污染、有机污染、化肥农药残留污染、放射性污染、病原微生物污染等。其中，有机污染来源广泛，污染物种类繁多，且多数有机污染物具有有毒、难降解、危害持久等特点，若不及时处理，对生态环境乃至人类生命都会造成巨大的威胁和危害。

在众多的有机污染物中，与人类的生活息息相关的两大类污染是医药类污染和染料污染，它们种类繁多、成分复杂、排放量大，且难以被生物降解，对生态环境和人类健康都造成了严重的危害。一直以来，对于这两种污染物的处理都是研究人员关注的热点。

1.3.1 医药类污染及其处理

水体中的药类污染物一般通过人类食用或动物注射后以排泄的方式排到生活污水中，工业废水和制药废水更是药类污染物的主要排放源，一些未被使用的药品在厨余垃圾中也有发现。虽然研究表明药类污染物的半衰期较短[48]，浓度较低[49]，但是一般的污水处理工艺难以将这类污染物降解，随着时间的推移，污水不断排放至受纳水体，导致污染物的积累富集和持续存在[50]。污染物的累积存在对生态系统造成了潜在的严重危害[51]，已有研究表明[52]，长期存在于药类污染废水中的鲤鱼，其肠道和肝脏中的脂肪酸代谢会受到影响，破坏了鲤鱼的肠道微生物菌群。Pusceddu 等[53]研究发现，三氯生和布洛芬具有破坏鲤鱼溶酶体的能力，直接作用于细胞膜，对生物体表现出更高的毒性作用，即使这两种污染物的浓度较低也会对海洋生物的胚胎或幼虫发育产生不良影响。此外，由于环境受到长期污染，对乙酰氨基酚、四环素、土霉素、咖啡因、1,7-二甲基黄嘌呤、磺胺类、大环内，酯和奥美普林等药类物质已在水果、蔬菜、鱼、肉和牛奶等食品中被检测到[54,55]。它们来源广泛、危害性大、难降解、生物富集性强，逐渐成为评价水质状况和水环境生态安全的重要指标之一[56]。

对乙酰氨基酚（ACT）和四环素（TC）值得特别关注。ACT 是一种疼痛和发热缓解剂，截至目前，ACT 已在世界各地被广泛检测到。它的分子结构包含苯环、酰胺基和羟基，分子量为 151.16，pK_a（酸度系数）为 9.5。虽然 ACT 的毒性并不比其他药物高，但它被认为是中国地表水中新型污染物浓度最高的污染物，可能达到 12.5ng/L[57,58]。据报道，24h 内，ACT 对大型溞的有效浓度为 50mg/L[58]。TC 是几千种抗生素中较为常见的一种，广泛来源于畜牧业中。Ji 等[59]报道，在上海，动物体内的 TC 浓度为 4.54～24.66mg/kg。TC 具有结构稳定、浓度高、难降解的特点，60%～90% 的 TC 以母体和代谢的形式排入水生环境[60]。此外，TC 等抗生素可诱导微生物产生抗生素抗性基因，这些基因可在生态系统中增殖和广泛传播[61]，从而对人类健康构成巨大威胁。因此，探索出对于对乙酰氨基酚和四环素这类污染物的高效处理技术对水环境修复至关重要。

目前，对于对乙酰氨基酚和四环素等典型药类污染物的处理方法主要有物理法、生物法和化学氧化法。

(1) 物理法

物理法主要是利用材料吸附或气浮、过滤等方法将污染物从水体中分离出来。例如，Jang 等[62]利用火炬松制备了活性生物炭，生物炭（BC）使用 NaOH 活化后，利用材料的多孔表面以及氢键和 π-π 相互作用吸附四环素，最大的吸附容量为 274.8mg/g。Kim 等[57]在 700℃条件下热解苹果树枝得到了生物炭，对对乙酰氨基酚的吸附效率为 19.1%。Tran 等[63]分别制备了球形生物炭和非球形生物炭吸附对乙酰氨基酚，最大的吸附量分别为 286mg/g 和 147mg/g，探究了生物炭的吸附机理，包括孔隙填充、氢键形成、π-π 相互作用。虽然物理法对污染物的去除具有一定的作用，且操作简单、能耗低，但是该法仅能够将污染物从水相中转移至另外的环境体系中，并未从根本上降解污染物并使其矿化。

(2) 生物法

生物法处理主要依靠微生物菌株对污染物进行降解。研究者们[64-66]以养殖厂污泥或者污染的土壤以及制药厂废水作为底物，筛选出了不同种类的微生物菌株，包括 *Pandoraea* sp. XY-2、*Raoultella* sp. XY-1、*Advenella* sp. 4002，它们对四环素的降解效率分别为 74%、70.68% 和 57.8%。理论上，以生物法处理污染物是一种相对更为环境友好的方式，但是微生物对生长环境（温度、pH 值、碳源等）要求苛刻，且处理时间长，无法满足规模化应用。关键的是，抗生素废水具有毒性和生物抗性，因此，普通的微生物无法在实际水体中生长并实现抗生素的降解[67]。鲁帅[68]研究了铜绿微囊藻 1343（*Microcystis aeruginosa*）和椭圆小球藻（*Chlorella ellipsoidea*）对双酚 A（BPA）和 ACT 的去除效果，结果显示 BPA 和 ACT 对铜绿微囊藻 1343 的富集具有抑制和促进作用，但是铜绿微囊藻 1343 对 BPA 和 ACT 的去除效果都不明显，最高的降解率仅为 8%。随着初始藻浓度的增大，椭圆小球藻的富集量增高，对 ACT 的最大降解率为15%。从上述的研究结果来看，生物法处理 ACT 等药类污染物的降解效率很低，在污染物的去除中没有优势。

（3）化学氧化法

化学氧化法中的高级氧化法是一类以羟基自由基（·OH）为主要氧化剂降解污染物的处理方法。在 ·OH 的强氧化作用下实现污染物的降解，直至其分解为小分子物质，最后矿化为二氧化碳和水。高级氧化技术有芬顿氧化、过硫酸盐氧化、光电催化氧化、催化臭氧氧化等[69]。通常使用的氧化剂有过氧化氢、过硫酸盐、过氧化脲等[67]。当前，对于难降解的有机污染物，高级氧化法被认为是一种非常有效且具备应用潜力的去除方式。·OH 具有极高的标准氧化电位（$E^{\ominus}=2.7V$），因此可以降解许多有机污染物，但是它的应用受到使用寿命短、pH 值影响等因素的限制。

基于过硫酸盐的高级氧化技术，在反应体系中因为 O—O 键的断裂从而产生硫酸根自由基（$SO_4^-\cdot$），并且 $SO_4^-\cdot$ 比 ·OH 拥有更高的标准氧化电位（$E^{\ominus}=$ 2.5～3.1V），广泛的 pH 值应用范围，更长的寿命，可以降解 ·OH 无法降解的污染物[70]，故过硫酸盐的高级氧化已经成为极具发展潜力的污染物去除方法。但是，许多研究表明单一使用过硫酸盐氧化剂去除有机污染物，很难实现有效的降解。Zhu 等[71]以过硫酸盐氧化四环素，结果显示 60min 内四环素几乎没有发生任何降解。Dai 等[72]使用过一硫酸盐氧化双酚 A，60min 内也几乎没有发生降解。过硫酸盐需要在催化剂的协助下被活化，促进 $SO_4^-\cdot$ 和 ·OH 的产生，从而实现高效的污染物降解。过硫酸盐可以通过加热、紫外线照射、超声波、碱、碳材料和过渡金属离子（Co^{2+}、Fe^{2+}）等方式来活化[73]。使用热、电、超声和紫外线照射会带来能耗高的问题；碱活化可能会造成环境污染的问题；所以，对使用过渡金属离子和碳材料活化过硫酸盐来降解有机污染物的研究较多。虽然过渡金属离子的催化性能好，价格低廉，但是过渡金属的稳定性以及使用寿命和二次污染是值得考虑的问题。因此，碳材料作为催化剂活化过硫酸盐，被认为更具有研究价值及发展潜力。

石墨碳、碳纳米管、生物炭等碳材料都是良好的催化剂。Li 等[74]合成了一种碳包覆零价铁的球体材料（$Fe^0@C$），通过活化过二硫酸盐（PDS）诱导产生羟基自由基，对 4-氯苯酚的降解表现出了高效的催化能力。Wu 等[75]以硫化物修饰的碳纳米管（S-nZVI@CNTs）作为催化剂活化 PDS 降解磺胺甲噁唑（SMX），结果表明，单线态氧（$^1O_2$）是主要介导污染物降解的活性物质，SMX 在 40min 内被完全去除。Li 等[76]通过水热法合成了氧化铜改性的水稻秸秆生物炭（RSBC-CuO），该材料被用于活化 PDS 降解有机污染物，结果表明，该材料对对乙酰氨基酚、苯胺、对氯苯甲酸、磺胺二甲嘧啶和 2,4,6-三氯苯酚等污染物的降解效率为 86%～100%。$^1O_2$ 和超氧自由基（$O_2^-\cdot$）对污染物的去除起着关键作用。

在众多有效的碳材料催化剂中，生物炭[72]是一种热解碳材料，以废弃生物质作为可持续的原材料来源，价格低廉，资源量丰富。生物炭具有丰富的表面官能团和良好的理化性质，是当前研究人员关注的热点材料。生物炭是合成各种功能化碳材料的基础，在活化过硫酸盐降解有机污染物方面表现出巨大的潜力和优势。

1.3.2 染料污染及其处理

染料是印染废水中含量最高的污染物，主要来自纺织业加工工序的排放[77,78]。染料也被广泛应用于包括食品、医药、化妆品在内的各行各业[79]。根据电荷特性，可将染料分为阳离子染料、阴离子染料和非离子型染料 3 类[80]。阴离子染料带负电，包括酸性染料、直接染料和活性染料；阳离子染料带正电，又称碱性染料；非离子型染料仅包括分散染料，不发生解离。据中国染料工业协会数据统计，2020～2023 年中国染料总产量分别为 76.9 万吨、85.6 万吨、83.5 万吨、88.3 万吨。据粗略统计，我国每年排放的印染废水量超过 18 亿吨[81]。由于染料的排放，水体的生化需氧量、化学需氧量、pH 值和浊度均较高，且难以生化处理。染料具有毒性、高芳香性，结构稳定，很难被自然降解[82]。染料的发色基团排放到水体中，会造成水体颜色加深，降低水体的透明度，对水生动植物的生长危害极大。大多数的染料具有致癌、致畸、致突变的能力，严重危害了水生生态环境和人类的生命健康，在众多的染料中，偶氮染料、蒽醌类染料和三苯甲烷染料的毒性被认为是最强的[83]。染料废水不仅污染源广、毒性强，并且难以生物降解，因此，选择合适的处理技术将染料从水体中去除极为重要。

目前，去除染料污染物的常见方法有吸附法、膜分离法、高级氧化法、生物降解法、混凝-絮凝法等。

（1）吸附法

吸附法是一种操作简单、污染少的物理处理法，Wang 等[84]利用焦炭和棕榈仁壳直接还原氧化铁，在粉煤灰和膨润土基质上合成了一种新型的微量零价铁吸附剂，用于去除结晶紫（CV）和亚甲基蓝（MB）。结果显示，在50℃下，吸附剂对 CV 和 MB 的吸附容量分别达到了 89.9mg/g 和 42.8mg/g，吸附动力学符合伪二阶模型。吸附法虽然可以将染料有效去除，但是吸附后的吸附剂再生问题和处置问题是制约吸附法应用的关键点。

（2）膜分离法

膜分离技术具有清洁、高效、占地面积小等特点。张华宇等[85]采用溶胶-凝胶法制备出了 La/Y 掺杂二氧化硅膜，对结晶紫和刚果红染料进行分离，结果证明滤膜对染料具有高效的截留率（100％）。膜分离法通常对于低浓度有机物废水的深度处理十分有效，然而染料废水的排放量大、浓度高，因此适用性不强。此外，膜制备价格昂贵，易发生膜污染。

（3）高级氧化法

高级氧化可以有效降解污染物，实现污染物的矿化。Liang 等[86]采用溶剂热法合成了一种双功能光催化剂苯二甲酸铁［MIL-53(Fe)］。MIL-53(Fe) 在波长≥420nm 的可见光区表现出光催化活性，在可见光照射 6h 后，$Cr(Ⅵ)$/染料的混合体系中，染料的降解率超过了 80％。虽然高级氧化法对染料污染物的去除具有较强的降解效果，但是若催化剂的性质不佳可能会造成水体的二次污染问题。

（4）生物降解法

生物降解法主要通过微生物利用水体有机物进行新陈代谢达到有机污染物去

除的目的，在染料去除领域的研究不多。Kumar 等[87]从某水样中分离出曲霉菌株 CB-TKL-1，在 25℃ 的有氧条件下培养时，对亮绿染料进行 72h 的降解，脱色率为 100%。红外光谱和液相色谱质谱分析结果表明脱色过程中存在逐步 N-脱甲基化。尽管生物法也能使染料有效脱色降解，但是用于降解染料的微生物仍需进一步筛选丰富，并且当前的研究普遍认为大多数的偶氮染料无法在一般的好氧条件下被降解。因此，生物法处理染料需要用进一步的研究来支撑。

（5）混凝-絮凝法

混凝-絮凝法是目前物理化学法处理染料废水中较受认可的方法之一，其投资成本低、操作简单、高效，一直以来都被当作污染物去除的预处理或主要处理方式。混凝剂包括无机混凝剂和有机混凝剂，常见的无机混凝剂有硫酸铝、氯化铁、氯化铝、氯化镁和石灰，有机混凝剂有聚合硫酸铁、聚合氯化铁、聚合氯化铝、阳离子聚丙烯酰胺和阴离子聚丙烯酰胺[88]。Yadav 和 El-Gohary 等[89,90]报道，$MgCl_2$ 和 $FeSO_4$ 可以在非常高的碱性条件下实现对分散红和活性红染料 85%～100% 的脱色。Wang 等[91]的研究证明了 $MgCl_2$ 对酸性红和活性蓝染料的脱色率随着混凝剂剂量的增加而提高。聚合氯化铝和明矾剂量的增加也会导致酸性蓝 292 脱色率的提高[92]。无机混凝剂和有机混凝剂对染料的脱色十分有效，且污泥量少，但是，这些常见混凝剂的使用可能会造成水体的二次污染，还存在对 pH 值敏感以及剂量要求严格的问题，有机混凝剂的制造复杂、价格昂贵，限制了它们在水处理中的应用。

因此，以价格低廉的原材料（如海藻酸钠、纤维素、壳聚糖、淀粉、木质素等）合成的更为友好、经济的高分子混凝-絮凝剂备受关注。海藻酸盐[93]是藻类（棕色海藻）植物中的细胞内结构成分，在植物中起着类似纤维素的作用，具有可生物降解、生物相容、无毒等特点。天然海藻酸盐较高的絮凝性能和脱色能力主要来源于其聚合物链分布的游离羟基和羧基。壳聚糖[94]是重要的天然生物聚合物之一，它是一种长链聚合物，葡萄糖的衍生物，具有可生物降解性、生物相容性、物理和生物活性、絮凝性。壳聚糖是商业合成高分子絮凝剂最有前途的天然替代品之一，壳聚糖基生物聚合物絮凝剂由于伯氨基的存在而表现出独特的絮凝性能[95]。淀粉是一种天然存在的、线性及可生物降解的廉价多糖聚合物，具有可生物降解性、高可用性、低成本和多用途等特性。由于其具有支链和直链结构，是合成生物高分子絮凝剂有效的原材料[96]。在上述原材料中，木质素在自然界中大量存在，含量丰富、具有极高的应用潜力[46]。因此，木质素基絮凝剂在染料废水的脱色处理领域中受到重视，并且许多研究[97-100]结果表明，木质素基絮凝剂对染料废水表现出了优异的脱色能力。

1.4 秸秆材料在水体有机污染物去除领域中的应用

在活化过硫酸盐去除有机污染物体系中投加的生物炭催化剂，以及去除染料所用的木质素基絮凝剂都可以秸秆为原材料合成。秸秆产量大、来源广的特点及其独特的理化性质决定了其可作为制备环保材料的良好原材料。

1.4.1 秸秆基生物炭的吸附和催化

秸秆的天然高分子芳香结构使其在生物炭转化方面得到了广泛的关注和研究。通过热解秸秆转化生成的生物炭具有丰富的孔结构和表面官能团，可以作为水处理的吸附剂和催化剂。

（1）秸秆基生物炭的吸附

对于秸秆基生物炭的吸附研究着眼于所去除的水中污染物，包括重金属和有机污染物等。在生物炭的吸附研究中，材料的理化性质、热解温度对污染物的吸附能力均有影响。一般情况下，热解温度的升高能够改善生物炭的理化性质，例如元素组成、亲疏水性、芳香性等，使其更有利于污染物的吸附[101,102]。而且，在吸附过程中，物理吸附和化学吸附机制同时存在。徐晋等[103]利用KOH活化小麦秸秆制备的生物炭，该生物炭比原始生物炭的比表面积提高了20倍，孔体积和微孔体积均增大了约6倍，为污染物的吸附提供了更多的吸附位点。碱活化同时提高了生物炭的芳香性，制造了更多的碳结构缺陷。活化的生物炭对四环素的最大吸附量达到了491.19mg/g。同样地，程文远和徐皓普等[101,104]利用KOH分别改性水稻秸秆和向日葵秸秆，所得生物炭对重金属Cd^{2+}和有机污染物多环芳烃菲都表现出了良好的吸附效果。吸附只是将污染物以另一种形式贮存，并非完全降解去除。因此，使用生物炭作为催化剂在降解污染物，特别是有机污染物中的研究具有更大的意义。

（2）秸秆基生物炭的催化

秸秆基生物炭用作催化剂的研究通常围绕产生硫酸根自由基（$SO_4^-\cdot$）和羟基自由基（$\cdot OH$）的高级氧化体系展开。纵观国内外的文献报道，一些生物炭在高级氧化领域的催化研究中，未进行任何改性直接热解得到的单一生物炭通常显示出较差的催化效果。Li 等[76]研究了实验室制备的水稻秸秆生物炭（RSBC）活化过硫酸盐降解 10mg/L 的非那西丁（PNT），结果显示 0.3g/L 的单一 RSBC 在过硫酸盐体系中反应 30min 后对 PNT 的降解效果未达到 35%。Li 等[105]以玉米秸秆为原料，在 300℃和 600℃下分别热解得到了原始生物炭 SB300 和 SB600，并将其用于活化过一硫酸盐（PMS）来降解污染物三氯乙烯（TCE），结果显示，0.1mmol/L 的 TCE 在 1.0g/L 的 SB300、SB600 和 PMS 同时存在的体系中反应 20min 后，其降解效果分别为 20%和 58.5%。以秸秆为原材料直接热解而成的生物炭，在高级氧化降解有机污染物的体系中效果不佳，探究其原因是原始生物炭表面上的催化位点少，生物炭依靠自身所有的含氧官能团（—COOH 和 —OH）以及碳材料的表面持久性自由基，例如半醌、苯氧基等，与体系中的氧气、水分子或氧化剂依靠电子转移发生氧化还原反应产生活性氧，从而攻击污染物[106]，这种体系下发挥的催化作用十分微弱。同时，在催化体系中，吸附被认为是一个重要的条件[107]，然而原始生物炭的比表面积不大，孔隙不够发达，不利于污染物与材料之间的吸附。因此，为了激发秸秆基生物炭在高级氧化体系中的应用潜力，需要赋予生物炭某些特定的催化功能。

1.4.2　铁基生物炭催化去除有机污染物

为了改善单一秸秆基生物炭催化效果差的问题，许多研究采用在原始生物炭基础上掺杂、负载金属或金属氧化物的方法对生物炭进行改性，以期改善原始生物炭由于比表面积小和孔隙欠发达引起的吸附性差问题，以及生物炭表面活性基团少、电子转移难引起的氧化剂难以被活化，从而造成活性氧物质产生量少的问题。很多研究使用具有多价态的活泼过渡金属（Fe、Co、Cu 等）改性原始生物炭，进而提高氧化剂的活化能力，最终实现对污染物的高效降解。在过渡金属中，金属铁受到了更加广泛的关注和研究。金属铁具有以下优势：

① 磁性特征，便于回收；

② 价格低廉，资源丰富、环境友好[71]；

③ Fe^0 本身的标准氧化还原电位为 -0.44V，是强还原剂，与氧化性的污染物和氧化剂之间均可以发生良好的电子传递[72]，在高级氧化体系中具有巨大的应用潜力。

当前对于铁基生物炭的研究主要有：a. 氧化性铁，例如 Fe_2O_3[108]、Fe_3O_4[109] 和 FeOOH[110]；b. 纳米零价铁（nZVI）[72]；c. 硫化铁（FeS）[106]。这些类型

的铁基生物炭在 $SO_4^- \cdot$ 和 $\cdot OH$ 的高级氧化体系中均展现出了良好的催化特性。nZVI 不仅具有良好的磁性特征，并且纳米尺寸的零价铁粒子较微米级零价铁的比表面积更大，且表面活性更高[105]。$Fe^0[Fe(0)]$ 对过硫酸盐的催化机制，如式(1-1)～式(1-5)[72]所示。可以看出，Fe^0 能够直接将电子转移至过硫酸盐上，发生氧化还原反应，由此引发整个氧化体系的运转，从而产生活性氧物质进攻目标污染物，达到降解的目的。然而，nZVI 颗粒易聚集、易氧化，导致其在环境修复应用的过程中存在不稳定、活性迅速降低等问题[71]。生物炭的引入可以将其分散及固定在碳基质内，延长 nZVI 的使用寿命。因此，纳米零价铁生物炭（nZVI-BC）作为非均相的催化剂在高级氧化中具有很高的研究价值和意义。

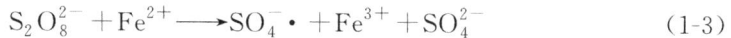

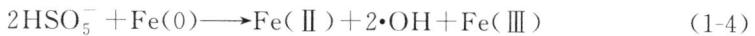

$$Fe(0) \longrightarrow Fe(II) + 2e^- \qquad (1\text{-}1)$$

$$S_2O_8^{2-} + Fe(0) \longrightarrow Fe(II) + 2SO_4^{2-} \qquad (1\text{-}2)$$

$$S_2O_8^{2-} + Fe^{2+} \longrightarrow SO_4^- \cdot + Fe^{3+} + SO_4^{2-} \qquad (1\text{-}3)$$

$$2HSO_5^- + Fe(0) \longrightarrow Fe(II) + 2\cdot OH + Fe(III) \qquad (1\text{-}4)$$

$$HSO_5^- + Fe(II) \longrightarrow Fe(III) + SO_4^- \cdot + OH^- \qquad (1\text{-}5)$$

1.4.2.1 纳米零价铁生物炭的催化研究

nZVI-BC 的非均相催化研究大都围绕着活化过硫酸盐降解污染物展开，并从中总结出不同的过硫酸盐的活化机制。国内外关于 nZVI-BC 在过硫酸盐高级氧化体系中降解有机污染物的研究有许多。

梁啸夫等[111]利用小麦秸秆作为原材料率先制备出原始生物炭（BC），然后通过液相还原法成功地负载 nZVI 至 BC 表面，合成材料 nZVI@BC。结果显示，在最佳组合条件 [0.2g/L 的催化剂 nZVI@BC、0.4g/L 的过一硫酸盐、40mg/L 的亚甲基蓝（MB）、初始 pH 值为 3] 下，反应 30min 后，MB 的降解效果达到90.36%，自由基猝灭实验证明了 $SO_4^- \cdot$ 和 $\cdot OH$ 均参与了反应，并且 $SO_4^- \cdot$ 发挥主要作用。

廖晓数等[112]利用山茶籽壳制备出了原始 BC，根据液相还原原理在 BC 上负载了 nZVI，得到了催化剂 nZVI-BC。然后将该材料分别投加到过二硫酸钠和过硫酸氢钾溶液中构建耦合的吸附-高级氧化复合体系降解土霉素（OTC），通过一系列的条件优化实验，最后向 150mL 浓度为 50mg/L 的 OTC 溶液中投加 0.01g的催化剂，控制过硫酸盐的浓度为 0.20mmol/L 时，在 2h 内可分别降解 83.5%和 86%的 OTC。通过猝灭实验发现，在过二硫酸盐/nZVI-BC 体系中 $SO_4^- \cdot$ 贡献最大，而过一硫酸盐/nZVI-BC 体系中 $SO_4^-\cdot$ 和 $O_2^-\cdot$ 均发挥重要作用，过一硫酸盐结构的不对称性提高了 $^1O_2$ 在该体系中的贡献度。

Li 等[105]利用玉米秸秆和玉米芯制备了原始 BC，然后与大量的亚铁盐混合搅拌，在还原剂的作用下产生 nZVI，并成功地与 BC 复合，最终合成了两种 nZVI-BC。在与过一硫酸盐组成的氧化体系中降解 TCE，20min 的降解效率达到 100%。对不同活性氧物质（ROS）的贡献度进行检测分析，结果表明由零价铁和含氧官能团 C=O 介导产生的 $O_2^-\cdot$ 和 $^1O_2$ 在体系中发挥主要作用。

不同于以上研究，Dai 等[72]在 nZVI 的负载过程中采用了碳热还原法，一步合成了以瓦楞纸箱为原材料的二维 nZVI/BC 复合材料。该催化剂对过一硫酸盐表现出了高效的活化能力，反应 60min 后，对双酚 A 的降解速率达到了 $1.299min^{-1}$。其催化机制为：零价铁和材料上的酮基以及材料的石墨结构共同促进了电子的转移，促进了过一硫酸盐的活化，使其产生了大量的活性氧物质来氧化降解双酚 A。

上述研究进展说明 nZVI-BC 作为催化剂活化过硫酸盐效果显著，在环境污染物的降解去除中占据着重要地位。

1.4.2.2 铁-氮生物炭的催化研究

除 nZVI-BC 在高级氧化领域展示出良好的催化性能外，引入杂原子氮元素改性的铁-氮生物炭也被证明是一种性能优异的铁基生物炭催化剂。铁-氮生物炭属于当前研究较多的一类铁-氮碳材料（Fe-N-C）。Fe-N-C 在电催化领域研究广泛，但是在水处理的高级氧化领域中研究不多，铁-氮生物炭相关的研究更少。

Long 等[113]曾利用碳纳米管作为基质材料合成了铁-氮共掺杂的碳纳米管复合催化剂，在单宁酸和铁掺杂的质量比为 1 的条件下获得的材料，被证实具有高效活化过一硫酸盐降解多种污染物的能力，包括有机染料（罗丹明、橙黄Ⅱ、亚甲基蓝）、酚类污染物（4-氯苯酚、对硝基苯酚）以及抗生素（四环素），这些污染物的降解效率在 8min 达到了 85% 以上。自由基猝灭实验和电子顺磁共振波谱仪分析证明了 $O_2^-\cdot$ 是主要的活性氧贡献者。电化学测试说明催化剂可以促进 4-氯苯酚向过一硫酸盐转移电子，因此 4-氯苯酚可在非自由基途径下发生降解。

不同于上述研究所用的碳纳米管，Xu 等[114]利用木屑为原材料，双氰胺作为氮源，$FeCl_3$ 为铁源，三者在一定比例下混合浸泡，直至加热干燥完成后共热解获得 Fe/N 共掺杂的生物炭。该催化剂可以有效地活化过一硫酸盐降解双酚 A（BPA）。与未掺杂 Fe 和 N 以及仅掺杂 N 元素的原始生物炭相比，反应 60min 后，Fe/N 共掺杂的生物炭降解 BPA 的效率从 22% 和 44% 提到了 97%，降解速率达到了 $0.0556min^{-1}$，分别是以上两种生物炭降解速率的 37.07 倍和 6.04 倍。研究证实了生物炭上的石墨氮、吡啶氮、$Fe-N_x$、Fe_2O_3 和 Fe^0 参与活化过一硫酸盐产生活性氧（$\cdot OH$、$SO_4^- \cdot$ 和 $^1O_2$），攻击污染物。在酸性条件下，$\cdot OH$ 和 $SO_4^- \cdot$ 发挥主要作用，更多的 $^1O_2$ 产生于碱性条件。

除了基于 $SO_4^- \cdot$ 的高级氧化反应，也有学者利用铁-氮共掺杂的碳材料活化高碘酸（PI）降解微污染物磺胺嘧啶（SDZ）。He 等[115]在 550℃限氧条件下热解造纸污泥，得到了掺有 Fe 和 N 的碳材料（CWBC）。在 CWBC 和 PI 构成的氧化体系中，SDZ 的降解效率在 90min 内达到了 98.94%。在此反应体系中，SDZ 和 PI 以及材料之间的电子转移是主要的作用机制，材料上的 Fe 和 N 元素可以改变碳材料自身的电子构型，打破其表面的化学惰性。碳基质表面的电子通过 PI 和材料之间形成的 Fe—O 共价键移动到 PI，从而使 PI 被活化，进一步地降解 SDZ。

基于上述铁-氮碳材料在高级氧化中的研究，以生物炭作为主要碳基质的材料与碳纳米管基质碳材料均有高效的催化活化氧化剂的能力。碳基质的表面坚硬、少孔、比表面积小，Fe 和 N 的引入使基质的比表面积得到提升，孔的数量显著增多，孔容增大，碳结构的缺陷增多。Fe 和 N 的掺杂有利于材料表面的电子迁移，使电子从碳基质表面转移到氧化剂上，从而发生氧化还原反应，产生一系列的活性氧，进一步降解目标污染物。

1.4.3　木质素基絮凝剂

木质素作为秸秆中的主要组分，具有成为合成木质素基絮凝剂前驱体的潜力。目前，以秸秆中的木质素为原材料合成木质素基絮凝剂的研究很少，这是由于若要利用秸秆中的木质素组分，需要在利用之前对秸秆中的木质素组分进行分离提取，增加了材料的制备成本。

木质素能够作为制备絮凝剂的原材料，源于其自身的优良特性。

① 木质素产量大、来源广。作为副产物产生的木质素，全球每年产量约 1 亿吨，其中来自纸浆行业的木质素废液流有 5000~7000t[116]。造纸工业和生物乙醇炼制工业产生的废液和废渣中均含有大量的木质素，每年的产量超过 5000 万吨。这不仅造成了严重污染，而且产生了大量的固体废物。据统计，在纤维素提取乙醇过程中每产生 1t 生物乙醇便会生成 1.25~1.85t 的木质素残渣，仅有 1%~2% 被当作高值产品应用[117]，由此看出木质素的资源浪费十分严重。

② 木质素的溶解度好。溶解度是评价絮凝剂的关键指标。木质素的溶解度与提取的溶剂密切相关。木质素分子量越低且提取溶剂的氢键键能越强，所得木质素的溶解度越好[118]。

③ 木质素是具有异质结构的天然高分子聚合物。木质素的三大组成单元（H、G、S）上含有丰富的官能团，例如甲氧基、酚羟基、羰基、羧基、共轭双键等[119]。这些基团为木质素的化学改性及其在水处理中的分离纯化应用提供了很多可能性。

当前，制备木质素基絮凝剂使用较多的木质素原料有工业木质素[120]（主要来自制浆工业和纤维素生物乙醇工业，分为木质素磺酸盐、碱木质素、有机溶剂木质素）和木质纤维生物质的生物乙醇炼制过程中的水解剩余木质素。在工业木质素中，碱木质素最为常见。但是，由于木质素磺酸盐中含有更多的硫组分，更易被化学改性[121]，因此其应用更广泛。对生物炼制过程中产生废渣中的木质素加以利用则能够为生物质的大规模利用奠定基础。然而，来源于以上过程的大多数木质素存在活性低、结构复杂、溶解性差等一些不可避免的缺点[122]，导致它们在水处理应用中的直接利用受到限制。因此，需要对这些木质素进行改性从而提高其性能。木质素的亲水性可以通过磺化和氧化反应来改善；木质素的反应活性可通过脱甲氧基化和硝化来改善；接枝共聚可以增加木质素的分子量。可基于不同的改性方法及特定的化学反应[123]（例如曼尼希反应、磺化、烷基化、羧化、交联和接枝反应）制备木质素基絮凝剂，并将它们用于水处理领域。

1.4.4 木质素基絮凝剂去除染料

目前，大多数的木质素基絮凝剂均是由不同来源的木质素合成制备的，其中，以造纸黑液和造纸污泥中的工业木质素为原材料制备絮凝剂的研究居多。但是文献中尚未有以秸秆中的木质素为原材料制备木质素基絮凝剂的研究。根据絮凝剂的絮凝机制和污染物的特点可知，染料废水是絮凝研究中最为常用的目标污染物。

Wang 等[124]从造纸制浆工艺过程产生的黑液中提取出了碱木质素（AL），并将其与甲醛、己二胺混合，根据曼尼希反应合成了阳离子 AL。阳离子 AL 对染料刚果红和铬蓝黑 R 具有良好的脱色去除能力，在 48h 内可以将两种染料完全去除。絮凝机制主要为阳离子 AL 与阴离子染料分子之间的电荷中和作用，其次是阳离子 AL 的吸附架桥作用。

胡拥军等[125]利用草浆造纸黑液中提取的木质素，通过磺化和接枝反应合成了具有阴、阳离子基团（磺酸基和季铵离子）的两性木质素基絮凝剂。将该木质素基絮凝剂用于蒙脱土悬浮液和印染废水的絮凝测试，结果显示该材料对两种污染物的除浊率和脱色率均在 85% 以上。磺酸基主要用于与染料分子上的氨基发生反应，同时，季铵离子与染料中的磺酸基结合，由此减少了染料分子上的亲水基团，提高其疏水性，促进染料从水溶液中沉降。木质素上的苯环在一定程度上发生聚合反应，有助于木质素分子网状结构的扩大，在絮凝过程中起到了吸附架桥和网捕作用。

Feng 等[126]从造纸污泥中提取了碱木质素，并利用该木质素与乙二胺四乙酸钠共溶，以过硫酸钾引发反应，不断滴加甲基丙烯酰氧乙基三甲基氯化铵，通过接枝共聚反应合成了目标的支链型木质素基絮凝剂（PSBF）。PSBF 对分散红和活性蓝的去除率分别为 91.12% 和 92.97%。PSBF 的支链结构以及高分子量和电荷特性是促进染料去除的主要因素。

除工业木质素之外，生物质的精炼过程中也会产生废弃的木质素资源。例如，在生物质分离过程中未被酶解的剩余生物质残渣，这些残渣的主要成分为木质素，称为水解木质素[127]。Zhang 等[127]选择了经过酶解之后的软木木屑残渣作为原材料，并在氮气保护的无氧环境中加入丙烯酸，使用过硫酸钾作为引发剂引发聚合反应，反应后的聚合物通过纯化分离得到。所得材料应用于阳离子染料碱性蓝 41 的去除，脱色率达到了 95%。通过对其机制进行分析，证实了静电作用和物理吸附是主要的驱动力。

上述研究表明不同来源的木质素合成的木质素基絮凝剂对染料的去除都展现出了较高的脱色能力，说明木质素基絮凝剂是一种高效的水处理材料。

1.5 秸秆基水处理材料的制备及改进

1.5.1 铁基生物炭的制备

1.5.1.1 纳米零价铁生物炭的制备及现存问题

通过查阅相关文献发现，nZVI-BC 在污染物的去除中具有高效的催化能力，然而，关于材料的制备仍存在一些问题。

当前，大量的文献研究采用液相还原法将纳米零价铁粒子负载到生物炭上。该方法通常分为两步：第一步热解生物质合成原始生物炭；第二步将原始生物炭与亚铁盐混合搅拌，在特定环境中生成 nZVI 并将其负载到生物炭上。虽然该方法制备的 nZVI 粒径小，活性高[128]，但是在负载的步骤中仍存在很多问题。nZVI 粒子是通过添加还原剂 NaBH$_4$ 或者 KBH$_4$ 与亚铁盐发生化学反应而制成的，如式(1-6) 所示，整个过程需要严苛的厌氧环境，因此惰性气体 N$_2$ 需被持续不断地通入反应体系中。

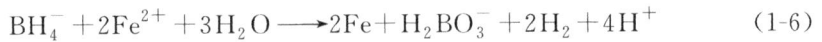

$$BH_4^- + 2Fe^{2+} + 3H_2O \longrightarrow 2Fe + H_2BO_3^- + 2H_2 + 4H^+ \qquad (1\text{-}6)$$

从公式中可以看出，反应过程中会产生 H$_2$，气体的收集也成为阻碍该法合成材料的一个问题。硼氢化物虽然还原性高，但是其产品昂贵、毒性大，造成了反应后溶液对环境产生二次污染[129]。此外，为了得到性能良好的含铁材料，亚铁盐的使用量一般都很大，这不仅增加了材料的制备成本，若其无法被完全还原，对于剩余的化学品也是一种资源浪费。更重要的是，用该法负载合成的 nZVI-BC 容易被氧化，材料所含物相并不仅仅是 Fe^0，还包括其他的铁氧化物。nZVI 颗粒只是被负载在生物炭的表面或孔隙里，并没有实质性地嵌入在生物炭基质的内部，使所得复合材料的使用寿命有限。负载反应所需时间较长（一般在 24h）、所得材料需在真空中干燥或贮存、合成步骤烦琐等问题增加了材料制备的能耗和成本。

与液相还原法合成思路相反的是水热合成法和碳热还原法。

① 水热合成法是利用水热反应釜将生物质与铁盐经过高温高压操作一步完成的方法。然而，制备含 nZVI 的碳材料通常与碳热还原法联合，首先在水热反应釜中合成含铁的碳材料，然后在高温热解条件下一步合成纳米零价铁碳材料。值得注意的是，使用水热合成法制备零价铁碳材料的碳源前驱体一般选择的是葡

萄糖、蔗糖等小分子化合物[74]。例如，Wang 等[130]将三聚氰胺、D-葡萄糖和氯化铁以一定的比例混合，调节 pH 值后转移至水热反应釜中，在 180℃烘箱中反应 18h，水热合成后的上清液经过 3 次过滤和清洗后干燥，将干燥后的样品置于 550℃管式炉中热解 4h 后得到纳米零价铁碳材料。借鉴上述方法，Li 等[74]直接在水热反应釜中加热葡萄糖和纳米级的 Fe_3O_4 粒子，反应温度为 180℃，时间为 10h。然后将所得干燥样品置于管式炉中，于 700℃下保持 2h，最后获得 $Fe^0@C$。无论使用哪种合成方法，水热合成法的高温高压带来的能耗和成本问题都是无法避免且需要考虑和解决的问题。同时，水热合成法与碳热还原法的联合利用造成的步骤烦琐、时间冗长问题也需要解决。根据当前的研究，水热合成法的反应温度一般在 150～350℃[128]，该法是否适用于秸秆等结构复杂生物质的碳化合成尚不明确。

② 碳热还原法是在热解生物质之前率先混合生物质与含铁盐溶液，然后将含铁的生物质通过热解的方式，利用热解过程中产生的还原性气体（H_2、CO 等）或碳还原等作用将铁盐原位还原成 Fe^0 的方法，反应原理如式（1-7）和式（1-8）或式（1-9）所示。这种方法较液相还原法呈现出巨大的优势：合成步骤简单、无须苛刻的厌氧还原环境、无有毒物质产生、对环境十分友好。

$$3CO + Fe_2O_3 \longrightarrow 2Fe + 3CO_2 \tag{1-7}$$

$$3H_2 + Fe_2O_3 \longrightarrow 2Fe + 3H_2O \tag{1-8}$$

$$3C + 2Fe_2O_3 \longrightarrow 4Fe + 3CO_2 \tag{1-9}$$

查阅利用碳热还原法制备 nZVI-BC 的文献可知，为了使铁盐很好地沉淀于生物质表面，有利于保持后续热解后的铁含量，生物质改性过程中往往选择浸泡的方法将铁盐与生物质混合在一起。例如，Liu 等[131]以松木木屑作为原材料，将其与 $FeCl_3$ 溶液混合超声 2h，然后于 60℃下搅拌 12h，将所得混合物固液分离后真空干燥。此后进行改性生物质的碳热还原，干燥后的样品在 800℃下热解 40min 后获得纳米零价铁的多孔碳材料。该研究作为以生物质为原材料通过碳热还原法制备 nZVI-BC 的首个报道，十分具有参考价值。从它的合成过程可以看出，生物质与铁盐的混合浸泡时间很长，且温度不能过高。其原因可能有 2 个：

① 浸泡时间长是为了将铁尽可能多地负载到生物质表面；

② 适度地加热可以改善生物质坚硬光滑的表面，为铁盐的负载提供便利，高温会严重破坏生物质的结构，可能会导致其后续热解所得碳材料的功能缺失，

进而影响材料的性能。

尽管相较于水热合成法和液相还原法，碳热还原法具有合成优势，但是仍存在 2 个问题：

① 前期对生物质进行浸泡负载铁元素的时间过长，是否有其他方法可以缩短其时间；

② 前期改性后生物质上的铁元素是否能够完全还原为零价铁，无其他物相存在，以保证材料在污染物去除过程中发挥高效的催化能力。

1.5.1.2　铁-氮生物炭的制备及现存问题

虽然铁-氮生物炭在水处理的高级氧化体系中已有研究且催化性能良好，但是，由于对铁-氮生物炭在高级氧化领域中的研究较少，使得对这类材料的合成方式未进行深入探索，从而导致目前合成出的材料理化性质仍存在一定缺陷。

当前对该类 Fe-N-C 的制备大多数采用的是铁盐化学药品、含氮物质与生物质共热解的方式。从材料的合成结果来看，生物炭上的铁相组成通常为 Fe^0、Fe_2O_3，未见含 N 物相的出现。此外，共热解方式产生的 Fe^0 粒子在空气中易氧化，导致材料的稳定性变差。虽然 He 等[115]采用化学共热解的方式制备了铁-氮掺杂的碳材料，但是该材料上并没有出现有效的 Fe 和 N 的催化物相，无法直观地让读者认识到该碳材料是否被成功掺杂上 Fe 和 N，对后续的理论机制借鉴分析也有一定的局限性。

目前，对以非生物炭作为基质合成 Fe-N-C 的研究很多，这类材料通常含有稳定的碳化铁和氮化铁构象，在电催化领域展现出了较高的催化能力。碳化铁是一种由碳原子占据紧密排列的铁原子晶格间隙的构筑物，其种类繁多，包括 Fe_2C、Fe_5C_2、Fe_3C、Fe_7C_3 等，其中 Fe_3C 是最稳定的[132]。类似于碳化铁，氮化铁则是氮原子渗入金属铁晶格间隙中的一类化合物，主要包括 Fe_2N、Fe_3N、Fe_4N[133]。Wen 等[134]合成了具有核壳结构的 N 掺杂的 Fe/Fe_3C 的碳纳米棒，该材料显著提高了氧化还原反应的活性，增强了反应动力学，可以作为微生物燃料电池的有效阴极材料。He 等[135]通过一步热解法合成了带有 $Fe/Fe_3N/Fe_4N$ 纳米颗粒的氮掺杂多孔石墨烯材料，该材料上的 $Fe/Fe_3N/Fe_4N$ 纳米颗粒和石墨烯基质被证实可以促进电化学反应，并且当材料被用于 $Li-O_2$ 电池的阴极时，表现出了优异的电化学特性，是一种潜力巨大的储能材料。

根据上述材料的特性，带有碳化铁或者氮化铁的碳材料在水处理的高级氧化领域中受到了关注和研究。Fu 等[136]和 Huang 等[137]分别合成了带有 Fe_3C 的

N-S 掺杂的碳纳米管和掺有 Fe_4N 的单原子催化剂。由于 Fe_3C 和 Fe_4N 的存在，这两种材料对活化过硫酸盐降解双酚 A 和光催化降解有机染料孔雀石绿都表现出了良好的去除能力。

尽管如此，当前对于此类的铁-氮生物炭材料在高级氧化中的研究依然很少。同时，制备铁-氮生物炭所需的原材料通常为化学品，碳前驱体使用聚吡咯等，氮源多采用三聚氰胺，铁源来自铁盐或亚铁盐，存在污染环境的潜在问题。进一步地，多数文献中报道的铁-氮生物炭结构中的催化位点不明确，导致对材料在污染物降解过程中的催化机制探究受到限制。

1.5.2 木质素基絮凝剂的制备

通过木质素基絮凝剂在染料污染物去除中的研究可知，大多数的木质素通过不同的化学改性被赋予了不同的功能特性，这些功能特性使它们在水处理应用中展现出优异的絮凝能力。

然而，目前的木质素基絮凝剂的制备往往以造纸黑液中的木质素、乙醇炼制过程中的残渣木质素、工业木质素等为原材料进行合成。木质素原材料的获取需要经过反复提取纯化，例如碱溶酸析、离心分离、冻干回收等[126]。在这个过程中不可避免地会造成木质素的损失，浪费资源。同时，木质素的纯度不高，对于材料的合成也是一项挑战。木质素基絮凝剂的合成过程中涉及多种化学反应，用于改性木质素。大多数的化学品具有有毒、有害的特点，例如甲醛、丙酮、丙烯酸、甲基丙烯酰氧乙基三甲基氯化铵等。若化学反应不能将这些化学品完全消耗，则会造成严重的水体污染。此外，某些化学反应需要厌氧环境、特定的 pH 值和足够的反应时间。最终，制备成功的木质素基絮凝剂的回收需要经过反复提取和纯化，时间冗长[126,127]。这些条件对实际的生产来讲都是限制因素。

因此，木质素基絮凝剂在合成方面仍需要进一步优化改进，尽可能减少问题，使木质素基絮凝剂在当前的废水处理中发挥重要作用。

1.5.3 秸秆基水处理材料的改进

在此背景下，著者以秸秆为原材料，基于秸秆的处理改性体系和水中有机污染物的特点，衍生或合成了 3 种水处理材料，分别是纳米零价铁生物炭、木质素基絮凝剂、铁-氮生物炭。利用上述 3 种材料对 3 种有机污染物进行去除，污染物依次为对乙酰氨基酚、阴离子染料、四环素，主要考察了纳米零价铁生物炭和铁-氮生物炭在高级氧化体系中对过硫酸盐的活化机制，木质素基絮凝剂在染料脱色过程中的絮凝作用机制。

具体的研究内容如下。

（1）nZVI-BC 的制备及活化 PDS 降解对乙酰氨基酚的效能和机制

采用 FeCl$_3$ 耦合聚乙二醇 400 对水稻秸秆进行处理，通过一步热解将处理后的秸秆碳化为生物炭。通过物相和形貌表征确认该方法转化为纳米零价铁生物炭的可行性，探究该处理方法在纳米零价铁生物炭转化过程中的机制。通过表征分析纳米零价铁生物炭的物化特征。以纳米零价铁生物炭和过硫酸盐构建的高级氧化体系降解对乙酰氨基酚污染物的效能，评估纳米零价铁生物炭的催化性能。主要根据活性氧的测试和鉴定、纳米零价铁生物炭的结构变化来解析纳米零价铁生物炭活化过硫酸盐的催化机制。最后，在产物检测的基础上推断污染物的降解途径。

（2）木质素基絮凝剂的特性及去除阴离子染料的效能和机制

判定 FeCl$_3$ 耦合聚乙二醇 400 处理水稻秸秆后的处理液可否自组装形成木质素纳米颗粒。通过物理化学表征分析木质素纳米颗粒的理化特性。以该处理液作为木质素基絮凝剂，通过评估其对多种阴离子染料的脱色效能来研究其絮凝作用，在优化条件下选择出处理效果最佳的阴离子染料。基于最佳反应条件组合的实验，考察其他絮凝指标的变化。通过对比反应前后木质素纳米颗粒结构的变化、反应体系中的电荷变化以及在线监测反应过程中生成物的粒径和形态的变化，分析总结絮凝反应机制。

（3）铁-氮生物炭的制备及活化 PDS 降解四环素的效能和机制

以木质素基絮凝剂与阴离子染料刚果红产生的絮体为原材料，一步热解合成了磁性的铁-氮生物炭。通过物化表征分析了铁-氮生物炭的理化特性。以四环素在铁-氮生物炭与过硫酸盐构成的高级氧化体系中的降解效果评估铁-氮生物炭的催化效能。根据活性氧的分析鉴定，了解铁-氮生物炭反应前后的结构变化，通过密度泛函计算，深入探究铁-氮生物炭催化活化过硫酸盐降解污染物的作用机制。根据对反应位点的预测计算和反应产物的检测，推断污染物四环素的降解路径。

参考文献

[1] 贾丽萍，姚秀清，杨磊，等．木质纤维素的预处理技术进展 [J]．纤维素科学与技术，2022，30（2）：72-80.

[2] Menon V, Rao M. Trends in bioconversion of lignocellulose: Biofuels, platform chemicals & biorefinery concept [J]. Progress in Energy and Combustion Science, 2012, 38 (4): 522-550.

[3] Malladi R, Malladi N, Mathieu R, et al. Importance of agricultural and industrial waste in the field of nanocellulose and recent industrial developments of wood based nanocellulose: A review [J]. ACS Sustainable Chemistry & Engineering, 2018, 6 (3): 2807-2828.

[4] 黄思维. 玉米秆纳米纤维素的提取、表征及应用 [D]. 南京: 南京林业大学, 2017.

[5] Atalla R H, Vanderhart D L. Native cellulose: A composite of two distinct crystalline forms [J]. Science, 1984, 223: 283-285.

[6] 张晓燕. 不同预处理方法对玉米秸秆和沙柳纤维素降解率和乙醇产量的影响 [D]. 呼和浩特: 内蒙古工业大学, 2017.

[7] Fengel D, Wegener G. Wood: Chemistry, Ultrastructure, Reactions [M]. Berlin: De Gruyter, 1984.

[8] Uppal S K, Kaur R. Hemicellulosic furfural production from sugarcane bagasse using different acids [J]. Sugar Tech, 2011, 13 (2): 166-169.

[9] Ebringerová A, Heinze T. Xylan and xylan derivatives-biopolymers with valuable properties: Naturally occurring xylans structures, isolation rocedures and properties [J]. Macromolecular Rapid Communications, 2000, 21 (9): 542-556.

[10] Pu Y, Zhang D, Singh P M. The new forestry biofuels sector [J]. Biofuels, Bioproducts and Biorefining, 2008, 2 (1): 58-73.

[11] Latarullo M B G, Tavares E Q P, Gabriel P, et al. Pectins, endopolygalacturonases, and bioenergy [J]. Frontiers in Plant Science, 2016, 7: 1401.

[12] Atmodjo M A, Hao Z, Mohnen D. Evolving views of pectin biosynthesis [J]. Annual Review of Plant Biology, 2013, 64 (1): 747-779.

[13] Baurhoo B, Ruiz-Feria C A, Zhao X. Purified lignin: Nutritional and health impacts on farm animals—A review [J]. Animal Feed Science and Technology, 2008, 144 (3): 175-184.

[14] Akin D E, Benner R, Russell B R. Degradation of polysaccharides and lignin by ruminal bacteria and fungi [J]. Applied and Environmental Microbiology, 1988, 54: 1117-1125.

[15] Loredano P, Fabio T, Elena R. Lignin-degrading enzymes [J]. FEBS Journal, 2015, 282 (7): 1190-1213.

[16] Sabornie C, Tomonori S. Lignin-derived advanced carbon materials [J]. ChemSusChem, 2015, 8 (23): 3941-3958.

[17] Dohertya W O S, Mousaviouna P, Fellows C M. Value-adding to cellulosic ethanol: Lignin polymers [J]. Industrial Crops and Products, 2011, 33 (2): 259-276.

[18] Ralph J, Bunzel M, Marita J M, et al. Peroxidase-dependent cross-linking reac-

tions of p-hydroxycinnamates in plant cell walls [J]. Phytochemistry Reviews，2004，3 (12)：79-96.

[19] 王图强，郑经纬，郑红光，等 ."土盔甲"生物炭有助于减缓全球气候变暖 [J]. 世界环境，2022 (1)：44-46.

[20] 朱建伟，龚德鸿，茅佳华，等 . 木质纤维生物质预处理技术研究进展 [J]. 新能源进展，2022，10 (4)：383-392.

[21] 佚名 .2021 年固体废物处理利用行业综述与2022 年发展展望 [J]. 中国轮胎资源综合利用，2022 (4)：10-18.

[22] Ma Y，Shen Y，Liu Y. State of the art of straw treatment technology：Challenges and solutions forward [J]. Bioresource Technology，2020，313：123656.

[23] Sun L，Ma X，Liu K，et al. A review on research advances on microbial treatment and strengthening techniques of crop straw [J]. Journal of Shenyang University (Natural Science)，2018，30：188-195.

[24] Abdelhady S，Borello D，Shaban A，et al. Viability study of biomass power plant fired with rice straw in Egypt [J]. Energy Procedia，2014，61：211-215

[25] Gadde B，Bonnet S，Menke C，et al. Air pollutant emissions from rice straw open field burning in India，Thailand and the Philippines [J]. Environmental Pollution，2009，157 (5)：1554-1558.

[26] 于博，徐松鹤，任琴，等 . 秸秆还田研究进展及内蒙古玉米秸秆深翻还田现状 [J]. 作物杂志，2022 (2)：6-15.

[27] 毕于运，高春雨，王红彦，等 . 农作物秸秆综合利用和禁烧管理国家法规综述与立法建议 [J]. 中国农业资源与区划，2019，40 (8)：1-10.

[28] 于钦明 . 生态文明视角下农业循环经济的可持续发展 [J]. 棉花学报，2023，35 (2)：157.

[29] 徐晓雪，钱玮亭，李梅芳 . 果-菌-禽农业废弃物循环利用研究进展 [J]. 农业工程，2023，13 (7)：50-55.

[30] 钟丽媛，孙会增，吴冠中，等 . 农作物秸秆饲料化利用的制约因素及其解决对策 [J]. 中国畜牧杂志，2023，59 (12)：61-66.

[31] 崔明，赵立欣，田宜水，等 . 中国主要农作物秸秆资源能源化利用分析评价 [J]. 农业工程学报，2008，24 (12)：291-296.

[32] 裴占江，刘杰，史风梅，等 . 东北地区秸秆打捆直燃供暖案例及效益分析 [J]. 黑龙江农业科学，2019 (12)：111-113，118.

[33] 王金武，唐汉，王金峰 . 东北地区作物秸秆资源综合利用现状与发展分析 [J]. 农业机械学报，2017，48 (5)：1-21.

[34] 毕于运，高春雨，王红彦，等 . 我国农作物秸秆离田多元化利用现状与策略 [J]. 中国农业资源与区划，2019，40 (9)：1-11.

[35] 谢杰，邵敬森，孙宁，等 . 日本农作物秸秆综合利用经验借鉴 [J]. 中国农业资源与区划，2022，43 (9)：116-125.

[36] 侯新强，张慧涛，杨俊孝，等．新疆农作物秸秆资源利用现状及产业化发展的对策 [J]．新疆农垦经济，2013（1）：45-47.

[37] 杨晓东．农作物秸秆基料化利用技术及效益分析 [J]．农业科技与装备，2017（12）：41-43.

[38] 高晶，尹相明，王东成，等．农作物秸秆饲料化技术分析及在动物生产中的应用进展 [J]．吉林农业大学学报，2023，45（4）：414-419.

[39] 凌一波，薛颖昊，王家平，等．近20年来新疆农作物秸秆资源量变化、现状分析及综合利用探讨 [J]．中国农业资源与区划，2023，44（1）：130-139.

[40] 李凯夫，彭万喜．国内外秸秆制人造板的研究现状与趋势 [J]．世界林业研究，2004，17（2）：34-36.

[41] 卢军虎，龚茹．我国秸秆人造板产业现状及前景 [J]．中国人造板，2016，23（3）：16-18.

[42] 刘娅．农作物秸秆治理与综合利用 [J]．辽宁农业科学，2003，1：18-23.

[43] 贾小玉，闫伟明，上官周平．生物炭对农田土壤温室气体排放强度的调控机理研究进展 [J]．陆地生态系统与保护学报，2022（2）：62-73.

[44] 封玉．棉花秸秆生物炭的制备和改性及其对PPCPs类污染物的吸附探究 [D]．济南：山东师范大学，2019.

[45] 李文静．玉米秸秆生物炭对石灰性农田土壤微生物数量和功能的影响 [D]．太原：太原理工大学，2019.

[46] Jiang X，Li Y，Tang X，et al．Biopolymer-based flocculants：A review of recent technologies [J]．Environmental Science and Pollution Research，2021，28（34）：1-30.

[47] 郑秀丽，宋冶，王霆．天然高分子基水体絮凝剂的研究进展 [J]．东北林业大学学报，2004（6）：103-105.

[48] Papa E，Sangion A，Arnot J A，et al．Development of human biotransformation QSARs and application for PBT assessment refinement [J]．Food and Chemical Toxicology，2018，112：535-543.

[49] Rubasinghege G，Gurung R，Rijal H，et al．Abiotic degradation and environmental toxicity of ibuprofen：Roles of mineral particles and solar radiation [J]．Water Research，2018，131：22-32.

[50] Ali A M，Rønning H T，Sydnes L K，et al．Detection of PPCPs in marine organisms from contaminated coastal waters of the Saudi Red Sea [J]．Science of The Total Environment，2018，621：654-662.

[51] Li Q，Zhang Y，Lu Y，et al．Risk ranking of environmental contaminants in Xiaoqing River，a heavily polluted river along urbanizing Bohai Rim [J]．Chemosphere，2018，204：28-35.

[52] Sakalli S，Giang P T，Burkina V，et al．The effects of sewage treatment plant effluents on hepatic and intestinal biomarkers in common carp (*Cyprinus carpio*) [J].

Science of The Total Environment，2018，635：1160-1169.

[53] Pusceddu F H，Choueri R B，Pereira C D S，et al. Environmental risk assessment of triclosan and ibuprofen in marine sediments using individual and sub-individual endpoints [J]. Environmental Pollution，2018，232：274-283.

[54] Baron P A，Love D C，Nachman K E. Pharmaceuticals and personal care products in chicken meat and other food animal products：A market-basket pilot study [J]. Science of the Total Environment，2014，490：296-300.

[55] Done H Y，Halden R U. Reconnaissance of 47 antibiotics and associated microbial risks in seafood sold in the United States [J]. Journal of Hazardous Materials，2015，282：10-17.

[56] Wilkinson J L，Hooda P S，Swinden J，et al. Spatial (bio) accumulation of pharmaceuticals，illicit drugs，plasticisers，perfluorinated compounds and metabolites in river sediment，aquatic plants and benthic organisms [J]. Environmental Pollution，2018，234：864-875.

[57] Kim D G，Ko S O. Effects of thermal modification of a biochar on persulfate activation and mechanisms of catalytic degradation of a pharmaceutical [J]. Chemical Engineering Journal，2020，399：125377.

[58] Zhou X，Lai C，Liu S，et al. Activation of persulfate by swine bone derived biochar：Insight into the specific role of different active sites and the toxicity of acetaminophen degradation pathways [J]. Science of the Total Environment，2022，807：151059.

[59] Ji X，Shen Q，Liu F，et al. Antibiotic resistance gene abundances associated with antibiotics and heavy metals in animal manures and agricultural soils adjacent to feedlots in Shanghai；China [J]. Journal of Hazardous Materials，2012，235-236：178-185.

[60] Zhou Y，Liu X，Xiang Y，et al. Modification of biochar derived from sawdust and its application in removal of tetracycline and copper from aqueous solution：Adsorption mechanism and modelling [J]. Bioresource Technology，2017，245：266-273.

[61] Zhu X，Liu Y，Qian F，et al. Preparation of magnetic porous carbon from waste hydrochar by simultaneous activation and magnetization for tetracycline removal [J]. Bioresource Technology，2014，154：209-214.

[62] Jang H M，Yoo S，Choi Y K，et al. Adsorption isotherm，kinetic modeling and mechanism of tetracycline on Pinus taeda-derived activated biochar [J]. Bioresource Technology，2018，259：24-31.

[63] Tran H N，Tomul F，Ha N T H，et al. Innovative spherical biochar for pharmaceutical removal from water：Insight into adsorption mechanism [J]. Journal of Hazardous Materials，2020，394：122255.

[64] 张欣阳，蔡婷静，许旭萍. 一株高效四环素降解菌的分离鉴定及其降解性能研究

[J]. 生物技术通报，2015，31（1）：173-180.

[65] 吴学玲，吴晓燕，李交昆，等. 一株四环素高效降解菌的分离及降解特性 [J]. 生物技术通报，2018，34（5）：172-178.

[66] Wu X，Wu X，Shen L，et al. Whole genome sequencing and comparative genomics analyses of *Pandoraea* sp. XY-2, a new species capable of biodegrade tetracycline [J]. Frontiers in Microbiology，2019，10：33.

[67] 刘杰. 类水滑石催化过氧化物降解四环素的研究 [D]. 泰安：山东农业大学，2022.

[68] 鲁帅. 铜绿微囊藻、椭圆小球藻对几种有机污染物的富集和降解 [D]. 扬州：扬州大学，2017.

[69] 王迪. 氮掺杂类石墨烯络合铁基催化剂制备及其去除水中难降解有机污染物机制 [D]. 广州：广州大学，2022.

[70] An L，Xiao P. Zero-valent iron/activated carbon microelectrolysis to activate peroxydisulfate for efficient degradation of chlortetracycline in aqueous solution [J]. RSC Advances，2020，10（33）：19401-19409.

[71] Zhu K，Xu H，Chen C，et al. Encapsulation of Fe^0-dominated $Fe_3O_4/Fe^0/Fe_3C$ nanoparticles into carbonized polydopamine nanospheres for catalytic degradation of tetracycline via persulfate activation [J]. Chemical Engineering Journal，2019，372：304-311.

[72] Dai X H，Fan H X，Yi C Y，et al. Solvent-free synthesis of a 2D biochar stabilized nanoscale zerovalent iron composite for the oxidative degradation of organic pollutants [J]. Journal of Materials Chemistry A，2019，7（12）：6849-6858.

[73] Wacławek S，Lutze H V，Grübel K，et al. Chemistry of persulfates in water and wastewater treatment：A review [J]. Chemical Engineering Journal，2017，330：44-62.

[74] Li S，Tang J，Liu Q，et al. A novel stabilized carbon-coated nZVI as heterogeneous persulfate catalyst for enhanced degradation of 4-chlorophenol [J]. Environment International，2020，138：105639.

[75] Wu L，Lin Q，Fu H，et al. Role of sulfide-modified nanoscale zero-valent iron on carbon nanotubes in nonradical activation of peroxydisulfate [J]. Journal of Hazardous Materials，2022，422：126949.

[76] Li W，Liu B，Wang Z，et al. Efficient activation of peroxydisulfate (PDS) by rice straw biochar modified by copper oxide (RSBC-CuO) for the degradation of phenacetin (PNT) [J]. Chemical Engineering Journal，2020，395：125094.

[77] Holkar C R，Jadhav A J，Pinjari D V，et al. A critical review on textile wastewater treatments：Possible approaches [J]. Journal of Environmental Management，2016，182：351-366.

[78] Araújo C M B，Nascimento G F O D，Costa G R B D，et al. Real textile wastewater treat-

ment using nano graphene-based materials: Optimum pH, dosage, and kinetics for colour and turbidity removal [J]. The Canadian Journal of Chemical Engineering, 2020, 98 (6): 1429-1440.

[79] Voncina B, Marechal A M L. Grafting of cotton with β-cyclodextrin via poly (carboxylic acid) [J]. Journal of Applied Polymer Science, 2010, 96 (4): 1323-1328.

[80] 刘亚飞. 咪唑离子液体基磁性聚合物的制备及对水中染料和腐殖酸的吸附研究 [D]. 南京: 南京信息工程大学, 2022.

[81] 陈莲欣, 余帆. 染料废水处理技术研究及应用进展 [J]. 能源与环境, 2024 (4): 94-97.

[82] 白亚龙, 李祥生. 工业废水治理方法研究 [J]. 山东工业技术, 2019 (2): 33, 23.

[83] 张锐, 李敏, 周天旭, 等. 新型温敏超滤膜处理印染废水的研究 [J]. 化工学报, 2018, 69 (11): 4910-4917.

[84] Wang Y, López-Valdivieso A, Zhang T, et al. Preparation of microscale zero-valent iron-fly ash-bentonite composite and evaluation of its adsorption performance of crystal violet and methylene blue dyes [J]. Environmental Science and Pollution Research, 2017, 24 (24): 20050-20062.

[85] 张华宇, 罗芳颖, 江婷婷, 等. La/Y 掺杂二氧化硅膜的制备及其对染料废水的分离性能研究 [J]. 膜科学与技术, 2018, 38 (4): 113-119, 131.

[86] Liang R, Jing F, Shen L, et al. MIL-53 (Fe) as a highly efficient bifunctional photocatalyst for the simultaneous reduction of Cr(Ⅵ) and oxidation of dyes [J]. Journal of Hazardous Materials, 2015, 287: 364-372.

[87] Kumar C G, Mongolla P, Joseph J, et al. Decolorization and biodegradation of triphenylmethane dye, brilliant green, by *Aspergillus* sp. isolated from Ladakh, India [J]. Process Biochemistry, 2012, 47 (9): 1388-1394.

[88] Wei Y, Ding A, Dong L, et al. Characterisation and coagulation performance of an inorganic coagulant-poly-magnesium-silicate-chloride in treatment of simulated dyeing wastewater [J]. Colloids and Surfaces A: Physicochemical and Engineering Aspects, 2015, 470: 137-141.

[89] Yadav A, Mukherji S, Garg A. Removal of chemical oxygen demand and color from simulated textile wastewater using a combination of chemical/physicochemical processes [J]. Industrial & Engineering Chemistry Research, 2013, 52 (30): 10063-10071.

[90] El-Gohary F, Tawfik A. Decolorization and COD reduction of disperse and reactive dyes wastewater using chemical-coagulation followed by sequential batch reactor (SBR) process [J]. Desalination, 2009, 249 (3): 1159-1164.

[91] Wang Q, Luan Z, Wei N, et al. The color removal of dye wastewater by magnesium chloride/red mud (MRM) from aqueous solution [J]. Journal of Hazardous

Materials，2009，170（2-3）：690-698.

[92] Zonoozi M H，Moghaddam M R A，Arami M. Coagulation/flocculation of dye-containing solutions using polyaluminium chloride and alum [J]. Water Science and Technology，2009，59（7）：1343-1351.

[93] Remminghorst U，Rehm B H A. Bacterial alginates：from biosynthesis to applications [J]. Biotechnology Letters，2006，28（21）：1701-1712.

[94] Guibal E，Van Vooren M，Dempsey B A，et al. A review of the use of chitosan for the removal of particulate and dissolved contaminants [J]. Separation Science and Technology，2006，41（11）：2487-2514.

[95] Rojas-Reyna R，Schwarz S，Heinrich G，et al. Flocculation efficiency of modified water soluble chitosan versus commonly used commercial polyelectrolytes [J]. Carbohydrate Polymers，2010，81（2）：317-322.

[96] Athawale V D，Lele V. Thermal studies on granular maize starch and its graft copolymers with vinyl monomers [J]. Starch-Stärke，2000，52（6-7）：205-213.

[97] Fang R，Cheng X，Xu X. Synthesis of lignin-base cationic flocculant and its application in removing anionic azo-dyes from simulated wastewater [J]. Bioresource Technology，2010，101（19）：7323-7329.

[98] Guo K，Gao B，Li R，et al. Flocculation performance of lignin-based flocculant during reactive blue dye removal：Comparison with commercial flocculants [J]. Environmental Science and Pollution Research，2018，25（3）：2083-2095.

[99] Guo K，Gao B，Yue Q，et al. Characterization and performance of a novel lignin-based flocculant for the treatment of dye wastewater [J]. International Biodeterioration & Biodegradation，2018，133：99-107.

[100] Chen N，Liu W，Huang J，et al. Preparation of octopus-like lignin-grafted cationic polyacrylamide flocculant and its application for water flocculation [J]. International Journal of Biological Macromolecules，2020，146：9-17.

[101] 程文远，李法云，吕建华，等. 碱改性向日葵秸秆生物炭对多环芳烃菲吸附特性研究 [J]. 生态环境学报，2022，31（4）：824-834.

[102] 杨育振，高宝龙，黄屹，等. 中高热解温度下秸秆基生物炭对铅、镉的吸附特性研究 [J]. 中国地质，2023，50（1）：52-60.

[103] 徐晋，马一凡，姚国庆，等. KOH 活化小麦秸秆生物炭对废水中四环素的高效去除 [J]. 环境科学，2022，43（12）：5635-5646.

[104] 徐皓普，汤波. 碱改性生物炭处理含 Cd^{2+} 废水效果对比研究 [J]. 环境科学与管理，2022，47（6）：82-85.

[105] Li Z，Sun Y，Yang Y，et al. Biochar-supported nanoscale zero-valent iron as an efficient catalyst for organic degradation in groundwater [J]. Journal of Hazardous Materials，2020，383：121240.

[106] Hong Q，Liu C，Wang Z，et al. Electron transfer enhancing Fe(Ⅱ)/Fe(Ⅲ) cycle

by sulfur and biochar in magnetic FeS@biochar to active peroxymonosulfate for 2,4-dichlorophenoxyacetic acid degradation [J]. Chemical Engineering Journal, 2021, 417: 129238.

[107] Lykoudi A, Frontistis Z, Vakros J, et al. Degradation of sulfamethoxazole with persulfate using spent coffee grounds biochar as activator [J]. Journal of Environmental Management, 2020, 271: 111022.

[108] Rong X, Xie M, Kong L, et al. The magnetic biochar derived from banana peels as a persulfate activator for organic contaminants degradation [J]. Chemical Engineering Journal, 2019, 372: 294-303.

[109] 刘翠英，郑今今，宋丽莹，等. 纳米 Fe_3O_4/生物炭活化过硫酸盐降解盐酸四环素 [J]. 农业环境科学学报，2022，41 (5): 1058-1066.

[110] Yang F, Zhang S, Li H, et al. Corn straw-derived biochar impregnated with α-FeOOH nanorods for highly effective copper removal [J]. Chemical Engineering Journal, 2018, 348: 191-201.

[111] 梁啸夫，刘东方. nZVI@BC 活化 PMS 氧化高硫酸盐废水中亚甲基蓝的研究 [J]. 水处理技术，2022，48 (5): 53-58.

[112] 廖晓数，朱成煜，仇玥，等. 纳米零价铁基生物炭活化过硫酸盐降解土霉素的研究 [J]. 环境工程，2022，40 (8): 119-124，95.

[113] Long Y, Huang Y, Wu H, et al. Peroxymonosulfate activation for pollutants degradation by Fe-N-codoped carbonaceous catalyst: Structure-dependent performance and mechanism insight [J]. Chemical Engineering Journal, 2019, 369: 542-552.

[114] Xu L, Fu B, Sun Y, et al. Degradation of organic pollutants by Fe/N co-doped biochar via peroxymonosulfate activation: Synthesis, performance, mechanism and its potential for practical application [J]. Chemical Engineering Journal, 2020, 400: 125870.

[115] He L, Yang C, Ding J, et al. Fe,N-doped carbonaceous catalyst activating periodate for micropollutant removal: Significant role of electron transfer [J]. Applied Catalysis B: Environmental, 2022, 303: 120880.

[116] 李炳志，郭一鸣. 合成生物学点亮木质素增值之路 [J]. 新兴科学和技术趋势，2024 (1): 83-93.

[117] Norgren M, Edlund H. Lignin: Recent advances and emerging applications [J]. Current Opinion in Colloid & Interface Science, 2014, 19 (5): 409-416.

[118] Schuerch C. The solvent properties of liquids and their relation to the solubility, swelling, isolation and fractionation of lignin [J]. Journal of the American Chemical Society, 1952, 74 (20): 5061-5067.

[119] Wakerley D W, Kuehnel M F, Orchard K L, et al. Solar-driven reforming of lignocellulose to H_2 with a CdS/CdO$_x$ photocatalyst [J]. Nature Energy, 2017, 2

(4)：1-9.

[120] Simsek S，Ulusoy U. Adsorptive properties of sulfolignin-polyacrylamide graft co-polymer for lead and uranium：Effect of hydroxylamine-hydrochloride treatment [J]. Reactive & Functional Polymers，2013，73（1）：73-82.

[121] Aro T，Fatehi P. Production and application of lignosulfonates and sulfonated lignin [J]. ChemSusChem，2017，10（9）：1861-1877.

[122] Balan V. Current challenges in commercially producing biofuels from lignocellulosic biomass [J]. ISRN Biotechnology，2014，2014：1-31.

[123] Wang B，Wang S F，Lam S S，et al. A review on production of lignin-based floc-culants：Sustainable feedstock and low carbon footprint applications [J]. Renewable and Sustainable Energy Reviews，2020，134：110384.

[124] Wang X，Zhang Y，Hao C，et al. Ultrasonic-assisted synthesis of aminated lignin by a Mannich reaction and its decolorizing properties for anionic azo-dyes [J]. RSC Advances，2014，4（53）：28156-28164.

[125] 胡拥军，龙立平，吴四贵，等. 利用草浆黑液制备两性木质素絮凝剂 [J]. 工业水处理，2006（2）：30-32.

[126] Feng Q，Gao B，Yue Q，et al. Flocculation performance of papermaking sludge-based flocculants in different dye wastewater treatment：Comparison with commer-cial lignin and coagulants [J]. Chemosphere，2021，262：128416.

[127] Zhang Y，Gao W，Kong F，et al. Adsorption thermodynamics of cationic dye on hydrolysis lignin-acrylic acid adsorbent [J]. Biomass Conversion and Biorefinery，2021：1-16.

[128] 宋佩佩，马文静，王军，等. 铁改性生物炭的制备及其在重金属污染土壤修复技术中的应用进展 [J]. 环境工程学报，2022，16（12）：4018-4036.

[129] Hoch L B，Mack E J，Hydutsky B W，et al. Carbothermal synthesis of carbon-supported nanoscale zero-valent iron particles for the remediation of hexavalent chromium [J]. Environmental Science & Technology，2008，42（7）：2600-2605.

[130] Wang Y，Sun H，Duan X，et al. A new magnetic nano zero-valent iron encapsula-ted in carbon spheres for oxidative degradation of phenol [J]. Applied Catalysis B：Environmental，2015，172-173：73-81.

[131] Liu Z，Zhang F. Nano-zerovalent iron contained porous carbons developed from waste biomass for the adsorption and dechlorination of PCBs [J]. Bioresource Technology，2009，101（7）：2562-2564.

[132] 陈治平，张智，周文武，等. 碳化铁的制备及其在费托合成中的应用研究进展 [J]. 燃料化学学报，2022，50（11）：1381-1392.

[133] 黄强，孙兵，徐文莉，等. 铁基氮化物在储能及电催化领域中的研究进展 [J]. 人工晶体学报，2022，51（2）：344-359.

[134] Wen Z, Ci S, Zhang F, et al. Nitrogen-enriched core-shell structured Fe/Fe_3C-C nanorods as advanced electrocatalysts for oxygen reduction reaction [J]. Advanced Materials, 2012, 24 (11): 1399-1404.

[135] He L, Wang G, Wu X, et al. N-Doped graphene decorated with $Fe/Fe_3N/Fe_4N$ nanoparticles as a highly efficient cathode catalyst for rechargeable $Li-O_2$ latteries [J]. ChemElectroChem, 2018, 5 (17): 2435-2441.

[136] Fu H, Luo H, Lin Q, et al. Transformation to nonradical pathway for the activation of peroxydisulfate after doping S into Fe_3C-encapsulated N/S-codoped carbon nanotubes [J]. Chemical Engineering Journal, 409: 128201.

[137] Huang S, Hu B, Zhao S, et al. Multiple catalytic sites of $Fe-N_x$ and Fe-N-C single atoms embedded N-doped carbon heterostructures for high-efficiency removal of malachite green [J]. Chemical Engineering Journal, 2022, 430: 132933.

第2章

秸秆基水处理材料制备、表征及污染物去除效果检测

2.1 实验材料与化学试剂

2.1.1 秸秆来源与目标污染物

水稻秸秆（RS）购自黑龙江省五常市。首先将 RS 在风干条件下自然干燥；然后，将干燥后的 RS 用粉碎机研磨粉碎；使用前，根据实验需求将粉碎后的 RS 以特定的目数过筛备用。

污染物为对乙酰氨基酚（ACT）、阴离子染料（9 种）、四环素（TC）。每次实验使用的污染物均通过去离子水新鲜配制。目标污染物的具体名称和结构式如表 2-1 所列。

表 2-1　目标污染物

名称	简称	分子式	结构式
对乙酰氨基酚	ACT	$C_8H_9NO_2$	
刚果红	CR	$C_{32}H_{22}N_6Na_2O_6S_2$	
酸性红 9	AR	$C_{20}H_{13}N_2NaO_4S$	

名称	简称	分子式	结构式
茜素绿	AG	$C_{28}H_{20}N_2Na_2O_8S_2$	
酸性铬蓝	ACrB	$C_{16}H_9N_2Na_3O_{12}S_3$	
酸性橙7	AO	$C_{16}H_{11}N_2NaO_4S$	
皂黄	MY	$C_{18}H_{14}N_3NaO_3S$	
活性蓝4	RB	$C_{23}H_{14}Cl_2N_6O_8S_2$	

名称	简称	分子式	结构式
活性黄 3	RY	$C_{21}H_{17}ClN_8O_7S_2$	
活性红 2	RR	$C_{19}H_{10}Cl_2N_6Na_2O_7S_2$	
四环素	TC	$C_{22}H_{24}N_2O_8$	

2.1.2 主要化学药剂

表 2-2 中列出了研究用到的所有化学试剂名称、纯度、分子式和生产厂家。所有药品都是直接使用，未进行进一步纯化。

表 2-2 化学试剂

名称	纯度	分子式	生产厂家
六水合氯化铁	分析纯	$FeCl_3 \cdot 6H_2O$	国药集团上海有限公司
聚乙二醇 400(PEG400)	分析纯	$HO(CH_2CH_2O)_nH$	国药集团上海有限公司
氢氧化钠	分析纯	$NaOH$	国药集团上海有限公司
盐酸	35%～38%	HCl	天津光复科技发展有限公司
过二硫酸钾	分析纯	$K_2S_2O_8$	上海麦克林生化科技有限公司
碳酸氢钠	分析纯	$NaHCO_3$	国药集团上海有限公司

名称	纯度	分子式	生产厂家
氯化钠	分析纯	NaCl	国药集团上海有限公司
硝酸钠	分析纯	$NaNO_3$	国药集团上海有限公司
铬酸钾	分析纯	K_2CrO_4	国药集团上海有限公司
甲醇(MeOH)	分析纯	CH_3OH	西陇化工股份有限公司
叔丁醇(TBA)	分析纯	$C_4H_{10}O$	福晨(天津)化学试剂有限公司
叠氮化钠	分析纯	NaN_3	福晨(天津)化学试剂有限公司
对苯醌(PBQ)	分析纯	$C_6H_4O_2$	上海麦克林生化科技有限公司
碘化钾	分析纯	KI	国药集团上海有限公司
硫代硫酸钠	分析纯	$Na_2S_2O_3$	国药集团上海有限公司
5,5-二甲基-1-吡咯啉-N-氧化物(DMPO)	色谱纯	$C_6H_{11}NO$	阿拉丁试剂(上海)有限公司
2,2,6,6-四甲基哌啶(TEMP)	色谱纯	$C_{19}H_{19}N$	阿拉丁试剂(上海)有限公司
二氯甲烷	色谱纯	CH_2Cl_2	上海麦克林生化科技有限公司

2.2 实验仪器与设备

研究所用到的实验设备及表征测试仪器如表2-3所列。

表 2-3 主要实验仪器设备

仪器设备名称	型号	生产厂家
鼓风干燥箱	DHG-9030A	上海一恒科学仪器有限公司
油浴锅	DF-101S	江苏科析仪器有限公司
电子天平	PWS224ZH1	奥豪斯仪器(常州)有限公司
管式炉	TF1200-60	苏州诺曼比尔材料科技有限公司
冷冻干燥机	SCIENTZ-10NA	中国生物科技股份有限公司
恒温振荡器	SHA-B	上海力辰邦西仪器科技有限公司
恒温水浴摇床	THZ-82	上海力辰仪器科技有限公司
紫外分光光度计	UV-1800PC	翱艺仪器(上海)有限公司
pH 计	FE28	梅特勒-托利多仪器(上海)有限公司
超高效液相色谱(UPLC)	Agilent 1290	美国安捷伦科技公司

仪器设备名称	型号	生产厂家
液相色谱质谱联用仪 （LC-MS-MS）	Ultimate 3000 UHPLC Q-Exactive	美国赛默飞世尔科技公司
离子色谱仪（ICS）	ICS5000	美国赛默飞世尔科技公司
氮气吹扫仪	Reacti-thermo	美国赛默飞世尔科技公司
气相色谱质谱联用仪（GC-MS）	Agilent 7000	美国安捷伦科技公司
浊度仪	LH-XZ03	杭州陆恒生物科技有限公司
扫描电子显微镜（SEM）	Zeiss Merlin Compact	德国蔡司集团
透射电子显微镜（TEM）	2100FS	日本电子株式会社
高分辨透射电子显微镜（HRTEM）	Talos F200X	美国赛默飞世尔科技公司
BET 比表面积检测仪	Autosorb iQ	美国康塔仪器公司
X 射线衍射仪（XRD）	UltimaIV	日本理学
傅里叶变换红外光谱仪（FT-IR）	Spectrum One	美国珀金埃尔默仪器有限公司
X 射线光电子能谱仪（XPS）	Axis Ultra DLD	日本岛津公司
拉曼光谱仪（Raman）	LabRAM HR Evolution	法国 Horiba 公司
振动样品磁强计（VSM）	7404	美国 Lakeshore Technologies 公司
电感耦合等离子体原子 发射光谱仪（ICP）	Optima 8300	美国珀金埃尔默仪器有限公司
电子顺磁共振波谱仪（EPR）	EMXnano	德国布鲁克公司
总有机碳分析仪（TOC）	Multi N/C 3100	德国耶拿分析仪器公司
实时粒径与粒数分析仪	G400&V19	梅特勒-托利多仪器（上海）有限公司
纳米粒径及 Zeta 电位测定仪	Nano ZS90	英国马尔文仪器有限公司

2.3 秸秆基水处理材料的制备

纳米零价铁生物炭、木质素基絮凝剂、铁-氮生物炭 3 种材料的合成过程示意如图 2-1 所示（书后另见彩图）。

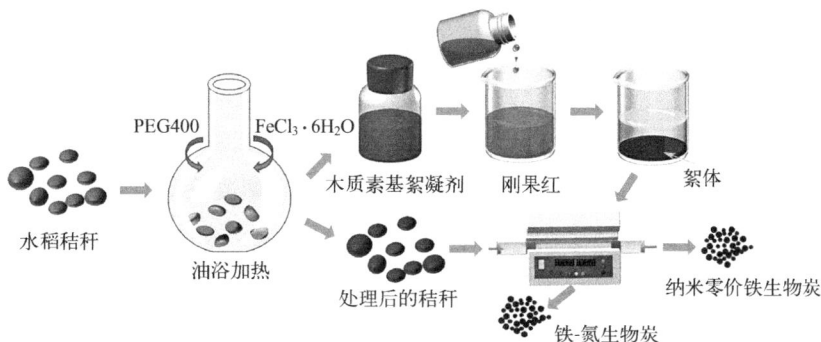

图 2-1　材料的制备过程示意

2.3.1　纳米零价铁生物炭的制备

如图 2-1 所示，水稻秸秆 RS 经过 $FeCl_3 \cdot 6H_2O$ 耦合聚乙二醇 400（PEG400）处理后，通过筛网将处理后的秸秆冲洗几遍，直到秸秆表面 pH 呈近中性，然后于 80℃鼓风干燥箱中烘干至恒重，干燥后的秸秆在管式炉中通过一步热解转化为纳米零价铁生物炭。

$FeCl_3 \cdot 6H_2O$ 的质量浓度为 2.5%（质量分数），$FeCl_3 \cdot 6H_2O$ 和 PEG400 的体积比为 1∶1(mL/mL)，反应体系中 RS 的投加比为 5%（质量分数）。秸秆的前处理步骤为：称取 5g 的 RS 倒入 250mL 的平底烧瓶，然后向烧瓶中加入 50mL 2.5%（质量分数）的 $FeCl_3 \cdot 6H_2O$ 溶液（现配）和 50mL 的 PEG400，使用磁力搅拌器将其短暂地搅拌混匀，最后置于预先加热至设定温度（60℃、80℃、100℃）且带有磁力搅拌的油浴锅装置内处理 0.5h。反应结束后，烧瓶在自来水冲洗下冷却，然后使用循环水真空泵抽滤进行固液分离。管式炉的热解步骤为：预先通入约 5min 的 N_2，将管式炉中的空气排出，然后启动热解程序（升温速率为 5℃/min、700℃下保持 2h），热解过程中保持 N_2 气氛的流速稳定在 150～200mL/min。整个热解程序执行完成后，取出自然冷却的材料，即为纳米零价铁生物炭，根据需要不同，分别命名为 $PF_x BC$ 和 nZVI-BC，x 代表的是前处理温度 60℃、80℃、100℃。

2.3.2　木质素基絮凝剂的制备

如图 2-1 所示，RS 被处理后产生的液体产物则是木质素基絮凝剂。用于后续阴离子染料絮凝实验中的液体产物制备方法为，RS 在 100℃条件下反应 0.5h。

RS 被处理后，采用真空抽滤的方式将产物固液分离，抽滤分离后的液体没有进行进一步的提取和改性，直接被用于染料的絮凝实验。

2.3.3　铁-氮生物炭的制备

如图 2-1 所示，在木质素基絮凝剂与刚果红发生絮凝反应后，以沉降在烧杯底部的絮体作为原材料，进一步热解获得铁-氮生物炭。铁-氮生物炭合成的具体步骤为：木质素基絮凝剂和刚果红（100mg/L）按照 10mL∶1L 的比例进行絮凝实验（300r/min 快速搅拌 1min 后，40r/min 慢速搅拌 5min，静置 30min）；静置后，缓慢地将大部分上清液倒掉，剩余的体系倒入砂芯漏斗，使用循环水真空泵以真空抽滤的方式收集絮体；将抽滤到滤膜上的絮体轻轻刮下，然后于 80℃ 鼓风干燥箱中烘干至恒重，干燥后的絮体在管式炉中一步热解得到铁-氮生物炭。热解温度设置为 800℃，保持 2h，N_2 气氛的流速稳定在 100mL/min 左右。整个热解程序执行完成后，取出自然冷却的材料即为铁-氮生物炭，因该材料具有磁性且来源于絮体，故标记为 Fe-N@MFC（magnetic floc carbon）。

2.4　秸秆基水处理材料的表征方法

2.4.1　物理特性表征

扫描电子显微镜（SEM）用于观察材料的形貌结构特征，能量色散 X 射线光谱仪（EDS）作为辅助仪器用于分析材料表面的化学元素分布情况。SEM 的制样步骤为：取少量待测样品均匀地撒在粘有导电胶的钉台上，然后用洗耳球吹去黏结不牢固的样品，保持样品完整且平整地铺在导电胶上。在测试前，对制好的样品进行 120s 的喷金处理，用于提高其导电性。SEM 的工作电压设置为 10kV。

透射电子显微镜（TEM）主要用于进一步分析材料内部的形貌特征，对于具有磁性的生物炭材料，在测试前将生物炭置于乙醇中超声分散 5min，然后用双联铜网固定材料，待样品干燥后上机测样。对于秸秆处理后所得木质素基絮凝剂中木质素纳米颗粒的 TEM 测试，可直接将稀释后的液体滴在碳膜铜网中，干燥后上机测试。

生物炭材料的物相组成通过 X 射线衍射仪（XRD）进行测试。取适量的材料样品平铺在载玻片上，使用盖玻片将其压平，然后上机测试。测试条件为：扫描角度为 $10°\sim90°$，扫描步速为 $5°/min$，电压为 40kV。

生物炭材料的比表面积和孔容、孔径等数据通过全自动 BET 比表面积分析测试仪检测。在测试前，样品在 300℃下脱气处理 4h，目的是去除材料中含有的杂质和水分。测试完成后，比表面积的数据以 BET 法计算导出，孔径数据通过 t-plot 法计算导出。

生物炭材料的磁性强度通过振动样品磁强计（VSM）测试分析。测试的样品质量大约为 10mg，测试温度为室温，测试的磁场强度范围为 $-3\sim3T$。

木质素基絮凝剂中，木质素纳米颗粒的粒径及电荷分析通过纳米粒径及 Zeta 电位测定仪测试。将木质素基絮凝剂加水稀释后超声 5min，然后上机测试粒径和 Zeta 电位。分别投加适量的生物炭材料样品至不同 pH 值的水溶液中，超声分散 3min 后上机测试碳材料的 Zeta 电位。

2.4.2 化学特性表征

生物炭材料的缺陷结构通过拉曼光谱仪（Raman）表征。取少量的生物炭样品均匀地铺在载玻片上，然后上机测试。测试条件为：激发波长 532nm，光栅为 600lines/mm 刻度线密度和 500nm 闪耀波长，激发功率为 5mW，50 倍物镜，积分时间 10s，积分次数 1 次，扫描范围为 $200\sim3500cm^{-1}$。

傅里叶变换红外光谱仪（FT-IR）用于分析表征材料表面的官能团。测试步骤为：将少量的待测样品与溴化钾按照 1:100 的质量比混合，待混合样品被充分研磨至粉末状后，使用压片机将样品压片，上机测样。测试的波数范围在 $400\sim4000cm^{-1}$，扫描次数为 10 次。在测试之前，木质素基絮凝剂中的木质素纳米颗粒需要被提取出来，可采取透析法。为了防止液体中 Fe^{3+} 形成的 $Fe(OH)_3$ 沉淀影响木质素纳米颗粒的回收，透析前可将木质素基絮凝剂的 pH 值调至 3.7 左右，将 $Fe(OH)_3$ 沉淀通过离心的方式去除。然后，将去掉 $Fe(OH)_3$ 的液体移入透析袋中，把透析袋置于大容量加水的烧杯中，使用磁力搅拌器不断地搅拌水溶液以加速离子交换。透析前期约 0.5h 更换一次水，后期可适当延长换水的间歇时长。透析 72h，将透析袋里的木质素纳米颗粒通过高速离心的方式回收，回收样品通过冷冻干燥机干燥，干燥后的样品即为木质素纳米颗粒。

X 射线光电子能谱（XPS）用于分析生物炭和木质素纳米颗粒的化学元素组

成及其表面的化学官能团信息，通过对精细谱图的分峰拟合，获取化学元素化学价态的变化情况。分峰拟合使用 Casa XPS 软件完成。

2.4.3　木质素基絮凝剂的组分分析

2.4.3.1　秸秆中纤维素或半纤维素分解后的单糖检测

经过 $FeCl_3 \cdot 6H_2O$ 耦合 PEG400 处理水稻秸秆后的液体产物（木质素基絮凝剂）中含有一定量的单糖，这些糖类物质来源于纤维素或半纤维素的水解。为了后续絮凝作用机制的考察，有必要对液体中的单糖进行检测分析。本研究中的糖类物质通过 ICS5000 离子色谱仪进行检测，检测器为电化学检测器。

(1) 样品的预处理

取适量水稻秸秆处理后的液体产物，经过旋转蒸发将样品浓缩并吹干。然后加入 1mL 浓度为 2mol/L 的三氟乙酸溶液，将该混合体系在 121℃ 下加热 2h，之后使用氮气吹扫仪吹干。此后，加入 99.99% 的甲醇清洗，再次吹干，重复甲醇清洗的步骤 2～3 次。最后，加入无菌水溶解，转入液相色谱小瓶中待测。

(2) 测试方法

液相色谱柱选用 Dionex^{TM} CarboPac^{TM} PA20（150mm×3.0mm，10μm），进样量为 5μL。流动相 A（H_2O），流动相 B（0.1mol/L NaOH），流动相 C（0.1mol/L NaOH，0.2mol/L NaAc），流速 0.5mL/min；柱温为 30℃。洗脱梯度：0min A/B/C（95∶5∶0，体积比），26min A/B/C（85∶5∶10，体积比），42min A/B/C（85∶5∶10，体积比），42.1min A/B/C（60∶0∶40，体积比），52min A/B/C（60∶40∶0，体积比），52.1min A/B/C（95∶5∶0，体积比），60min A/B/C（95∶5∶0，体积比）。

(3) 数据处理

利用 Chromeleon 软件处理色谱数据，通过色谱图中的保留时间判断化合物，单糖的浓度可根据标准品浓度计算得到。单糖标准品的离子色谱图如图 2-2 所示。它们的出峰时间分别为阿拉伯糖（10.2168min）、半乳糖（12.3335min）、葡萄糖（14.5002min）、木糖（17.1918min）、甘露糖（18.5418min）、果糖（20.7335min）、半乳糖醛酸（34.9585min）、葡萄糖醛酸（37.5252min）、甘露糖醛酸（39.7418min）。

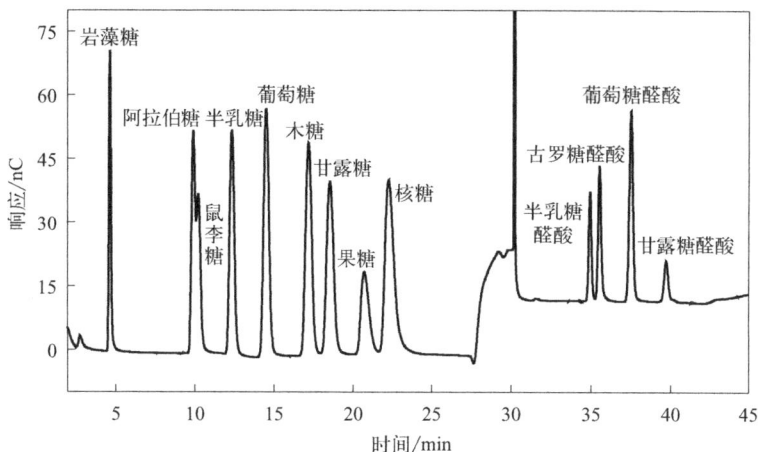

图 2-2 单糖标准品的离子色谱图

2.4.3.2 秸秆中木质素解聚后的组分检测

水稻秸秆中的木质素在 $FeCl_3 \cdot 6H_2O$ 耦合 PEG400 前处理过程中会发生一定的溶解和解聚，因此，水稻秸秆处理后的液体产物中会含有一些小分子的有机酸、醇等物质，对这些物质的检测有助于分析木质素基絮凝剂与染料之间的絮凝作用机制，采用 GC-MS 对木质素基絮凝剂中的这些小分子物质进行检测和鉴定。

① 样品测试步骤：测样前，使用二氯甲烷萃取液体 3 次，每次加入二氯甲烷的体积与样品的体积比为 1：1。萃取后，调节溶液的 pH 为中性，目的是防止酸性液体腐蚀测试仪器的样品柱，导致检测结果出现偏差。

② 上机测试条件：首先设置梯度升温程序为 35℃ 保持 5min，然后以 10℃/min 的速率升温至 300℃，保持 2min，每次进样量为 1μL。

③ 测试数据分析：对总离子色谱图中特定时间的峰进行 NIST 数据库检索提取。

2.5 污染物的去除实验

2.5.1 对乙酰氨基酚的降解实验

通过对乙酰氨基酚（ACT）的降解实验考察纳米零价铁生物炭（nZVI-BC）

的催化性能，氧化剂选择过二硫酸盐（PDS）。实验使用的反应容器为 100mL 聚乙烯塑料瓶，反应过程在恒温水浴摇床中进行，摇床的转速设置为 180r/min，温度设置为 25℃。实验前，配制 ACT 溶液，然后定量称取 PDS 和 nZVI-BC。首先将 50mL 的 ACT 溶液倒入瓶中，然后投加 PDS，并迅速加入称好的 nZVI-BC，立即将瓶子放入水浴摇床中开始计时反应。在特定的时间间隔内使用注射器取样，所取样品通过 0.22μm 的滤膜过滤至液相色谱小瓶中，随即加入甲醇抑制反应继续进行，样品在 4℃ 冰箱中保存。通过调整材料的投加量和 PDS 的浓度以及 ACT 的初始浓度，来完成条件优化实验。

在条件优化实验完成后，选择最佳的反应条件进行后续的温度影响实验、pH 值影响实验、共存离子的影响实验以及自由基猝灭实验。在添加 PDS 前对单一污染物进行 pH 值调节，温度影响实验设置的温度分别为 25℃、35℃、45℃；共存离子主要考察 Cl^-、HCO_3^- 和 NO_3^- 的影响；用于自由基猝灭实验的消除剂有 MeOH、TBA、NaN_3、PBQ、K_2CrO_4。将最优条件下的材料在使用后进行收集，用去离子水和乙醇清洗 3 次，干燥后用于下一次的实验，依次进行至循环 5 次。

2.5.2　阴离子染料的絮凝实验

以 $FeCl_3 \cdot 6H_2O$ 耦合 PEG400 处理水稻秸秆产生的液体产物——木质素基絮凝剂，作为去除阴离子染料的材料。絮凝实验在烧杯中进行，反应体系体积为 100mL，反应温度为 25℃，反应仪器使用恒温磁力搅拌器，快速搅拌转速为 300r/min，慢速搅拌转速为 40r/min。首先配制特定浓度的待测污染物，将其倒入烧杯中，然后加入特定体积的木质素基絮凝剂后开始计时。快速搅拌 1min，然后慢速搅拌 5min，最后静置 30min。通过调节木质素基絮凝剂的投加体积来确定最佳的木质素基絮凝剂投加量，然后在此条件下，依次考察不同的 pH 值（2、5，原始 pH 值为 9、12）、不同的污染物初始浓度以及共存离子对阴离子染料的脱色影响。木质素基絮凝剂与商业絮凝剂的对照实验步骤与上述条件保持一致。

2.5.3　四环素的降解实验

铁-氮生物炭（Fe-N@MFC）的催化性能通过材料催化活化过二硫酸盐（PDS）氧化降解四环素（TC）的实验来考察。实验步骤与 2.5.1 部分描述的过程一致。

2.6 去除效果的分析与检测

2.6.1 污染物的浓度测试

对乙酰氨基酚和四环素的剩余浓度均通过 UPLC 进行检测。

（1）对乙酰氨基酚的测试条件

① 流动相：乙腈/纯水＝20∶80。

② C_{18} 柱：2.1mm×50mm。

③ 柱温：30℃。

④ 流速：0.3mL/min。

⑤ 检测波长：230nm。

（2）四环素的测试条件

① 流动相：乙腈/纯水＝20∶80。

② C_{18} 柱：2.1mm×50mm。

③ 柱温：30℃。

④ 流速：0.3mL/min。

⑤ 检测波长：350nm。

阴离子染料的浓度通过 UV-Vis 测定。首先对这 9 种染料进行全波长扫描，确定它们的最大吸收波长，然后在最大吸收波长处进行吸光度的测定。这 9 种染料的吸收波长如下：CR 为 497nm，ACrB 为 523nm，AG 为 641nm，AR 为 492nm，AO 为 483nm，MY 为 440nm，RB 为 597nm，RR 为 538nm，RY 为 342nm。对乙酰氨基酚和四环素的去除率以及染料的脱色率可通过式（2-1）计算：

$$去除率或脱色率＝(C_0-C_t)/C_0 \qquad (2\text{-}1)$$

式中　C_0——初始的污染物浓度；

C_t——t 时刻的污染物浓度。

2.6.2 污染物的降解产物分析

对乙酰氨基酚和四环素降解产物的测定和分析通过 LC-MS-MS 完成，样品

经 $0.22\mu m$ 的微孔滤膜过滤后直接上机测试。

(1) 对乙酰氨基酚降解产物的测试分析方法

① 色谱条件：使用 Eclipse Plus C_{18} 柱（$100mm \times 4.6mm$，$5\mu m$）；柱温为 $40℃$；进样量为 $10\mu L$；流动相包括 A（0.1%甲酸-水）和 B（乙腈），流速为 $0.4mL/min$，流动相的梯度洗脱程序设定如表 2-4 所列。

表 2-4 对乙酰氨基酚降解产物测试的色谱流动相的梯度洗脱程序

时间/min	流速/(mL/min)	A/%	B/%
0	0.35	95	5
3	0.35	95	5
12	0.35	20	80
15	0.35	20	80
15.1	0.35	95	5
20	0.35	95	5

② 质谱条件：离子源为 HESI（加热电喷雾电离源）；翘气速率为 $30mL/min$；辅助气速率为 $10mL/min$；喷雾电压采用负离子 $2.8kV$；毛细管温度为 $320℃$；辅助气温度为 $300℃$；S-lens（离子源的一个组成部分，用于离子聚焦）为 50%；扫描模式为 Fullms/dd-ms^2 top10；扫描范围中一级扫描的分辨率为 70000，范围 $50\sim750m/z$，二级扫描的分辨率为 17500，起始离子 $50m/z$；碰撞电压为 NCE15eV、30eV、45eV。

(2) 四环素降解产物的测试分析方法

① 色谱条件：使用 Eclipse Plus C_{18} 柱（$100mm \times 4.6mm$，$3.5\mu m$）；柱温为 $30℃$；进样量为 $10\mu L$；流动相包括 A（0.1%甲酸-水）和 B（乙腈），流速为 $0.4mL/min$，流动相的梯度洗脱程序设定如表 2-5 所列。

表 2-5 四环素降解产物测试的色谱流动相的梯度洗脱程序

时间/min	流速/(mL/min)	A/%	B/%
0	0.40	90	10
1	0.40	90	10
5	0.40	80	20
10	0.40	10	90
14	0.40	10	90
15	0.40	90	10
20	0.40	90	10

② 质谱条件：离子源为 HESI；翘气速率为 $40mL/min$；辅助气速率为

10mL/min；喷雾电压采用正离子 3.8kV；毛细管温度为 320℃；辅助气温度为 300℃；S-lens 为 50%；扫描模式为 Fullms/dd-ms^2 top10；扫描范围中一级扫描的分辨率为 70000，范围 50～600 m/z，二级扫描的分辨率为 17500，起始离子 50m/z；碰撞电压为 NCE17eV。

2.6.3　铁离子浸出浓度的检测

铁离子浸出浓度通过 ICP 检测。实验过程中，在特定时间从反应溶液中取样，每次大约取 3mL 的实验样品。上机测试前，调试仪器的标准曲线，每个样品重复测试 2 次，以减小误差。

2.6.4　污染物的矿化率分析

对乙酰氨基酚和四环素的矿化率通过测试反应前后污染物的总有机碳（TOC）含量的变化来确定。每次大约取 10mL 的溶液作为测试样品，在上机前加入 2 滴 1mol/L 的盐酸酸化。每个样品的测试重复 2 次。

2.6.5　过硫酸盐浓度的检测

过硫酸盐的浓度采用碘量法[1]检测。标准曲线的绘制：分别配制 1mmol/L、10mmol/L、20mmol/L、50mmol/L、100mmol/L 的过硫酸盐标准液和 KI/NaHCO$_3$ 的混合溶液（10g KI 与 0.5g NaHCO$_3$ 溶解到 100mL 去离子水中）；分别取 1mL 的标准液倒入比色管中，然后用 KI/NaHCO$_3$ 混合液定容至 10mL，振荡摇匀后静置反应 15min，然后于 352nm 波长下测试吸光度；根据吸光度和浓度绘制标准曲线。反应体系中的待测样品中，过硫酸盐的浓度测定与上述步骤相同。

2.6.6　浊度和悬浮物检测

絮凝实验中溶液的浊度和悬浮物的测试均使用便携式浊度仪进行测定。在使用仪器前，用配套的不同浊度的标准液对仪器进行校准。然后，取待测的样品倒入待测玻璃瓶中，使其液面高于最低刻度线位置。样品瓶放置完毕后，盖上遮光盖，开始读数。

2.6.7　木质素的检测

通过紫外分光光度计的全波长扫描对絮凝反应前后的溶液进行测试。为了更准确地测试絮凝实验初始的木质素基絮凝剂中木质素的含量，取相同体积的木质素基絮凝剂加入相同反应体积的去离子水中，然后对该稀释后的溶液进行扫描，扫描波长范围为 200～800nm。絮凝实验结束后，木质素的浓度测定可直接取用反应后的上清液作为测试对象。

2.6.8　电化学测试

电化学测试包括计时电流法（$I\text{-}t$ 响应）和线性扫描伏安法（LSV）。

（1）测试步骤

碳材料的负载步骤为：将 10mg 材料加入 970μL 水和乙醇中，之后加入 30μL Nafion 溶液，超声 15min；取 5μL 样品滴加到干净的玻碳电极上，重复 2 次，使材料均匀地负载到玻碳电极上。

（2）测试装置

测试装置为：以涂有碳材料的电极为工作电极，铂电极为对电极，Ag/AgCl 电极为参比电极，电解质为 0.1mol/L 的硫酸钠溶液。

2.6.9　密度泛函理论计算方法

污染物四环素降解的反应位点预测通过量子学计算获得。密度泛函理论 DFT（density functional theory）的计算在 Gaussian 16 软件中进行。四环素的几何结构通过 M062x/Def2TZVPP 进行优化[2,3]。为了描述水的溶剂化效应，计算中使用了积分方程形式的极化连续介质模型 PCM（Polarizable Continuum model）。四环素的电子结构分布通过 Multiwfn 3.8（dev）软件进行分析[4]。由 Multiwfn 导出的文件通过可视化分子动力学软件 VMD（Visual Molecular Dynamics）处理[5]，获得电子密度的等高面图。

使用 VASP（Vienna Ab-initio Simulation Package）程序[6,7]的 PBE 广义梯度近似 GGA（Generalized Gradient Approximation）[8]构建铁-氮生物炭材料的模型。利用 PAW（Projected Augmented Wave）赝势[9]描述离子核，平面波基组截断能设定为 400eV。采用高斯展宽法，允许部分 Kohn-Sham 轨道被占据，展开宽度为 0.05eV。当能量变化小于 10^{-5} eV 时，认为电子能量迭代是自洽的；当残力变化小于 0.02eV/Å（1Å＝10^{-10} m）时，认为结构优化是收敛的。利用 Grimme 的 DFT-D3 方法描述色散相互作用[10]。当使用 15×15×15

Monkhorst-Pack 型 k 点网格进行布里渊区（Brillouin zone）取样时，六方结构石墨烯单胞的晶格常数 a 为 2.468Å。以这个单胞构建了单层石墨烯表面模型（模型 1）：在 x 和 y 方向上以 p（6×6）为周期，在 z 方向上取 1 层并添加 15Å 的真空层以排除层间的相互影响，模型掺入一个石墨氮和三个吡啶氮。模型 2 在模型 1 的基础上负载了 $Fe_{15}C_3N_2$。在模型 1 的基础上负载一个 $Fe_{15}C_5$ 团簇构成模型 3。模型 4 在模型 1 的基础上负载了一个 $Fe_{16}N_4$ 团簇。进行模型的结构优化时，使用布里渊区的 Γ 点进行 k 点取样，将所有原子进行松弛和优化。

吸附能（E_{ads}）的计算定义为式（2-2）：

$$E_{ads} = E_{A/Surf} - E_{Surf} - E_{A(g)} \qquad (2\text{-}2)$$

式中　$E_{A/Surf}$——吸附体系的能量；

　　　E_{Surf}——干净金属表面的能量；

　　　$E_{A(g)}$——自由分子 A 的能量（A 置于边长为 20Å 的周期性立方空间中，k 点取样采用 1×1×1Monkhorst-Pack 网格）。

参考文献

[1] Liang C，Huang C F，Mohanty N，et al. A rapid spectrophotometric determination of persulfate anion in ISCO [J]. Chemosphere，2008，73（9）：1540-1543.

[2] Zhao Y，Truhlar D G. The M06 suite of density functionals for main group thermochemistry，thermochemical kinetics，noncovalent interactions，excited states，and transition elements：Two new functionals and systematic testing of four M06-class functionals and 12 other functionals [J]. Theoretical Chemistry Accounts，2008，120（1-3）：215-241.

[3] Weigend F，Ahlrichs R. Balanced basis sets of split valence，triple zeta valence and quadruple zeta valence quality for H to Rn：Design and assessment of accuracy [J]. Physical Chemistry Chemical Physics，2005，7（18）：3297-3305.

[4] Lu T，Chen F. Multiwfn：A multifunctional wavefunction analyzer [J]. Journal of Computational Chemistry，2012，33（5）：580-592.

[5] Humphrey W，Dalke A，Schulten K. VMD：Visual molecular dynamics [J]. Journal of Molecular Graphics & Modelling，1996，14（1）：33-38，27-28.

[6] Kresse G，Furthmüller J. Efficiency of ab-initio total energy calculations for metals and semiconductors using a plane-wave basis set [J]. Computational Materials Science，1996，6（1）：15-50.

[7] Kresse G，Furthmuller J. Efficient iterative schemes for ab initio total-energy calculations using a plane-wave basis set [J]. Physical Review B，1996，54（16）：11169-

11186.

[8] Perdew J, Burke K, Ernzerhof M. Generalized gradient approximation made simple [J]. Physical Review Letters, 1996, 77 (18): 3865-3868.

[9] Kresse G, Joubert D. From ultrasoft pseudopotentials to the projector augmented-wave method [J]. Physical Review B, 1999, 59 (3): 1758-1775.

[10] Grimme S, Antony J, Ehrlich S, et al. A consistent and accurateab initio parametrization of density functional dispersion correction (DFT-D) for the 94 elements H-Pu [J]. The Journal of Chemical Physics, 2010, 132 (15): 154104.

第3章

纳米零价铁生物炭的催化性能研究

近年来，随着我国"双碳"目标的提出，加强富碳资源的转化利用成为了值得关注的问题。由纤维素、半纤维素、木质素构成的秸秆生物质的综合利用成为了促进我国绿色低碳发展的一个重要研究领域。研究表明，将秸秆转化为生物炭是一种有效的资源转化方式。

生物炭[1]是秸秆在限氧条件下通过高温热解得到的产物，具有孔隙发达、比表面积大、官能团丰富等优势，常被用于环境污染物的去除，对水环境的污染修复具有很大意义。通常情况下，未经改性直接热解而成的生物炭材料对污染物的去除效率低下。为提高生物炭的应用潜力，纳米零价铁生物炭复合材料应运而生。

纳米零价铁（nZVI）由于其高比表面积和高活性，在活化过二硫酸盐（PDS）降解污染物方面表现出高效的催化作用[2-4]，明显提高了污染物的去除效率。nZVI与生物炭复合构成纳米零价铁生物炭（nZVI-BC），能够弥补纳米零价铁粒子单独使用时的易氧化、寿命短等不足[5]，同时解决单独使用生物炭在污染物降解过程中催化效能低下的问题[6-8]。虽然在水处理的高级氧化领域中表现出良好的催化效能，但是，在传统制备nZVI-BC的液相还原或碳热还原等方法[5,9]中，生物质浸泡时间长（12～24h）、nZVI的负载过程需要严苛的厌氧环境（持续通入氮气）、化学药品（铁盐或亚铁盐）使用量大以及还原剂（硼氢化物）具有毒性等带来了环境污染和能耗高的问题。为了改善上述问题，进一步提高秸秆生物炭在水环境修复领域中的应用潜力，亟须提出一种新的制备nZVI-BC的方法。

本章首先提出了用$FeCl_3$耦合聚乙二醇400（PEG400）的新方法对水稻秸秆进行前处理，然后通过一步热解法获得了nZVI-BC，并且解析了该方法在nZVI-BC合成过程中的作用机制。其次，通过一系列表征分析了nZVI-BC的物理化学特性。最后，在nZVI-BC/PDS高级氧化体系中降解对乙酰氨基酚（ACT），考察了ACT的降解效率，探究了nZVI-BC活化PDS的催化机制，评估了nZVI-BC的稳定性、循环利用性，推测了ACT的降解路径。

3.1 纳米零价铁生物炭的制备过程机制

3.1.1 纳米零价铁生物炭制备方法的提出

基于文献查阅和试验研究提出了$FeCl_3$耦合PEG400作为碳热还原法制备纳

米零价铁生物炭的前处理改性方法。该方法的提出基于以下 3 个原因：

① 使用 $FeCl_3$ 可为秸秆改性提供铁元素，同时，$FeCl_3$ 是一种路易斯酸，常在生物质的预处理研究中被应用，具有酸性催化剂的作用[10]。

② PEG400 是一种绿色友好的线性聚合物，具有无毒、不挥发等优异特性，不挥发的特性可以使其无须在高压下操作，减少能耗[11]。

③ PEG400 是一类具有结合非质子能力的质子溶剂[12]，不仅具有溶解木质素的作用[13]，而且在液体的双相系统中，PEG 被证实是一种相转移催化剂，可以分离络合金属离子。$FeCl_3$ 是制备纳米零价铁生物炭时对秸秆进行前改性处理的必需溶剂，若加入 PEG400，可能会促进 $FeCl_3$ 的水解，进而提高铁元素在处理后秸秆表面上的沉积量，对材料的制备十分有利。

为证实 $FeCl_3$ 耦合 PEG400 处理的水稻秸秆能够满足后续的一步热解合成纳米零价铁生物炭，设置了 3 组水稻秸秆处理实验，分别为未处理、$FeCl_3$ 处理、$FeCl_3$ 耦合 PEG400 处理。处理温度均为 80℃，$FeCl_3$ 处理的时间为 1h，$FeCl_3$ 耦合 PEG400 处理的时间为 0.5h。将耦合预处理的反应时间设置为 0.5h 的原因为：

① 缩短时间可以减少能耗；

② 若在该耦合处理条件下得到的结果仍然可以满足后续纳米零价铁生物炭的转化，足以说明 $FeCl_3$ 耦合 PEG400 处理秸秆方法的可行性。

经过上述 3 种处理方式获得的水稻秸秆，在 700℃ 下热解 2h 后形成的生物炭材料分别为被标记为 BC、F80BC、PF80BC。

通过 XRD 分析材料中的物相组成，借助 SEM、TEM 对材料中零价铁粒子的尺寸大小进行分析，以此判定 $FeCl_3$ 耦合 PEG400 处理后的水稻秸秆能否在一步热解条件下形成纳米零价铁生物炭。

对上述 3 种样品进行的 XRD 物相检测分析，结果如图 3-1 所示。与原始生物炭 BC 和单一 $FeCl_3$ 处理秸秆后热解形成的生物炭 F80BC 相比，$FeCl_3$ 耦合 PEG400 处理后的秸秆热解转化生成的生物炭 PF80BC 在约 44.7°衍射角的位置出现了衍射峰，该位置的衍射峰代表的是零价铁物相[14]，说明 $FeCl_3$ 耦合 PEG400 在 80℃ 反应温度下处理 0.5h 所获得的秸秆可以通过一步热解转化为纳米零价铁生物炭。XRD 测试结果初步证实了 $FeCl_3$ 耦合 PEG400 处理方法的可行性。

为了优化生物炭材料上的零价铁物相，通过改变 $FeCl_3$ 耦合 PEG400 的处理

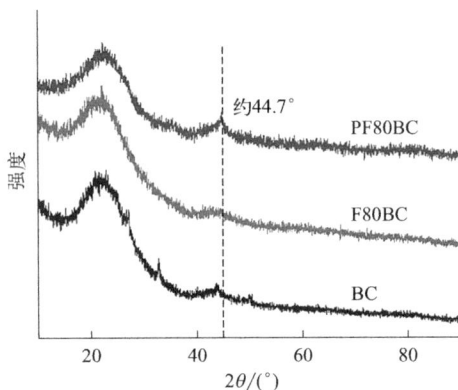

图 3-1　3 种处理后的秸秆热解形成的生物炭的 XRD 谱图

温度进行进一步实验。在 80℃ 反应温度的基础上分别降低和升高温度至 60℃ 和 100℃，对水稻秸秆进行 0.5h 的处理。然后以相同的热解温度（700℃）分别碳化上述两种温度处理后的秸秆，获得了相应的生物炭，记为 PF60BC 和 PF100BC。

利用 XRD 测试它们的物相组成，结果如图 3-2 所示。$FeCl_3$ 耦合 PEG400 在 60℃、80℃ 和 100℃ 温度下处理的秸秆经过热解后形成的生物炭均出现了含有零价铁物相的衍射峰，进一步确认了 $FeCl_3$ 耦合 PEG400 处理方法的可行性。同时，观察 3 种零价铁生物炭材料，PF100BC 在约 44.7° 位置的衍射峰最强、最尖锐，说明水稻秸秆经过 100℃ 处理后热解形成的零价铁粒子最多。

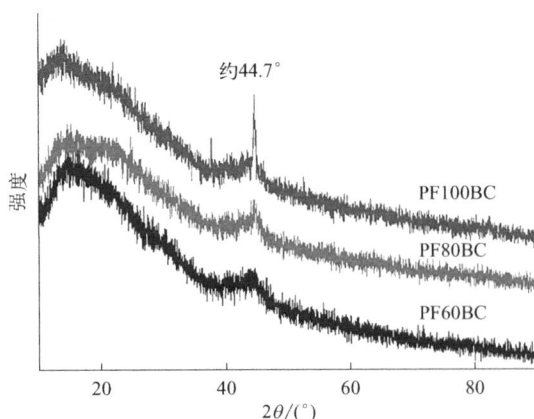

图 3-2　一步热解 3 种温度下耦合处理的水稻秸秆所得生物炭的 XRD 谱图

为进一步考察生物炭材料中形成的零价铁粒子的尺寸大小是否为纳米级，采用 SEM 和 TEM 对 PF100BC 进行形貌测试分析，如图 3-3 所示。

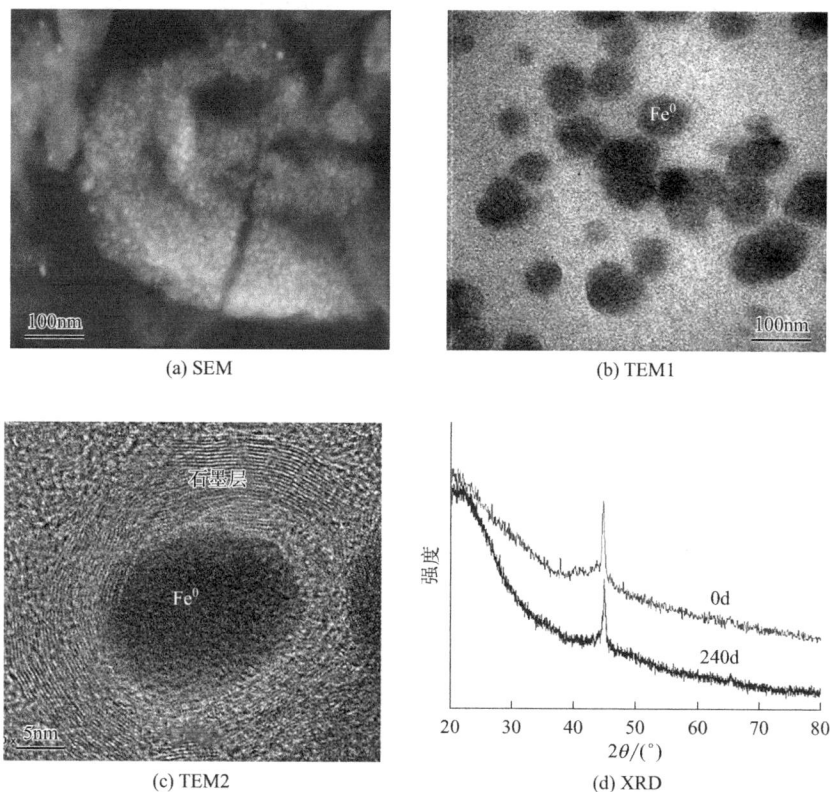

(a) SEM

(b) TEM1

(c) TEM2

(d) XRD

图 3-3　PF100BC 的测试分析图

图 3-3(a) 显示出 PF100BC 生物炭的内部嵌入了大量的白色颗粒，推测可能是零价铁粒子，TEM 的图像 [图 3-3(b)] 进一步证实了这一猜测。通过图像观察到本方法所制备的零价铁颗粒的尺寸是纳米级，因此将其称为纳米零价铁生物炭，标记为 nZVI-BC。如图 3-3(c) 所示，nZVI-BC 中的零价铁粒子被石墨层包裹，这种核壳结构对防止零价铁的氧化十分有利。为了评估 nZVI-BC 的稳定性，在材料制备后的 240d 对其进行了 XRD 检测，结果如图 3-3(d) 所示。与新鲜的 nZVI-BC 相比，放置 240d 以后的 nZVI-BC 中零价铁物相的强度表现出轻微的减弱，未见其他的氧化态铁出现，表明在碳热还原制备纳米零价铁生物炭前，使用 $FeCl_3$ 耦合 PEG400 处理改性水稻秸秆的方法是成功且有效的。

综上，制备纳米零价铁生物炭的步骤为：

① $FeCl_3$ 耦合 PEG400 在 100℃ 下处理水稻秸秆，反应时间为 0.5h；

② 处理后的水稻秸秆在 N_2 的保护下，于管式炉中 700℃下碳化 2h。

传统制备纳米零价铁生物炭的方法主要有液相还原法和碳热还原法。这两种方式的区别在于铁盐改性的对象不同，液相还原针对的是生物炭的改性，碳热还原针对的是生物质的改性。液相还原法的步骤为：首先将生物质热解为生物炭；其次在 N_2 气氛下，借助硼氢化物（$NaBH_4$ 或 KBH_4）将 Fe(Ⅲ) 或 Fe(Ⅱ) 盐还原为 Fe(0) 并负载至生物炭上；最终制备出负载纳米零价铁的生物炭。该方法的缺点是过程烦琐且零价铁易被氧化，需要在真空下贮存。相比之下，碳热还原法率先采用浸渍法处理改性生物质，然后将处理改性后的生物质一步热解为纳米零价铁生物炭。该方法虽然减少了硼氢化物还原剂和 N_2 的使用，但它仍存在一些缺点，例如由生物质的顽固结构造成的改性过程中铁盐的使用量大、浸渍反应时间长的问题。表 3-1 中列举了一些以往报道过的纳米零价铁生物炭的制备方法。通过制备过程的对照表明，本研究所提出的纳米零价铁生物炭制备的方法比以往研究中的操作过程更简便、处理时间更短。

表 3-1   纳米零价铁生物炭制备方法的对照

原材料	制备方法	制备过程	参考文献
玉米秸秆	液相还原	900℃热解 2h，$FeCl_3$ 浸泡 24h，$NaBH_4$ 还原 30min	[15]
椰壳	液相还原	$FeSO_4$ 浸泡，600℃热解 1h	[16]
葡萄糖	碳热还原	180℃下 Fe_3O_4 水热反应 10h，700℃热解 2h	[17]
水稻秸秆	液相还原	700℃热解，$FeSO_4$ 混合搅拌 24h，N_2 保护下 KBH_4 还原 1h	[18]
炭黑	碳热还原	$Fe(NO_3)_3$ 吸附，真空干燥，氩气气氛下 800℃热解 3h	[5]
玉米秸秆	液相还原	600℃热解 2h，$FeSO_4$ 浸泡 12h，N_2 保护下 $NaBH_4$ 还原 1h	[19]
水稻秸秆	碳热还原	$FeCl_3$/PEG400 在 100℃下水热处理 0.5h，700℃热解 2h	本研究

3.1.2　纳米零价铁生物炭的合成机制

上述分析结果表明，PEG400 的添加有助于水稻秸秆被 $FeCl_3$ 处理后一步热解为纳米零价铁生物炭。$FeCl_3$ 耦合 PEG400 处理改性水稻秸秆在制备纳米零价铁生物炭过程中的作用机制，可通过对照不同处理后秸秆物化结构的变化来分析。首先，通过 SEM、EDS 以及 FT-IR 对未处理的水稻秸秆 RS、单一 FeCl₃ 处理后的水稻秸秆 F80RS、FeCl₃ 耦合 PEG400 处理后的水稻秸秆 PF80RS 进行了微观形貌结构和化学官能团变化的检测。

如图 3-4 所示（书后另见彩图），原始水稻秸秆的颜色为黄色，经过单一 FeCl₃ 处理后的 F80RS 的颜色由黄色变为深褐色，而 FeCl₃ 耦合 PEG400 处理后的 PF80RS 偏红褐色。出现这种颜色变化的原因可能是木质素的去除或铁元素的沉积。通过分析 SEM 图可以发现，未处理的水稻秸秆 RS 的表面规则平整且坚硬，经过单一 FeCl₃ 处理后的 F80RS 出现了许多液滴状的木质素沉积在其表面，这种现象和文献 [20] 中报道的酸处理生物质的结果一致。FeCl₃ 耦合 PEG400 处理后的 PF80RS 表面变得更加松散，该现象可归因于木质素的分离，在 PEG400 的溶剂热分解作用下木质素可以从生物质的表面分离出去[21]。

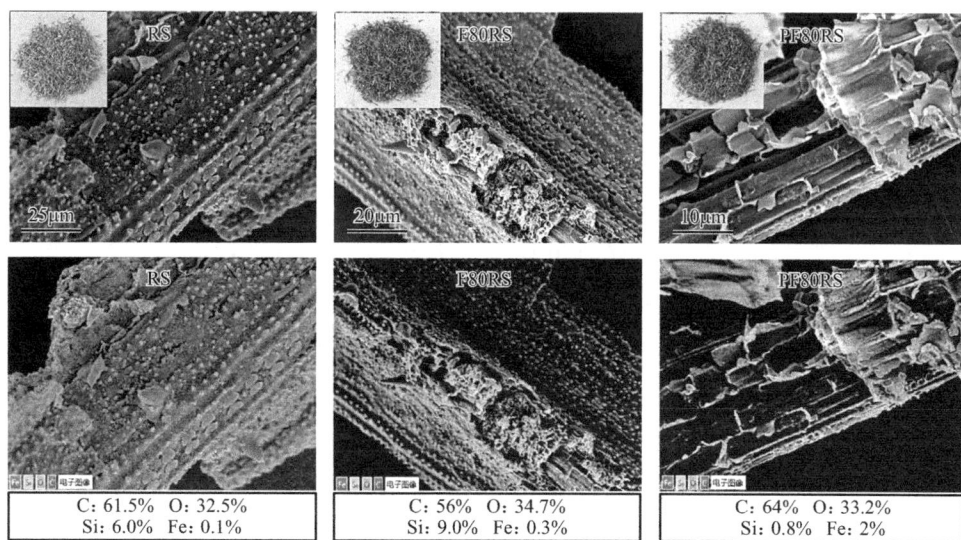

图 3-4　不同处理后水稻秸秆的 SEM 和 EDS 图像

如图 3-5 所示，未处理秸秆 RS、单一 FeCl₃ 处理后的秸秆 F80RS 和 FeCl₃ 耦合 PEG400 处理后的秸秆 PF80RS 的 FT-IR 谱图结果几乎没有变化。它们的木质素典型特征峰依然存在，说明单一 FeCl₃ 处理和 FeCl₃ 耦合 PEG400 处理对水稻秸秆化学结构的破坏程度十分微弱。以往的文献报道[22]，生物质在高温高压的 FeCl₃ 预处理条件下会出现脱木质素的现象，同时处理后的生物质中木质素组分的官能团信号强度发生减弱。但是，本研究中秸秆的处理条件为常压，且处理温度不超过 100℃。因此，单一的 FeCl₃ 处理和 FeCl₃ 耦合 PEG400 处理均未使水稻秸秆表现出大量的脱木质素作用，未造成木质素的官能团信号强度减弱。

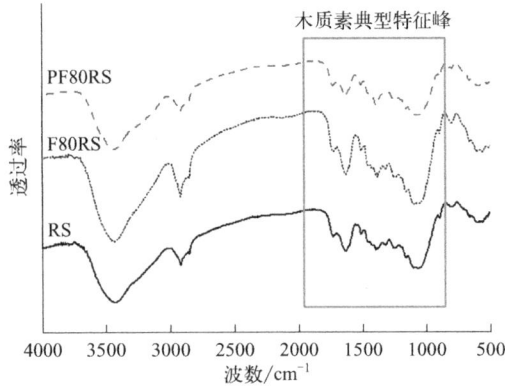

图 3-5　不同处理后水稻秸秆的 FT-IR 图

图 3-4 中，EDS 图显示出 PF80RS 表面上的铁元素分布最多，铁元素的原子含量从未处理秸秆 RS 的 0.1% 升高至 F80RS 的 0.3% 再到 PF80RS 的 2%，与未处理秸秆 RS 相比，FeCl₃ 耦合 PEG400 的处理使秸秆表面的铁元素含量提高了 19 倍，而单一 FeCl₃ 处理后秸秆表面的铁元素含量仅提高了 2 倍，说明 PEG400 的添加不但未改变秸秆的化学结构，而且有助于改善水稻秸秆坚硬的表面结构，使更多的铁元素沉积在秸秆表面上，这对后续纳米零价铁生物炭的制备十分重要。

进一步而言，通过 XPS 对单一的 FeCl₃ 处理和 FeCl₃ 耦合 PEG400 处理后的秸秆 F80RS 和 PF80RS 进行了化学元素的含量检测和铁元素的存在形态分析。如图 3-6 和图 3-7 所示，两种处理后，水稻秸秆的表面 Fe 2p 精细谱图均出现了两个典型的吸收峰，分别在结合能约为 711eV 和约为 724eV 的位置，这两个位置的峰分别归属于 Fe_2O_3 的 $2p_{3/2}$ 和 $2p_{1/2}$ 卫星峰，说明单一 FeCl₃ 处理和 FeCl₃ 耦合 PEG400 处理后的秸秆 F80RS 和 PF80RS 表面上的铁元素，均以氧化铁的形式存在。但是，通过对比两种处理后秸秆的峰强可以看出，PF80RS 表面上的氧化铁含量明显高于 F80RS 表面上的氧化铁，这种结果表明添加 PEG400 后的耦合处理可以使更多的氧化铁沉积负载到秸秆表面，该结果与 EDS 一致。

如图 3-7 所示，两种处理后的秸秆 F80RS 和 PF80RS 表面铁元素的原子含量分别为 0.32% 和 3.33%，PF80RS 表面上铁元素的原子含量比 F80RS 高出

(a) F80FS

(b) PF80RS

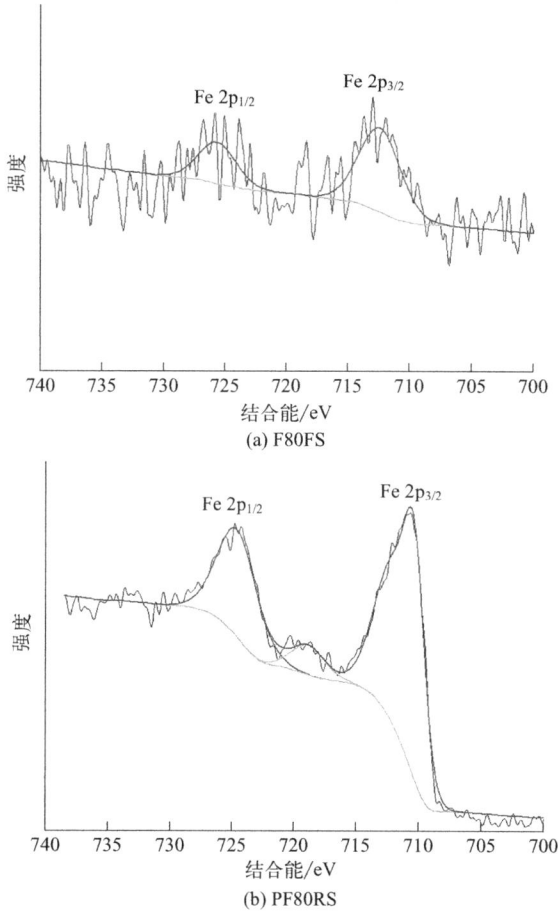

图 3-6　FeCl₃ 处理和 FeCl₃ 耦合 PEG400 处理后水稻秸秆 Fe 2p 的 XPS 谱图

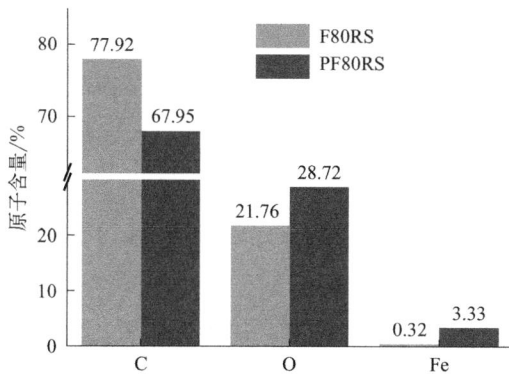

图 3-7　FeCl₃ 处理和 FeCl₃ 耦合 PEG400 处理后秸秆表面化学元素的原子含量

9.4 倍。铁和氧元素的原子含量增加，导致了 PF80RS 表面上碳元素的原子含量降低。

综合上述结果可知，与仅用 $FeCl_3$ 处理相比，PEG400 的添加使 $FeCl_3$ 耦合 PEG400 处理后水稻秸秆的物理结构得到了改善，化学结构变化不大，这种处理有助于促进 Fe_2O_3 的产生以及在水稻秸秆表面的沉积。Fe_2O_3 负载量的增多可能源于相转移催化剂 PEG400 的存在增大了对反应体系中 H^+ 的消耗，促进了 $FeCl_3$ 水解为 $Fe(OH)_3$，同时水稻秸秆物理结构的改善为 $Fe(OH)_3$ 的负载沉积提供了便利，使其在干燥过程中形成了 Fe_2O_3。$FeCl_3$ 耦合 PEG400 处理水稻秸秆的相转移机制示意如图 3-8 所示（书后另见彩图）。

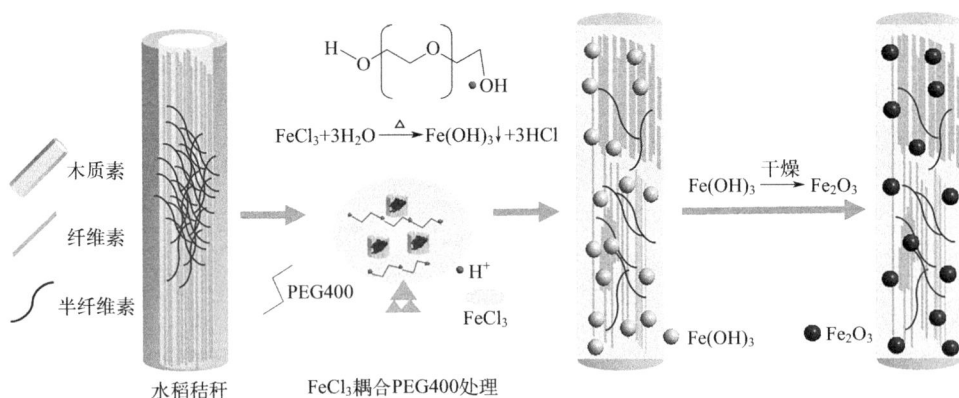

图 3-8 $FeCl_3$ 耦合 PEG400 处理水稻秸秆的相转移机制

热解过程中，纳米零价铁粒子的形成主要依赖于水稻秸秆中组分裂解产生的还原性气体（CO 或 H_2），在还原性气体的参与下，Fe_2O_3 被还原为零价铁[23,24]。有文献报道，在生物质的热解过程中，CO 主要产生于半纤维素的分解过程，由纤维素热解产生的气体相对较少，大多数气体来源于木质素在高于 600℃下的热解[25]。当温度在 $500 \sim 580$℃时，木质素中的 C—C 键断裂产生 CH_4，随着温度的升高，C—H 键断裂产生 H_2[26]。如图 3-5 所示，FT-IR 结果已经说明 $FeCl_3$ 耦合 PEG400 处理后的水稻秸秆保留了木质素的所有典型特征峰，从而在热解过程中为还原性气体的产生提供了保障。

$FeCl_3$ 耦合 PEG400 处理水稻秸秆并用碳热还原法合成纳米零价铁生物炭的机制可总结为：在 PEG400 存在的耦合处理条件下，$FeCl_3$ 的水解得到了促进，产生了更多的 $Fe(OH)_3$，进而转化为 Fe_2O_3；同时，耦合处理使水稻秸秆的物理结构得到了改善，为 Fe_2O_3 的负载提供了便利的条件。木质素结构的保留及热解产生的还原性气体进一步将 Fe_2O_3 还原为纳米零价铁。

3.2 纳米零价铁生物炭的物理化学特性

纳米零价铁生物炭（nZVI-BC）的物理化学特性（比表面积和孔结构、磁性特征、缺陷结构、表面官能团和化学组成等）可通过 BET、VSM、Raman、FT-IR 和 XPS 进行分析和表征。

3.2.1 比表面积和孔结构分析

通过 BET 氮气吸脱附仪对 nZVI-BC 的比表面积和孔结构进行了分析测试，结果如图 3-9 所示。

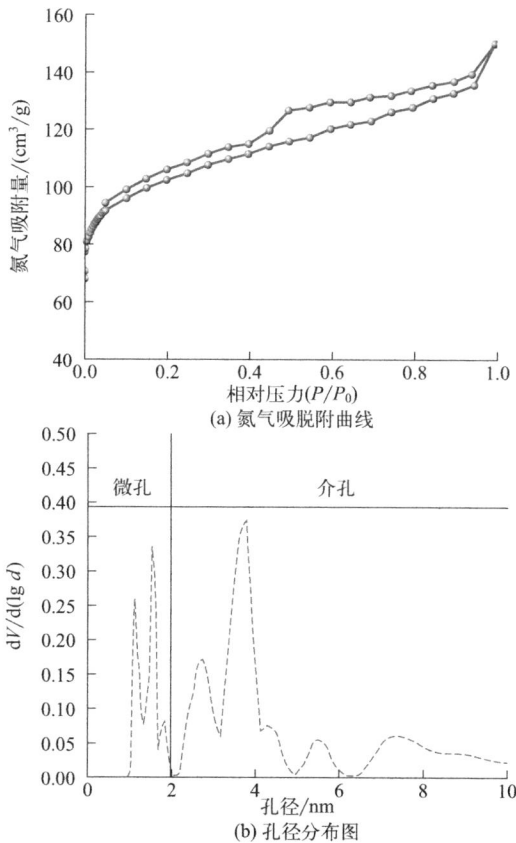

(a) 氮气吸脱附曲线

(b) 孔径分布图

图 3-9 nZVI-BC 的氮气吸脱附曲线和孔径分布图

[$dV/d(\lg d)$ 表示单位对数孔径变化对应的孔体积变化]

如图 3-9（a）所示，根据国际纯粹与应用化学联合会（IUPAC）分类，nZVI-BC 显示出典型的 I 型等温线曲线，在较低的相对压力范围内（$P/P_0 <$ 0.1）急剧吸附 N_2，表明 nZVI-BC 材料含有大量的孔隙且存在微孔[27,28]。nZVI-BC 的孔径分布如图 3-9（b）所示，该结果证实了 nZVI-BC 中含有大量的微孔（孔径 $<$2nm），同时含有一些介孔（2nm $<$ 孔径 $<$50nm），介孔的孔径主要分布在 $<$4nm 范围内。

nZVI-BC 的比表面积和孔容通过 BET 和 t-plot 法计算[29]，计算结果分别为 386.51m^2/g 和 0.232cm^3/g。nZVI-BC 的微孔比表面积为 285.43m^2/g，占总比表面积的 73.85%；微孔孔容为 0.115cm^3/g，占总孔容的 49.57%。这些结果与孔径分布一致。nZVI-BC 具有如此大的比表面积和微孔体积，主要是由水稻秸秆在耦合前处理时引入的铁元素在热解过程中产生的纳米零价铁粒子占据了生物炭的空间结构导致的[27]，这种结构为材料催化活化过硫酸盐提供了有利条件[30,31]。

3.2.2 磁性特征分析

纳米零价铁粒子的存在使 nZVI-BC 具有磁性特征，它的磁性强度可通过 VSM 检测得到，结果如图 3-10 所示。

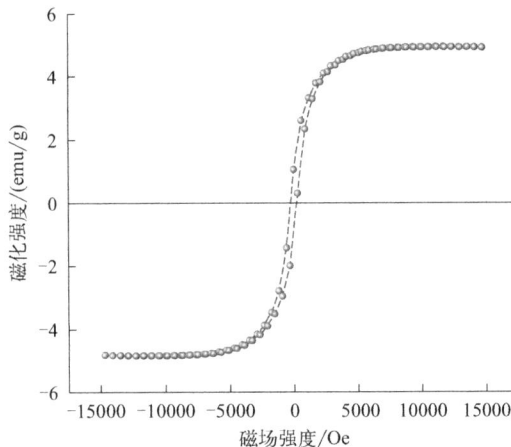

图 3-10 nZVI-BC 的磁滞回线图

（1emu=10C，1Oe=79.5775A/m）

该磁滞回线图显示，在 $\pm$15000Oe 的磁场强度变化范围内，nZVI-BC 出现了一定的磁滞现象，磁化饱和值为 4.9emu/g。虽然该材料的磁化强度不如其他负载氧化铁的磁性生物炭高[32]，但它的磁性强度仍然与报道的大多数磁性生物炭相当[33,34]。实际的磁铁吸附测试证实了本研究的 nZVI-BC 可以通过磁力从液相系统中分离。

3.2.3　缺陷结构表征

　　nZVI-BC 的石墨化程度和缺陷程度通过拉曼测试分析获得，为了更好地描述 nZVI-BC 的化学结构特征，将其与原始水稻秸秆热解获得的生物炭 BC 做对照，结果如图 3-11 所示。

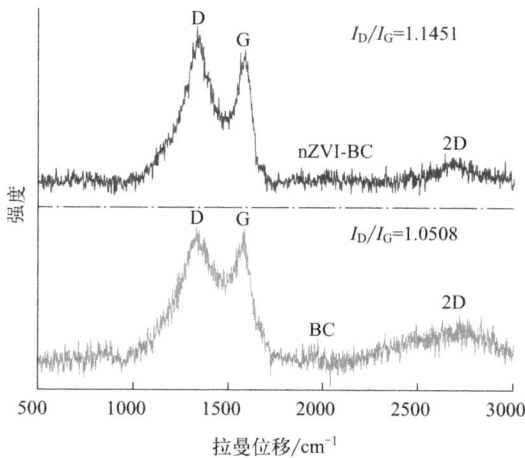

图 3-11　nZVI-BC 和 BC 的拉曼光谱图

　　BC 和 nZVI-BC 两种材料分别在拉曼位移约为 $1350cm^{-1}$ 和拉曼位移约为 $1580cm^{-1}$ 处出现了明显的特征峰。这两个位移处的拉曼峰分别对应生物炭结构的 D 峰和 G 峰。D 峰代表的是无序碳，G 峰代表的是有序的石墨碳[35]。该结果表明 BC 和 nZVI-BC 中同时存在无序碳和结晶的石墨碳。D 峰和 G 峰强度的比值 I_D/I_G 用于说明碳材料的无序化程度或缺陷程度[36]。通过计算可知，BC 和 nZVI-BC 的 I_D/I_G 值分别为 1.0508 和 1.1451，该结果说明纳米零价铁粒子的引入对原始生物炭结构造成了一定的破坏，使生物炭产生了更多的无序结构和缺陷[37]。此外，被认为是石墨烯单层结构的 2D 峰也出现在了 BC 和 nZVI-BC 的拉曼光谱图中，而且 BC 的 2D 峰强度高于 nZVI-BC，峰值从 $2748cm^{-1}$ 下移至 $2682cm^{-1}$ 处，说明纳米零价铁粒子的存在使石墨层破裂成了小的碎片结构[38]，

这个结果与 I_D/I_G 相互呼应。

3.2.4 表面官能团和化学组成分析

nZVI-BC 的表面官能团和化学元素组成通过 FT-IR 和 XPS 进行表征,结果如图 3-12 所示。图 3-12(a) 显示,nZVI-BC 在约 $3445cm^{-1}$、$1617cm^{-1}$、$1400cm^{-1}$、$1091cm^{-1}$、$801cm^{-1}$ 位置均有明显的特定官能团的伸缩振动峰,说明 nZVI-BC 的表面含有—OH 和归属于芳环结构的 C═C、C═O、C—O 和 C—H 等基团。根据文献报道,这些官能团主要来源于秸秆中木质素的热解[39]。

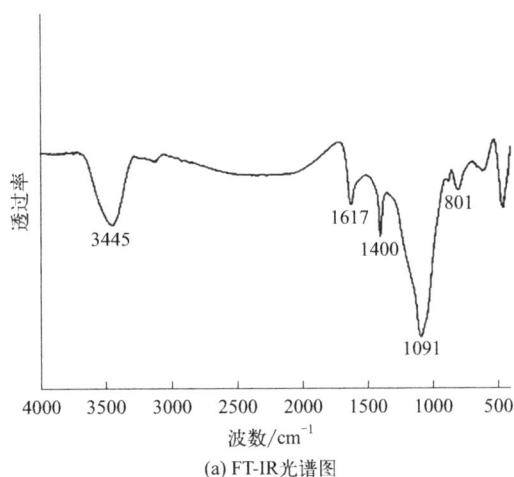

(a) FT-IR光谱图

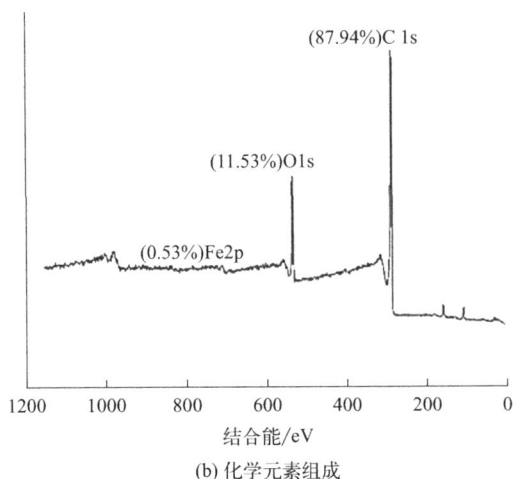

(b) 化学元素组成

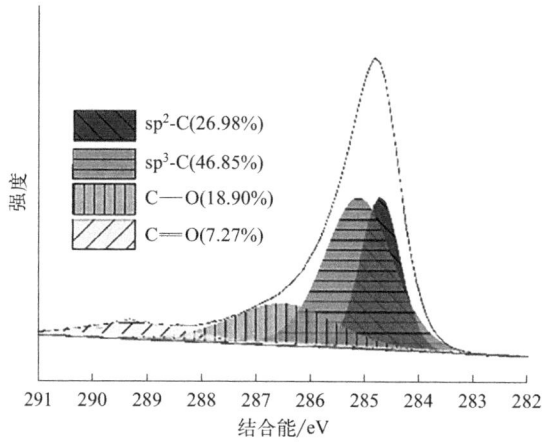

(c) C 1s的XPS分峰谱图

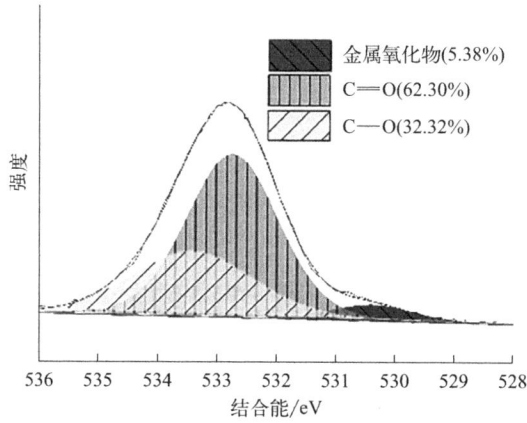

(d) O 1s的XPS分峰谱图

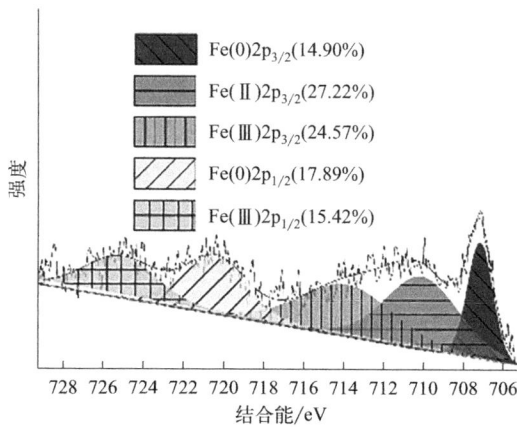

(e) Fe 2p的XPS分峰谱图

图 3-12　nZVI-BC 的 FT-IR 光谱图、化学元素组成以及 C 1s、O 1s、Fe 2p 的 XPS 分峰谱图

如图 3-12(b) 所示，nZVI-BC 表面包含 C、O、Fe 3 种元素，它们的原子含量分别为 87.94%、11.53% 和 0.53%。值得注意的是，Fe 元素的原子含量并不高，可能是由于纳米零价铁粒子被嵌入石墨碳的内部 [图 3-3(c)]，而 XPS 的检测限是 10nm 以内，因此造成了部分铁元素无法被检测到[40]。

C、O、Fe 3 种元素的表面官能团信息通过 XPS 的分峰拟合进行进一步分析。如图 3-12(c)~(e) 所示，C 1s 被分成 4 个峰，分别在 284.6eV、285.2eV、286.5eV、289.3eV 结合能的位置，分别对应 sp^2-C、sp^3-C、C—O、C=O，说明 nZVI-BC 结构存在一定的缺陷[41]，与拉曼测试结果一致。O 1s 可分为 3 种峰[42]，分别来自金属氧化物 (530.3eV)、C=O (532.5eV) 和 C—O (533.5eV)，金属氧化物来自氧化态的铁。Fe 2p 的谱图被拟合出 3 种化合价的铁[43]，分别为 Fe $2p_{3/2}$ 光电子峰在 707.19eV 结合能位置的 Fe(0)、710.01eV 结合能位置的 Fe(II) 和 713.79eV 结合能位置的 Fe(III)。

nZVI-BC 的物化表征结果说明：$FeCl_3$ 耦合 PEG400 处理后的水稻秸秆，在一步热解后获得的 nZVI-BC 具有比表面积大、孔隙丰富多样、富氧官能团、含缺陷、零价铁粒子不易被氧化、磁性易回收等特点。

3.3 纳米零价铁生物炭活化过硫酸盐降解对乙酰氨基酚

纳米零价铁负载的复合碳材料已经被证明在高级氧化降解污染物体系中具有良好的催化能力。为了考察 nZVI-BC 的催化能力，本节内容利用 nZVI-BC 活化过二硫酸盐 (PDS) 降解典型的药品及个人护理品 (PPCPs)——对乙酰氨基酚 (ACT)，来进行效能判定。选择 ACT 作为目标污染物的原因是：ACT 是疼痛和发热缓解剂，ACT 分子包含苯环、酰胺基和羟基，分子量为 151.16，pK_a 为 9.5，虽然 ACT 的毒性并不比其他药物高，但它被认为是中国地表水中 PPCPs 浓度最高的污染物[41,44]。ACT 可用非均相过硫酸盐/催化剂系统降解，然而，截至目前，对于用纳米零价铁生物炭/过硫酸盐体系降解 ACT 的研究很少。

通过与单独 PDS 氧化 ACT、nZVI-BC 吸附 ACT 对比，初步判定 nZVI-BC 催化活化 PDS 降解 ACT 的效能，结果如图 3-13 所示。

如图 3-13(a) 所示，在 PDS/nZVI-BC 体系中，ACT 在 20min 内可被 100% 去除。此时的反应条件为：nZVI-BC 投加量为 0.5g/L、ACT 初始浓度为 10mg/L、PDS 浓度为 1.8mmol/L。在相同的反应条件下，单独的 PDS 对 ACT 的氧化去

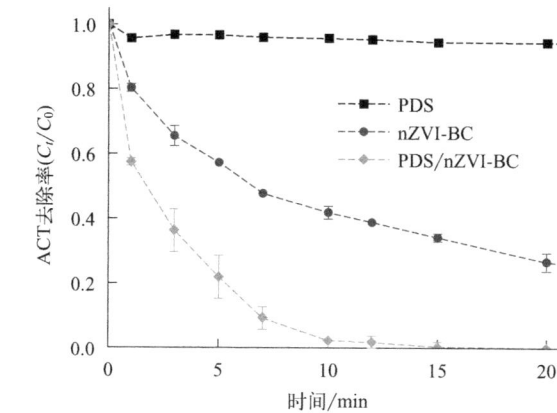

(a) 降解效果图

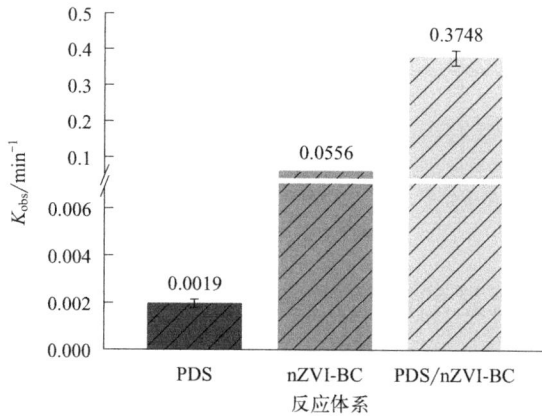

(b) 伪一级降解速率图

图 3-13 ACT 在不同体系中的降解效果图和对应的伪一级降解速率图

除率仅为 5.5％，nZVI-BC 对 ACT 的吸附去除率为 73.4％，这个结果说明 nZVI-BC 同时具备良好的吸附性和催化性能，nZVI-BC 的吸附性源自其优异的比表面积和孔结构（图 3-9）。材料的有效吸附在污染物的催化降解中起着重要的作用[45]。因此，nZVI-BC 在 ACT 降解中表现出优异的性能。根据伪一级动力学方程［式（3-1）］计算出 ACT 在 PDS/nZVI-BC 体系中的降解速率为 $0.3748\mathrm{min}^{-1}$。

$$\ln(C_t/C_0) = -K_{obs}t \tag{3-1}$$

式中 C_t——t 时刻的浓度；

C_0——初始浓度；

K_{obs}——反应速率常数。

为了评估该数值，表 3-2 中列举了一些相关研究中的催化剂对 ACT 的催化降解速率。从表中内容可以看出，本研究所得的 K_{obs} 十分具有竞争优势，说明 nZVI-BC 对 ACT 具有显著的催化降解能力，是一种性能优良的催化剂。

表 3-2　相关文献中报道的其他催化剂对 ACT 的降解速率

催化剂名称	氧化剂	ACT 浓度/(mg/L)	反应时间/min	去除率/%	K_{obs}/min^{-1}	参考文献
生物炭	PDS	20	60	100	0.3111	[46]
BC700	PDS	50	30	93.9	0.0970	[41]
FON@AC	PDS+UV	20	60	100	0.1120	[47]
Co_3O_4	PMS	100	10	99.0	0.2235	[48]
CoIB	PMS	5	30	100	0.2020	[49]
NS-CMK-3	PMS	50	30	100	0.2400	[50]
nZVI-BC	PDS	10	20	100	0.3748	本研究

注：FON 表示氧化铁纳米催化剂；AC 表示活性炭；CoIB 表示 Co 浸渍生物炭；NS-CMK-3 表示 N/S 共掺杂有序介孔碳。

3.3.1　对乙酰氨基酚降解的条件优化

为了获得 ACT 降解的最佳反应条件，通过对 nZVI-BC 的投加量、ACT 的初始浓度、PDS 浓度进行条件优化，结果如图 3-14 所示。

图 3-14(a) 为不同 nZVI-BC 的投加量对 ACT 降解率的影响。当 nZVI-BC

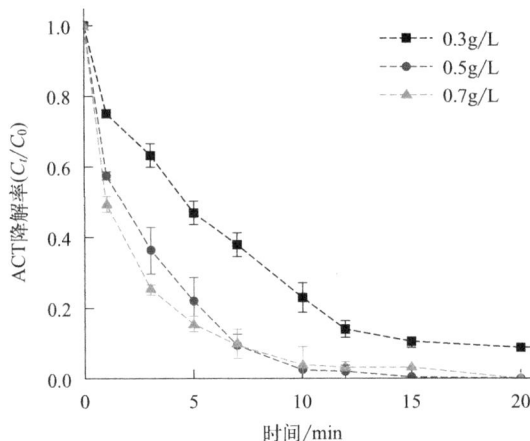

(a) nZVI-BC的投加量对ACT降解率的影响

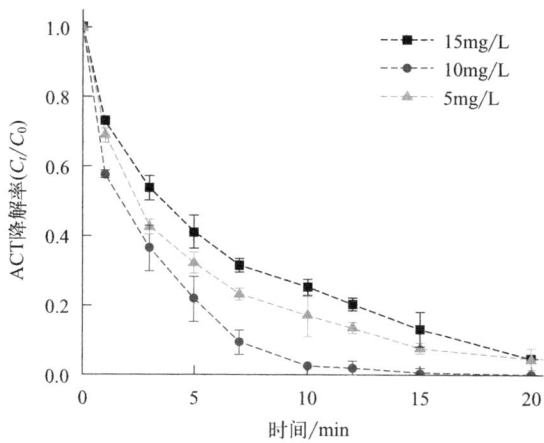

(b) ACT的初始浓度对其降解率的影响

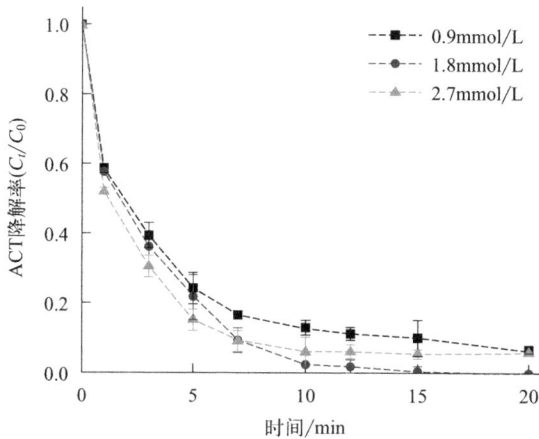

(c) PDS的浓度对ACT降解率的影响

图 3-14   nZVI-BC 的投加量、ACT 的初始浓度和 PDS 的浓度对 ACT 降解率的影响

的投加量从 0.3g/L 增加到 0.7g/L 时，ACT 的降解率在 20min 内从 88.4% 增加到 100%。尤其当 nZVI-BC 的投加量为 0.5g/L 和 0.7g/L 时，ACT 的降解率在 20min 内均达到 100%。然而，在前 7min 内，投加 0.7g/L 的催化剂时，ACT 的降解速率优于 0.5g/L，这可能是由于材料投加得越多，对 ACT 的吸附贡献越大，因此 ACT 在初始阶段的去除效果更好。但是，最终的降解率表明 nZVI-BC 催化降解 ACT 的最佳投加量为 0.5g/L。

图 3-14(b) 为不同的 ACT 初始浓度对其降解率的影响。当 ACT 浓度为

10mg/L 时，ACT 的降解率最高（100%）；当 ACT 浓度分别为 5mg/L 和 15mg/L 时，ACT 的降解率相差不大，分别为 94.2% 和 95.6%。该结果表明 nZVI-BC 对不同初始浓度的 ACT 均具有良好的催化性能，其最佳的作用浓度为 10mg/L。

图 3-14（c）为不同的 PDS 浓度对 ACT 降解率的影响。当 PDS 的浓度为 0.9mmol/L 时，ACT 的降解率为 93.7%；随着 PDS 浓度增加到 1.8mmol/L，可以实现对 ACT 的 100% 去除。然而，当 PDS 浓度进一步增加至 2.7mmol/L 时，ACT 的降解率反而下降至 94.2%。这一结果可能与 PDS 的猝灭与再生有关，其反应式如式（3-2）和式（3-3）所示[51]。

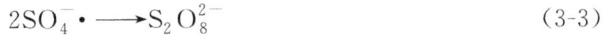

$$S_2O_8^{2-} + SO_4^- \cdot \longrightarrow S_2O_8^- \cdot + SO_4^{2-} \tag{3-2}$$

$$2SO_4^- \cdot \longrightarrow S_2O_8^{2-} \tag{3-3}$$

3.3.2 对乙酰氨基酚降解的影响因素实验

温度、pH 值、共存离子是高级氧化降解污染物的过程中重要的影响因素，考察它们的影响对评估催化剂的催化效能十分重要。

3.3.2.1 温度对 ACT 降解的影响

如图 3-15 所示，随着温度从 25℃ 升高至 45℃，在 PDS/nZVI-BC 体系中，ACT 的降解率呈现出增加的趋势。尤其在 45℃ 时，ACT 几乎可以在 10min 内被完全去除，其相应的 K_{obs} 值增加到 0.4654min^{-1}。这种污染物的降解速率随

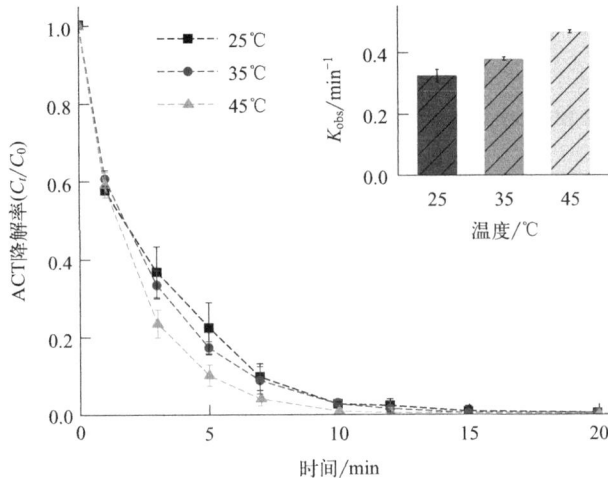

(a)温度对ACT降解率和降解速率的影响

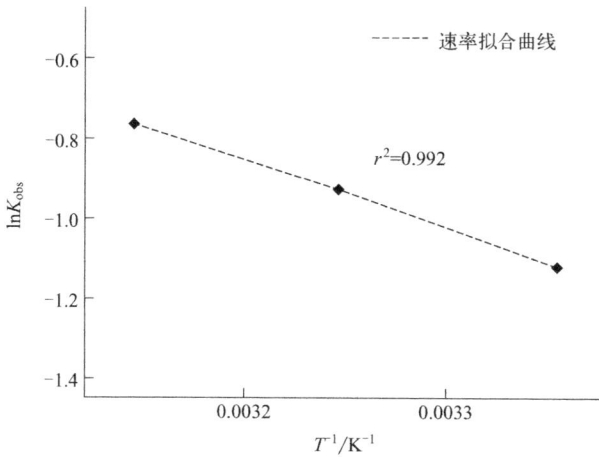

(b) 阿伦尼乌斯曲线

图 3-15　温度对 ACT 降解率和降解速率的影响以及阿伦尼乌斯曲线图

温度升高而增加的现象与之前的研究结果一致[52,53]。

根据阿伦尼乌斯方程［式(3-4)］可知，温度对反应速率的影响与活化能（E_a）有关：

$$\ln K_{obs} = \ln A - E_a/RT \tag{3-4}$$

式中　K_{obs}——反应速率；

　　　　A——与温度无关的系数；

　　　　E_a——活化能，kJ/mol；

　　　　R——摩尔气体常量，8.314J/(mol·K)；

　　　　T——溶液温度，K。

通过 $\ln K_{obs}$ 和 T^{-1} 拟合出 3 种温度与速率之间的线性曲线，其相关系数 $r^2 = 0.992$。根据所得的线性方程计算出相应的活化能为 16.5kJ/mol，表明 nZVI-BC 催化剂的存在可能会降低氧化体系的反应活化能，使 ACT 的氧化降解更容易实现。

3.3.2.2　pH 值对 ACT 降解的影响

pH 值对 ACT 在 PDS/nZVI-BC 体系中降解效果的影响如图 3-16 所示。根据图中的结果可以看出，除 pH 值为 11.0 时，ACT 的降解率下降到 88.8%，相应的 K_{obs} 降低至 0.0984min^{-1} 以下之外，在其他 pH 值条件下，ACT 的降解率在 20min 内均能达到 100%，表明 nZVI-BC 在较宽的 pH 值范围内具有良好的适用性。

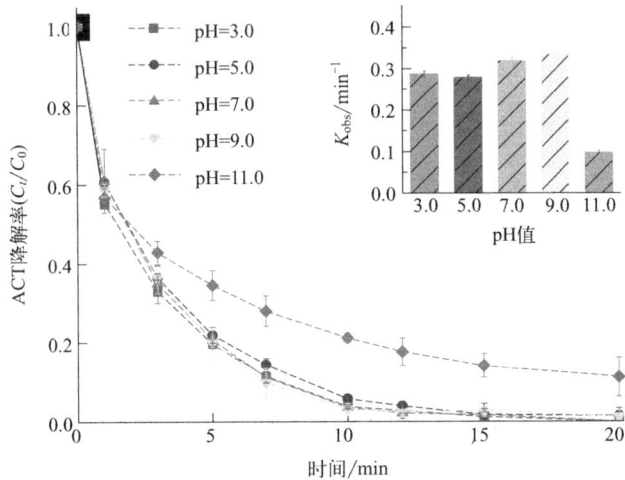

图 3-16　pH 值对 ACT 降解率和降解速率的影响

根据之前的报道[47,54]可知，pH 值对催化剂活化 PDS 降解污染物的影响可归因于如下 2 个方面。

① 在高 pH 值条件下，ACT 去除率的降低可能是由于 $Fe(OH)_3$ 沉淀到材料的表面，从而抑制了体系中的 Fe^{2+} 对 PDS 的分解，如式（3-5）所示。

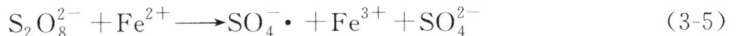

$$S_2O_8^{2-} + Fe^{2+} \longrightarrow SO_4^- \cdot + Fe^{3+} + SO_4^{2-} \tag{3-5}$$

② pH 值影响 ACT 的离子存在状态和材料表面的带电性，导致电荷作用的变化。

此外，从表 3-3 中可以看出，当初始溶液的 pH 值为 3.0～9.0 时，反应后的 pH 值非常接近（约 3.0）；然而，当初始 pH 值为 11.0 时，反应后的 pH 值为 7.42。如图 3-17 所示，nZVI-BC 的零电点（pH_{zpc}）约为 4.0，表明在 pH>4.0 时，nZVI-BC 的表面带负电。因此，当 pH 值为 11.0（对应的最终 pH=7.42）时，PDS 和催化剂之间的静电排斥可能会限制 PDS 的活化，进而抑制 ACT 的降解。相反，当初始 pH 值为 3.0～9.0（对应的最终 pH 值为 2.77～3.09）时，催化剂和 PDS 之间存在静电引力，其降解率几乎为 100%。上述结果表明，在较宽的 pH 值范围内，PDS/nZVI-BC 体系对 ACT 的降解没有很大干扰，证明了 nZVI-BC 具有较强的催化能力。

表 3-3　反应前后的 pH 值变化

初始 pH 值	3.0	5.0	7.0	9.0	11.0
反应后 pH 值	2.77	2.78	2.75	3.09	7.42

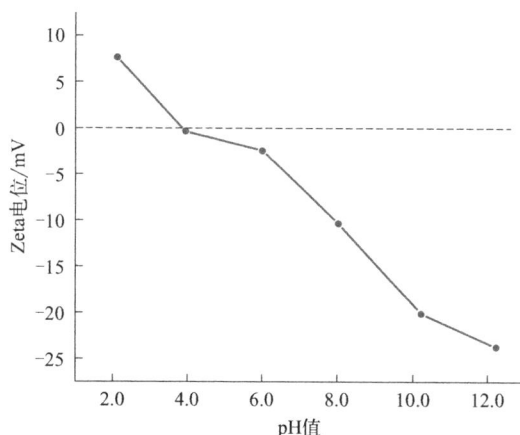

图 3-17　nZVI-BC 的 Zeta 电位

3.3.2.3　共存离子对 ACT 降解的影响

无机阴离子在水体中十分常见，对高级氧化过程中有机污染物的降解起着重要的作用。选择 HCO_3^-、NO_3^- 和 Cl^- 3 种离子，考察其对 ACT 在 PDS/nZVI-BC 体系中降解效果影响，结果如图 3-18 所示。

可以看出，添加 HCO_3^- 后，ACT 的降解效果受到明显抑制，尤其是在反应前 10min，其抑制程度随着 HCO_3^- 浓度的增加而增加。这种抑制可能是由 HCO_3^- 与 $SO_4^-\cdot$ 或者 $\cdot OH$ 发生反应而引起的。根据式（3-6）和式（3-7）可知，该反应会生成活性较低的自由基 $HCO_3\cdot$ 或 $CO_3^-\cdot$，从而对 ACT 的降解造成了消极的影响[55-57]。此外，HCO_3^- 的存在会增加溶液的 pH 值，从而与 Fe^{2+} 形成络合沉淀，进而影响催化剂表面金属离子的催化活性[58]。通过计算，3 种浓度下的 HCO_3^- 分别使 ACT 的降解速率下降至 $0.0519min^{-1}$、$0.0808min^{-1}$ 和 $0.1092min^{-1}$。

$$SO_4^-\cdot + HCO_3^- \longrightarrow SO_4^{2-} + HCO_3\cdot \qquad (3-6)$$

$$\cdot OH + HCO_3^- \longrightarrow CO_3^-\cdot + H_2O \qquad (3-7)$$

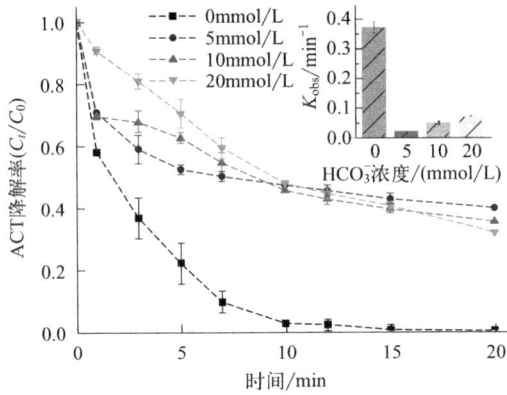

(a) HCO_3^-

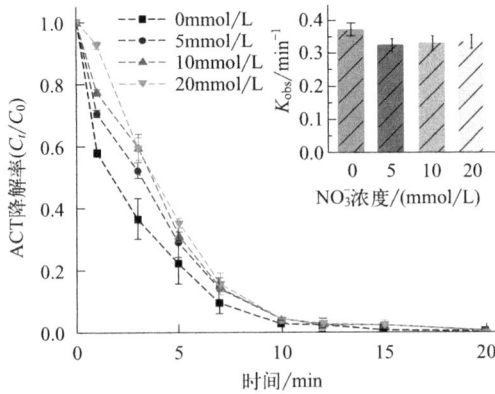

(b) NO_3^-

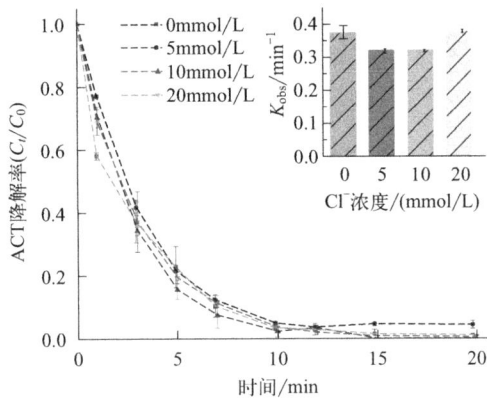

(c) Cl^-

图 3-18 共存离子对 ACT 降解率和降解速率的影响

NO_3^- 对 ACT 的降解影响如图 3-18(b) 所示，NO_3^- 的抑制作用主要发生在反应的初始阶段，但是抑制影响不明显。随着 NO_3^- 浓度的增加，ACT 的 K_{obs} 分别下降至 $0.3258min^{-1}$、$0.3337min^{-1}$ 和 $0.3375min^{-1}$。但是，在 20min 时，ACT 的去除率仍接近 100%。NO_3^- 这种微弱的抑制作用可能是由于活性物质的转移造成的，NO_3^- 会与 $SO_4^-\cdot$ 或者 $\cdot OH$ 反应生成 $NO_3\cdot$，如式（3-8）和式（3-9）[58,59]所示。$NO_3\cdot$ 的氧化还原电位（$2.3 \sim 2.5V$）[60]虽然不及 $\cdot OH$（2.7V）和 $SO_4^-\cdot$（$2.5\sim3.1V$），但 $NO_3\cdot$ 通常也被认为是一种温和的氧化剂[61]。因此，引入 NO_3^- 虽然会使 ACT 的降解速率出现微弱的下降，但其降解率仍接近 100%。

$$SO_4^-\cdot + NO_3^- \longrightarrow SO_4^{2-} + NO_3\cdot \qquad (3-8)$$

$$\cdot OH + NO_3^- \longrightarrow OH^- + NO_3^-\cdot \qquad (3-9)$$

如图 3-18(c) 所示，当添加不同浓度的 Cl^- 时，ACT 的降解率相差不大，仅在最初的 1min 内观察到抑制作用。在随后的时间里，5mmol/L 和 10mmol/L 的 Cl^- 仍表现出一定的抑制作用，但是 20mmol/L 的 Cl^- 对 ACT 的降解率略有促进，最终的 K_{obs} 达到 $0.3772min^{-1}$，与空白实验的 K_{obs}（$0.3748min^{-1}$）非常相近。这种结果在 Perdew 等[62]的报道中也出现过，原因可能是在 PDS/nZVI-BC 体系中同时存在自由基和非自由基（例如电子转移）两种途径。抑制作用来自 Cl^- 对 $SO_4^-\cdot$ 或者 $\cdot OH$ 的捕获，如式（3-10）～式（3-13）[63,64]所示，微弱的促进作用可能归因于 $ClOH\cdot$、$Cl\cdot$、$Cl_2^-\cdot$ 或者电子转移的产生抵消了消耗的 $SO_4^-\cdot$ 或 $\cdot OH$[65]。

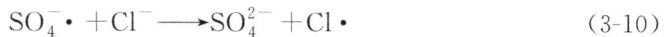

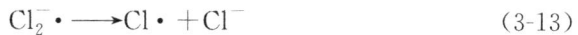

$$SO_4^-\cdot + Cl^- \longrightarrow SO_4^{2-} + Cl\cdot \qquad (3-10)$$

$$\cdot OH + Cl^- \longrightarrow ClOH\cdot \qquad (3-11)$$

$$Cl\cdot + Cl^- \longrightarrow Cl_2^-\cdot \qquad (3-12)$$

$$Cl_2^-\cdot \longrightarrow Cl\cdot + Cl^- \qquad (3-13)$$

3.3.3 纳米零价铁生物炭的稳定性和循环利用性

由于 nZVI-BC 催化剂上负载有金属铁离子，考虑到反应过程中金属离子的浸出可能会对水体环境造成二次污染，所以探究了 nZVI-BC 催化剂在高级氧化体系中的稳定性。通过 ICP 对反应过程中的铁离子浸出浓度进行了监测，结果如图 3-19 所示。

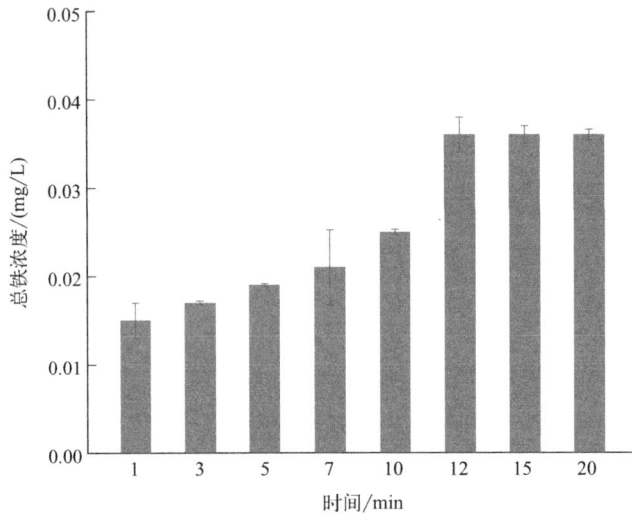

图 3-19　反应过程中铁离子的浸出浓度

从反应开始到 10min，铁离子的浸出浓度呈现不断增加的趋势，从 0.015mg/L 逐渐增加到 0.025mg/L，在后期直至反应结束一直保持相对稳定的浓度（0.036mg/L）。铁离子的浸出情况和 ACT 的降解反应保持一致：反应初期，由于石墨层的包裹，铁离子浸出量较少；随着时间增加，铁离子逐渐积累；反应后期，浸出的铁离子发生氧化反应或沉淀导致其浓度出现微弱的下降。最终的铁离子浸出浓度说明 nZVI-BC 应用于高级氧化体系不会对水体造成二次污染，具有良好的化学稳定性和应用潜力。

催化剂的重复利用也是评估材料应用潜力的一种指标。因此，对 nZVI-BC 进行了 5 次循环利用，通过对 ACT 的降解效果考察其可重复利用的性能，结果如图 3-20 所示。

从图 3-20 中可以看出，当材料在第 1 次循环利用时，ACT 在 20min 的降解率仍能达到 100%，降解速率为 $0.3328min^{-1}$。当其在第 2～5 次循环使用时，ACT 经过 20min 反应后的最终降解率分别为 98.7%、97.4%、95.4% 和 93.8%，其相应的 K_{obs} 依次为 $0.2355min^{-1}$、$0.1858min^{-1}$、$0.1666min^{-1}$ 和 $0.1406min^{-1}$。降解速率的下降反映出材料的活性在一定程度上有所下降，从降

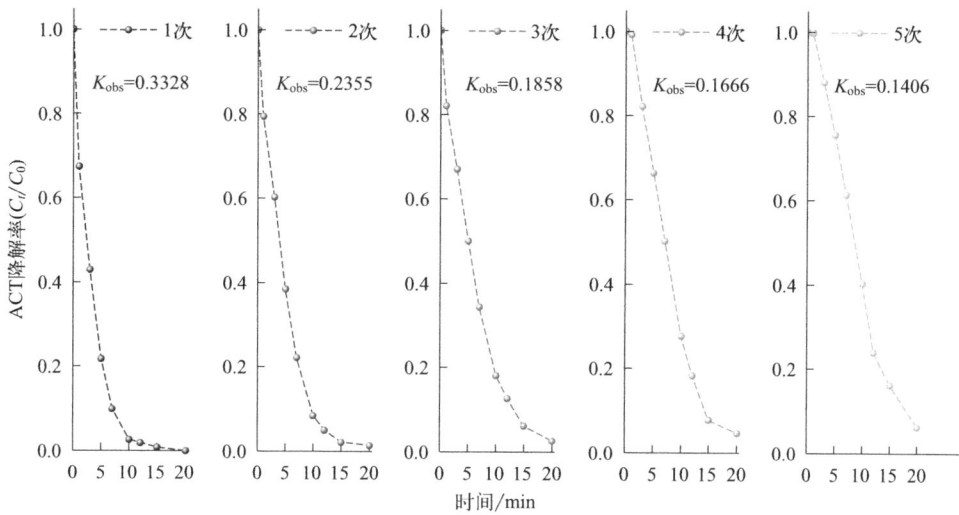

图 3-20 nZVI-BC 的循环利用

解行为可以看出，对 nZVI-BC 活性的抑制主要发生在前 1min，这可能是由于多次使用 nZVI-BC 后，其孔隙堵塞或塌陷所致。对初次使用后的 nZVI-BC 进行 BET 测试，发现材料的总比表面积和总孔体积分别从使用前的 $386.51m^2/g$ 和 $0.232cm^3/g$ 下降至 $219.40m^2/g$ 和 $0.145cm^3/g$。在 43% 的比表面积下降值中，微孔的比表面积占据 34.78%，该结果证实了 nZVI-BC 上的微孔在催化体系中发挥着重要作用。尽管由于材料的孔隙变少，其活性下降，但是在第 5 次循环利用时，ACT 的降解率仍能达到 90% 以上，表明本研究制备的 nZVI-BC 具有优异的催化性能和可重复利用性。

3.4 纳米零价铁生物炭的催化机制

3.4.1 反应体系中活性氧物种分析

高级氧化过程中产生的活性氧对污染物的降解起着至关重要的作用。通常情况下，基于过硫酸盐的高级氧化过程中存在 $\cdot OH$、$SO_4^-\cdot$ 和 $O_2^-\cdot$ 的自由基途径以及 $^1O_2$ 和电子转移的非自由基途径。EPR 是检测活性氧物种（reactive oxygen species，ROS）的常用手段。$\cdot OH$ 和 $SO_4^-\cdot$ 的捕获剂一般选择 DMPO，通过

DMPO-OH 和 DMPO-SO$_4^-$ 加合物的形成在 EPR 谱图中反映出 ·OH 和 SO$_4^-$· 的信号[66]。TEMP 被用作具有强亲电性的 $^1O_2$ 的捕获剂，反应形成的 2,2,6,6-四甲基-4-哌啶醇-N-氧自由基可被 EPR 灵敏地检测到[67]。对于 O$_2^-$· 信号的检测，一般使用 DMPO 作为捕获剂，在甲醇体系中进行捕获。

如图 3-21 所示，DMPO-OH 和 DMPO-SO$_4^-$ 加合物的典型四线峰信号在 PDS/nZVI-BC 体系中被观察到，表明 nZVI-BC 可以活化 PDS 产生 ·OH 和 SO$_4^-$·。然而，DMPO-SO$_4^-$ 加合物的峰强远低于 DMPO-OH，这种现象与 Zhu 等[68]的研究结果相似，这是因为部分的 SO$_4^-$· 被转化成了 ·OH，在 DMPO 捕捉自由基的过程中，DMPO-SO$_4^-$ 加合物容易被 H$_2$O 或 OH$^-$ 亲核取代形成 DMPO-OH 加合物[69]，反应如式（3-14）和式（3-15）所示。除 ·OH 和 SO$_4^-$· 外，在甲醇体系中，检测到了 DMPO-O$_2^-$ 的六线峰信号和 TEMP-$^1O_2$ 的强度相等的三线峰信号。这个结果说明 4 个活性氧（·OH、SO$_4^-$·、O$_2^-$· 和 $^1O_2$）物种在 PDS/nZVI-BC 体系中均有产生。

$$SO_4^- \cdot + H_2O \longrightarrow \cdot OH + SO_4^{2-} + H^+ \tag{3-14}$$

$$SO_4^- \cdot + OH^- \longrightarrow \cdot OH + SO_4^{2-} \tag{3-15}$$

4 个活性氧物种（·OH、SO$_4^-$·、O$_2^-$· 和 $^1O_2$）在 PDS/nZVI-BC 反应体系中的

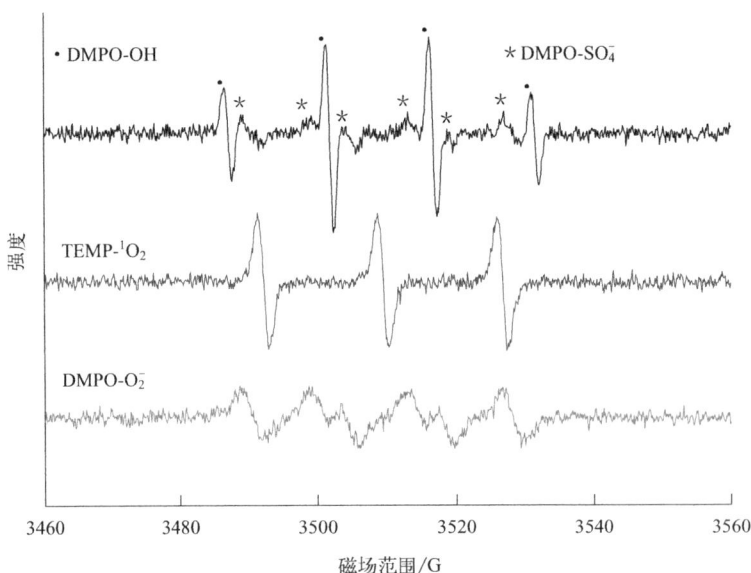

图 3-21　活性氧物种的 EPR 检测

（1G = 10^{-4} T）

贡献通过自由基猝灭实验进一步说明。·OH、SO_4^-·、O_2^-· 和 $^1O_2$ 以及电子转移的猝灭剂分别选择 TBA、MeOH、PBQ、NaN_3 和 K_2CrO_4[61]。MeOH 可同时与 ·OH 和 SO_4^-· 发生反应，反应速率常数分别约为 10^9 L/(mol·s) 和 10^7 L/(mol·s)，而 TBA 与 ·OH 的反应速率能达到约 10^8 L/(mol·s)，并不能有效捕获 SO_4^-·，其反应速率仅约为 10^5 L/(mol·s)。因此，MeOH 和 TBA 同时用作反应体系的猝灭剂时，可准确评估 ·OH 和 SO_4^-· 的作用。同时，PBQ 和 NaN_3 分别以较高的反应速率 [约 10^9 L/(mol·s) 和约 10^8 L/(mol·s)] 猝灭 O_2^-· 和 $^1O_2$。

如图 3-22 所示，添加 1mol/L 的 MeOH 和 TBA 后，PDS/nZVI-BC 中的 ACT 降解率略有下降，这可能是由于亲水性的 MeOH 和 TBA 与催化剂表面之间的亲和力低[70]，导致它们对催化剂表面的 ·OH 和 SO_4^-· 猝灭性很弱，而更容易作用于液相体系中的 ·OH 和 SO_4^-·。换言之，该结果说明材料表面可能会产生较多的 ·OH 和 SO_4^-·。此外，根据添加 MeOH 和 TBA 之后 ACT 的降解曲线间隙及其相应的 K_{obs} 值（0.2445min^{-1} 和 0.1918min^{-1}）可知，在 PDS/nZVI-BC 体系中，·OH 的贡献大于 SO_4^-·。然而，在将 10mmol/L 的 PBQ、NaN_3 和 K_2CrO_4 引入反应体系中后，ACT 的降解率大大下降，其相应的 K_{obs} 值分别降至 0.0858min^{-1}、0.1639min^{-1} 和 0.1452min^{-1}。添加 MeOH、TBA、PBQ、NaN_3 和 K_2CrO_4 后，ACT 在 20min 内的降解率分别为 97.4%、97.7%、

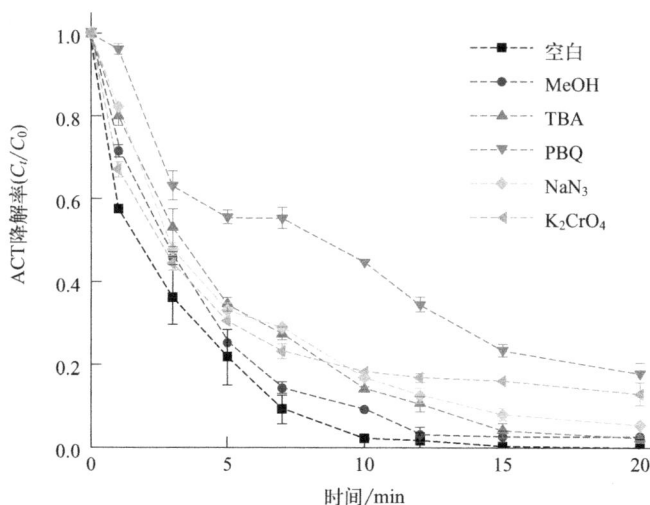

(a) 活性氧物种的猝灭实验

图 3-22

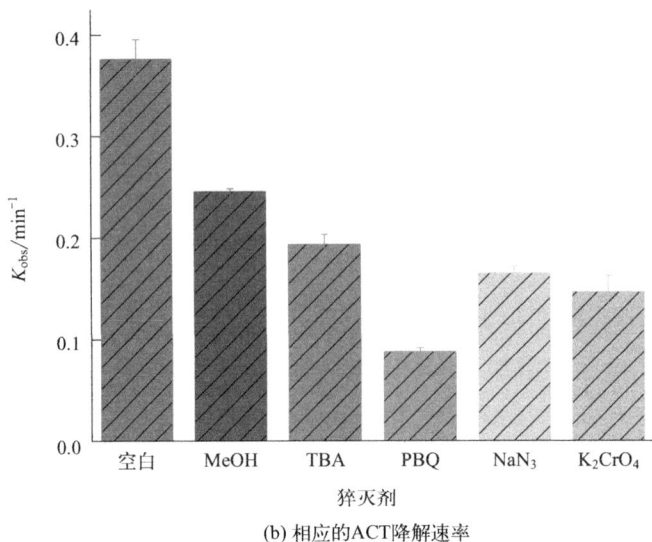

(b) 相应的ACT降解速率

图 3-22 活性氧物种的猝灭实验和相应的 ACT 降解速率

82.2%、97.3% 和 94.5%，说明 $O_2^-\cdot$ 在 PDS/nZVI-BC 反应体系中起主要作用，其次是 $^1O_2$ 和电子转移。

3.4.2 nZVI-BC 的化学结构变化

在 PDS/nZVI-BC 体系中同时存在自由基和非自由基。为了更好地探究 nZVI-BC 对 PDS 的催化活化机理，对 nZVI-BC 的表面化学结构变化进行了测定分析。通过 XPS 的分峰拟合可获得材料表面上 C、O、Fe 化学形态的变化情况，可用于分析材料在反应体系中发挥的催化作用，如图 3-23 所示。

如图 3-23(a) 所示，与初始的 nZVI-BC [图 3-12(c)] 相比，反应后 nZVI-BC 的 C 1s 光电子谱图显示的杂化碳和 C—O 官能团产生了较大差异。使用后的 nZVI-BC 表面 sp^3-C 的相对含量从 46.85% 略微下降到 44.03%，sp^2-C 的含量则从 26.98% 上升到 36.60%，表明催化剂的无序结构/缺陷参与了反应[71,72]。此外，材料参与反应后，sp^2-C/sp^3-C 值从 0.57 增加到 0.83，表明材料的石墨化程度增加。据文献报道[73-76]，石墨结构中的孤对电子可以向氧化剂（例如过硫酸盐或过氧化氢）提供电子，在低占据分子轨道和自由基产生作用下，O—O 化学键发生断裂。在反应过程中，催化剂的石墨化程度不断增加，电子转移随之增强，这也解释了 ACT 在降解过程中后期电子转移抑制效应增强的现象。此外，

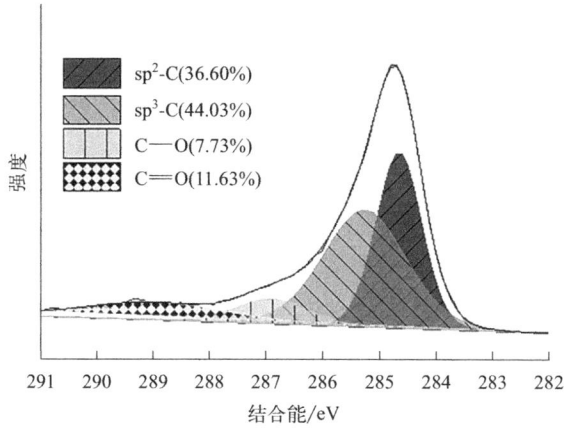

(a) C 1s

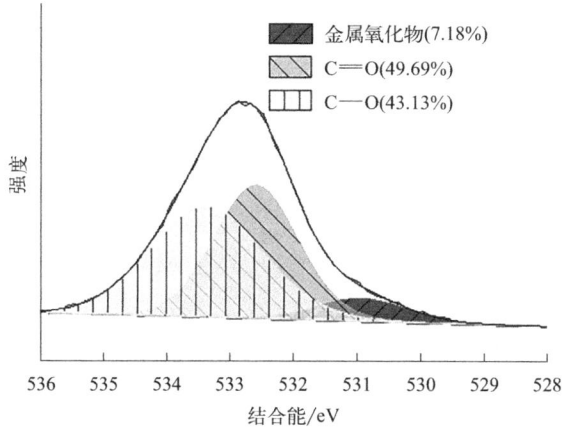

(b) O 1s

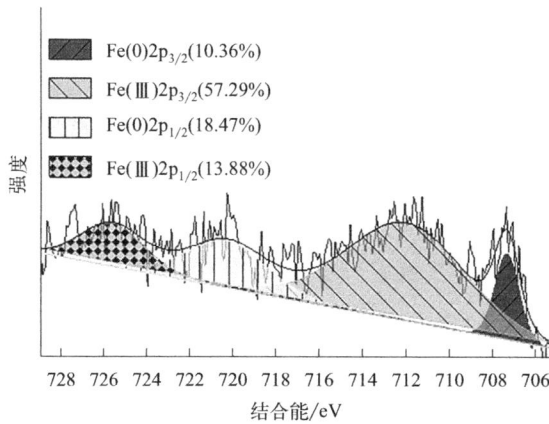

(c) Fe 2p

图 3-23　使用后 nZVI-BC 的 C 1s、O 1s、Fe 2p 的 XPS 分峰谱图

nZVI-BC 表面的 C—O 从 18.90％大幅度下降至 7.73％，表明材料上的 C—O 键发生了断裂，材料表面存在的这种持久自由基（苯氧基）已被证明可将电子转移到氧化剂上[1]。

C＝O 在过硫酸盐活化中也发挥着重要作用，C＝O 可与过硫酸盐反应生成 $^1O_2$。O 1s 光电子谱图 ［图 3-23（b）］的分峰结果显示，与初始 nZVI-BC ［图 3-12（d）］相比，反应后的材料表面上 3 种含氧官能团的相对含量发生了变化：金属氧化物（Fe—O）的相对含量从 5.38％增加到 7.18％，C＝O 的含量从 62.30％减少到 49.69％，C—O 的含量从 32.32％增加到 43.13％。C＝O 含量的减少直接表明其参与了反应。由 Cheng 等[77]的研究可知，C＝O 和 PDS 可发生反应生成 $^1O_2$，C＝O 基团受到 PDS 的攻击，生成中间产物，包括过氧化氢加合物和二氧六环中间体，然后继续被攻击生成 $^1O_2$。反应过程可简化为式（3-16）：

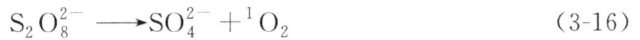

$$S_2O_8^{2-} \longrightarrow SO_4^{2-} + {}^1O_2 \tag{3-16}$$

然而，在活性氧物种的检测和猝灭实验中已证明 $O_2^-\cdot$ 在反应体系中占据主导地位，据大多数的文献报道，$O_2^-\cdot$ 的生成可归因于 PDS 的水解，如式（3-17）和式（3-18）所示[77,78]。但是，自由基猝灭实验证明 $SO_4^-\cdot$ 在 PDS/nZVI-BC 体系中对 ACT 的降解影响最小。因此，$O_2^-\cdot$ 的产生可能存在另一种途径。

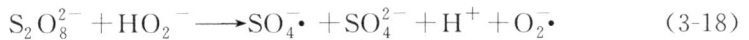

$$S_2O_8^{2-} + 2H_2O \longrightarrow HO_2^- + 2SO_4^{2-} + 3H^+ \tag{3-17}$$

$$S_2O_8^{2-} + HO_2^- \longrightarrow SO_4^-\cdot + SO_4^{2-} + H^+ + O_2^-\cdot \tag{3-18}$$

如图 3-23（c）所示，nZVI-BC 上的 Fe—O 含量在反应后增加，表明材料上的纳米零价铁粒子参与了催化氧化反应。与初始的 nZVI-BC ［图 3-12（e）］相比，反应后材料表面上的 Fe（Ⅱ）消失，Fe（Ⅲ）从 24.57％增加到 57.29％，Fe（0）从 14.90％减少到 10.36％。这个结果表明，Fe（0）和 Fe（Ⅱ）参与了降解体系中的反应。因此，$O_2^-\cdot$ 的产生可能归因于反应式（3-19）和式（3-20）[37]。

$$S_2O_8^{2-} + Fe(0) \longrightarrow Fe(Ⅱ) + 2SO_4^{2-} \tag{3-19}$$

$$Fe(Ⅱ) + O_2 \longrightarrow Fe(Ⅲ) + O_2^-\cdot \tag{3-20}$$

3.4.3 反应过程中 PDS 的浓度变化

为进一步解析 ACT 在 PDS/nZVI-BC 体系中的降解机理，检测分析了 PDS 在不同反应体系中的分解变化情况，结果如图 3-24 所示。

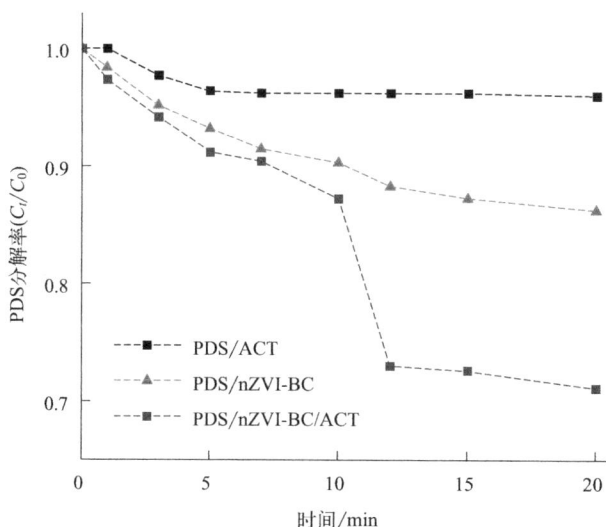

图 3-24 PDS 在不同体系中的分解变化

从图 3-24 中可以看出，PDS 在 PDS/ACT 体系中几乎不分解，nZVI-BC 被引入体系中后，PDS 的分解程度有所提高，说明 nZVI-BC 能够很好地活化 PDS，推测是材料上的零价铁与 PDS 发生氧化还原反应导致的。当 PDS 存在于 PDS/nZVI-BC/ACT 体系中时，其分解率较 PDS/ACT 和 PDS/nZVI-BC 体系明显提高，这个结果与之前的报道类似[79]。有机污染物 ACT 的存在加速了 PDS 的分解，在该体系中，ACT 作为电子供体加速了 nZVI-BC 对 PDS 的活化及分解，反应进行到 12min 时 PDS 的分解率急剧下降，这可能是由 Fe^0/Fe^{2+} 和 PDS 之间的反应所引起的，该结果与铁离子浸出结果一致（图 3-19）。

3.4.4 纳米零价铁生物炭的催化机制总结

根据上述结果分析，nZVI-BC 活化 PDS 降解对乙酰氨基酚（ACT）的作用来源于多方面，其机制示意如图 3-25 所示（书后另见彩图）。

首先，nZVI-BC 特有的微孔结构为 ACT 的吸附和电子转移提供了良好的通

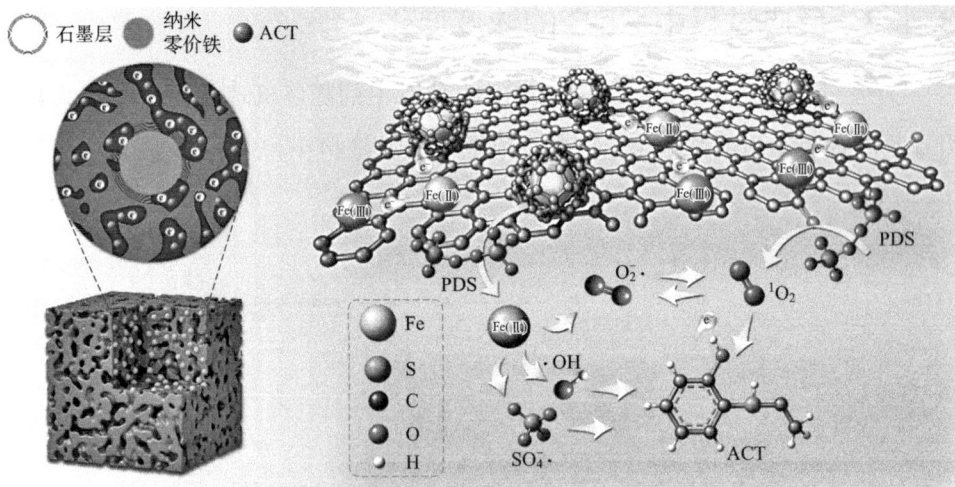

图 3-25 nZVI-BC 活化 PDS 降解 ACT 的机制

道，提高了 ACT 被 nZVI-BC 活化 PDS 产生的自由基攻击的可能性；其次，电子在材料中的转移分布有利于 Fe(0) 与 PDS 的氧化还原反应。整个反应过程的协同机制可以总结为：

① Fe(0) 作为催化反应的诱导因子，与 PDS 发生氧化还原反应产生 $O_2^-\cdot$，如式(3-19) 和式(3-20) 所示；

② nZVI-BC 材料表面的杂化碳和 C═O 被 PDS 攻击生成 $^1O_2$，同时 $O_2^-\cdot$ 的诱导也可以产生 $^1O_2$，如式(3-21)～式(3-23) 所示[76]；

③ Fe(Ⅱ) 的存在可以使体系中发生如式(3-24)和式(3-25)所示的反应[37,80]，进而产生 $\cdot OH$ 和 $SO_4^-\cdot$。在整个反应体系中，$O_2^-\cdot$ 是反应的主导者，其他活性物质均由它引发，从而达到共同降解污染物的目的。

$$O_2^-\cdot + H_2O \longrightarrow \cdot OOH + OH^- \tag{3-21}$$

$$O_2^-\cdot + \cdot OOH \longrightarrow {}^1O_2 + OOH^- \tag{3-22}$$

$$2\cdot OOH \longrightarrow {}^1O_2 + H_2O_2 \tag{3-23}$$

$$Fe(Ⅱ) + H_2O_2 \longrightarrow \cdot OH + OH^- + Fe(Ⅲ) \tag{3-24}$$

$$Fe(Ⅱ) + S_2O_8^{2-}\cdot \longrightarrow SO_4^-\cdot + SO_4^{2-} + Fe(Ⅲ) \tag{3-25}$$

$$Fe(Ⅱ) + SO_4^-\cdot \longrightarrow SO_4^{2-} + Fe(Ⅲ) \tag{3-26}$$

3.5 对乙酰氨基酚的降解产物及降解途径

利用 LC-MS-MS 检测对乙酰氨基酚在反应体系中的降解产物，以此分析污染物的降解途径。在总离子色谱图和质谱图中提取出 14 种具有主要质荷比（m/z）的物质，其出峰时间、结构式、分子式和分子量如表 3-4 所列。

表 3-4 对乙酰氨基酚在 PDS/nZVI-BC 体系中的降解产物

产物	分子量	分子式	结构式	出峰时间/min
对乙酰氨基酚	151	$C_8H_9NO_2$	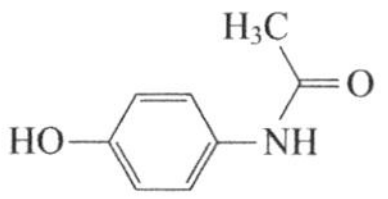	12.14
3-羟基对乙酰氨基酚	167	$C_8H_9NO_3$	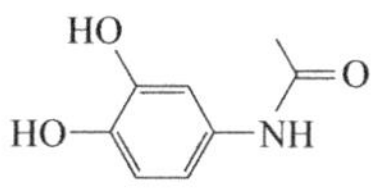	13.01
苯甲酸	122	$C_7H_6O_2$	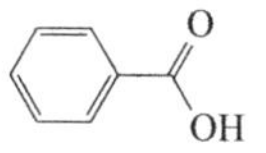	9.78
乙二酸	90	$C_2H_2O_4$	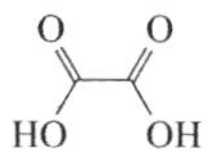	3.81
4-氨基苯酚	109	C_6H_7NO		9.78
对苯二酚	110	$C_6H_6O_2$		8.81

产物	分子量	分子式	结构式	出峰时间/min
对苯醌	108	$C_6H_4O_2$		18.71
丙酮二酸	118	$C_3H_2O_5$		4.60
1,2,4-苯三酚	126	$C_6H_6O_3$		2.54
γ-羟基丁酸	104	$C_4H_8O_3$		3.33
丁二醇	90	$C_4H_{10}O_2$		3.77
苯甲醛	106	C_7H_6O		18.59
1-羟基-2-氨基丙酸	105	$C_3H_7NO_3$		5.56

产物	分子量	分子式	结构式	出峰时间/min
尿素	60	CH_4N_2O	$H_2N{-}\overset{\displaystyle O}{\overset{\|}{C}}{-}NH_2$	3.36

根据降解机理和降解产物，结合文献推测出 4 种 ACT 的降解途径，结果如图 3-26 所示。ACT 首先被氧化为 P1（3-羟基对乙酰氨基酚），在途径 I 中，P1 进一步被 •OH 攻击生成 P2（苯甲酸），然后氧化为 P3（乙二酸）。在途径 II 中，P1 受到 SO_4^-• 攻击，使苯环上的 C—O 和脂肪链上的 C—N 断裂，生成 P4（4-氨基苯酚），然后迅速被氧化为 P5（对苯二酚）。P5 的降解分为 3 条途径。在途径 II-1 中，P5 通过析氢反应生成 P6（对苯醌），然后通过开环反应形成短链有机酸 P3 和 P7（丙酮二酸）。此外，像途径 II-2 中所描述的，P5 经过羟基化反应形成 P8（1,2,4-苯三酚），然后开环得到 P9（γ-羟基丁酸）。P5 也可通过途径 II-3，直接发生开环反应，生成 P10（丁二醇）。在途径 III 中，P1 上的酰胺基和酚羟基被攻击形成 P11（苯甲醛），并进一步被氧化为小分

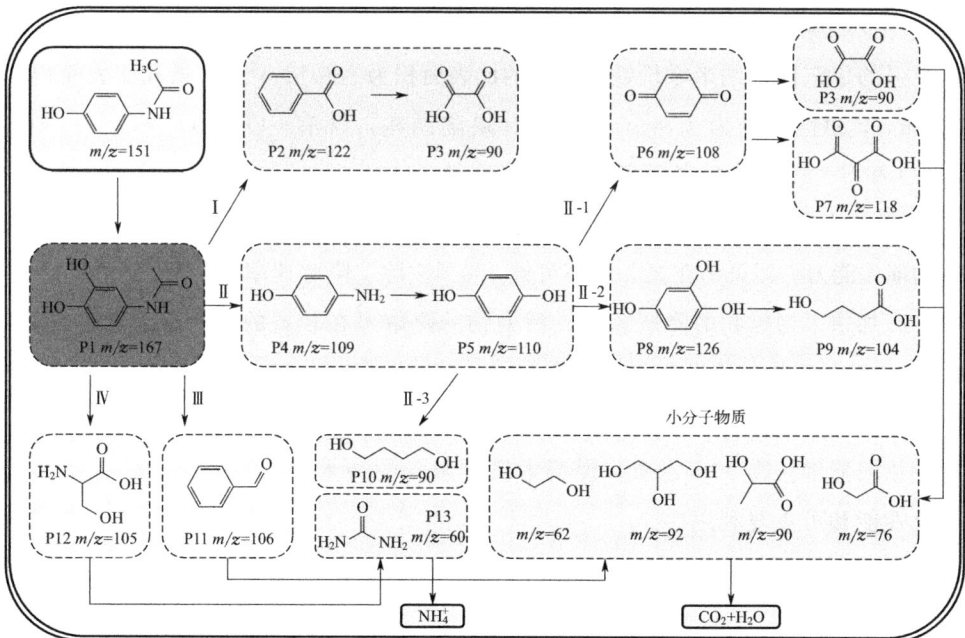

图 3-26 ACT 的降解途径

子化合物，例如乙二醇、丙三醇、2-羟基丙酸和乙醇酸。在途径Ⅳ中，P1首先通过开环反应转化为 P12（1-羟基-2-氨基丙酸），然后进一步降解为 P13（尿素）。

对反应后的溶液进行 TOC 测试，结果表明，在 PDS/nZVI-BC 体系中，ACT 的矿化率为 61.7%，说明部分小分子中间产物可以完全矿化为二氧化碳和水。

综上，通过 FeCl$_3$ 耦合 PEG400 的新方法对水稻秸秆进行处理改性，处理后的水稻秸秆在一步热解条件下转化成了纳米零价铁生物炭。该材料具有良好的物理化学特性，并且在活化过硫酸盐降解对乙酰氨基酚的高级氧化体系中表现出了高效的催化作用。通过检测反应体系中的活性氧物种以及分析材料的结构变化，阐释了纳米零价铁生物炭活化过硫酸盐降解污染物的作用机制。主要结论如下：

① FeCl$_3$ 耦合 PEG400 处理能够改善水稻秸秆的表面形貌结构，有利于铁元素在秸秆表面的沉积，使铁元素的原子含量（2%）较原始秸秆（0.1%）提高了19 倍，比单一 FeCl$_3$ 处理的秸秆（0.3%）提高了 5.7 倍。

② FeCl$_3$ 耦合 PEG400 处理后的水稻秸秆中，木质素结构保留得相对完整，通过一步热解转化为纳米零价铁生物炭，纳米零价铁粒子被石墨层包裹使材料具有极强的稳定性。纳米零价铁生物炭的比表面积为 386.51m^2/g，微孔比表面积占73.85%，磁性强度为 4.9emu/g，具有缺陷结构，含有—OH、C＝C、C＝O、C—O 和 C—H 等化学表面官能团。

③ 纳米零价铁生物炭在过硫酸盐高级氧化降解对乙酰氨基酚体系中表现出高效的催化能力。污染物在 20min 内可被 100% 去除，降解速率为 0.3748min^{-1}。温度升高加快了污染物的降解速率，污染物的降解可在较宽的 pH 值范围内进行，HCO$_3^-$ 对污染物的降解起到抑制作用。

④ 铁离子的浸出浓度为 0.036mg/L，材料在循环利用 5 次后对污染物的降解率依旧能维持在 90% 以上，说明本研究制备的纳米零价铁生物炭具有良好的催化性能和可重复利用性。

⑤ 纳米零价铁生物炭上的多孔、缺陷、杂化碳、C—O、C＝O、Fe(0) 和 Fe(Ⅱ) 共同参与了过硫酸盐的活化，产生了 4 个活性氧物种（·OH、SO$_4^-$·、O$_2^-$· 和 ^{1}O$_2$），共同作用于污染物，矿化率可达 61.7%。

参考文献

[1] Zhong D，Jiang Y，Zhao Z，et al. pH Dependence of arsenic oxidation by rice-husk-derived biochar：Roles of redox-active moieties [J]. Environmental Science & Technology，2019，53（15）：9034-9044.

[2] Li H，Wan J，Ma Y，et al. Influence of particle size of zero-valent iron and dissolved silica on the reactivity of activated persulfate for degradation of acid orange 7 [J]. Chemical Engineering Journal，2014，237：487-496.

[3] Zhu C，Fang G，Dionysiou D D，et al. Efficient transformation of DDTs with persulfate activation by zero-valent iron nanoparticles：A mechanistic study [J]. Journal of Hazardous Materials，2016，316：232-241.

[4] Kim C，Ahn J，Kim T Y，et al. Activation of persulfate by nanosized zero-valent iron（NZVI）：Mechanisms and transformation products of NZVI [J]. Environmental Science & Technology，2018，52（6）：3625-3633.

[5] Hoch L B，Mack E J，Hydutsky B W，et al. Carbothermal synthesis of carbon-supported nanoscale zero-valent iron particles for the remediation of hexavalent chromium [J]. Environmental Science & Technology，2008，42（7）：2600-2605.

[6] Xu J，Wang X，Pan F，et al. Synthesis of the mesoporous carbon-nano-zero-valent iron composite and activation of sulfite for removal of organic pollutants [J]. Chemical Engineering Journal，2018，353：542-549.

[7] Yan J，Han L，Gao W，et al. Biochar supported nanoscale zerovalent iron composite used as persulfate activator for removing trichloroethylene [J]. Bioresource Technology，2015，175：269-274.

[8] Hussain I，Li M，Zhang Y，et al. Insights into the mechanism of persulfate activation with nZVI/BC nanocomposite for the degradation of nonylphenol [J]. Chemical Engineering Journal，2017，311：163-172.

[9] Liu Z，Zhang F. Nano-zerovalent iron contained porous carbons developed from waste biomass for the adsorption and dechlorination of PCBs [J]. Bioresource Technology，2009，101（7）：2562-2564.

[10] Cai C M，Nagane N，Kumar R，et al. Coupling metal halides with a co-solvent to produce furfural and 5-HMF at high yields directly from lignocellulosic biomass as an integrated biofuels strategy [J]. Green Chemistry，2014，16（8）：3819-3829.

[11] Chen J，Spear S K，Huddleston J G，et al. Application of poly（ethylene glycol）-based aqueous biphasic systems as reaction and reactive extraction media [J]. Industrial & Engineering Chemistry Research，2004，43（17）：5358-5364.

[12] Chen J，Spear S K，Huddleston J G，et al. Polyethylene glycol and solutions of polyethylene glycol as green reaction media [J]. Green Chemistry，2005，7（2）：

64-82.

[13] Nge T T, Tobimatsu Y, Takahashi S, et al. Isolation and characterization of polyethylene glycol (PEG)-modified glycol lignin via PEG solvolysis of softwood biomass in a large-scale batch reactor [J]. ACS Sustainable Chemistry & Engineering, 2018, 6 (6): 7841-7848.

[14] Chen L, Feng S, Zhao D, et al. Efficient sorption and reduction of U (Ⅵ) on zero-valent iron-polyaniline-graphene aerogel ternary composite [J]. Journal of Colloid and Interface Science, 2017, 490: 197-206.

[15] Dong H, Deng J, Xie Y, et al. Stabilization of nanoscale zero-valent iron (nZVI) with modified biochar for Cr(Ⅵ) removal from aqueous solution [J]. Journal of Hazardous Materials, 2017, 332: 79-86.

[16] Su Y, Cheng Y, Shih Y. Removal of trichloroethylene by zerovalent iron/activated carbon derived from agricultural wastes [J]. Journal of Environmental Management, 2013, 129: 361-366.

[17] Li S, Tang J, Liu Q, et al. A novel stabilized carbon-coated nZVI as heterogeneous persulfate catalyst for enhanced degradation of 4-chlorophenol [J]. Environment International, 2020, 138: 105639.

[18] Qian L, Zhang W, Yan J, et al. Nanoscale zero-valent iron supported by biochars produced at different temperatures: Synthesis mechanism and effect on Cr(Ⅵ) removal [J]. Environmental Pollution, 2016, 223: 153-160.

[19] Li Z, Sun Y, Yang Y, et al. Biochar-supported nanoscale zero-valent iron as an efficient catalyst for organic degradation in groundwater [J]. Journal of Hazardous Materials, 2020, 383: 121240.

[20] Feng Q, Gao B, Yue Q, et al. Flocculation performance of papermaking sludge-based flocculants in different dye wastewater treatment: Comparison with commercial lignin and coagulants [J]. Chemosphere, 2021, 262: 128416.

[21] Aro T, Fatehi P. Production and application of lignosulfonates and sulfonated lignin [J]. ChemSusChem, 2017, 10 (9): 1861-1877.

[22] Chen L, Chen R, Fu S. FeCl₃ Pretreatment of three lignocellulosic biomass for ethanol production [J]. ACS Sustainable Chemistry & Engineering, 2015, 3 (8): 1794-1800.

[23] Crane R A, Scott T B. Nanoscale zero-valent iron: Future prospects for an emerging water treatment technology [J]. Journal of Hazardous Materials, 2012, 211-212: 112-125.

[24] Zhang H, Ruan Y, Liang A, et al. Carbothermal reduction for preparing nZVI/BC to extract uranium: Insight into the iron species dependent uranium adsorption behavior [J]. Journal of Cleaner Production, 2019, 239: 117873.

[25] Yang H, Yan R, Chen H, et al. Characteristics of hemicellulose, cellulose and

lignin pyrolysis [J]. Fuel，2007，86 (12-13)：1781-1788.

[26] Kan T，Strezov V，Evans T J. Lignocellulosic biomass pyrolysis：A review of product properties and effects of pyrolysis parameters [J]. Renewable and Sustainable Energy Reviews，2016，57：1126-1140.

[27] Wang H，Wang H，Zhao H，et al. Adsorption and Fenton-like removal of chelated nickel from Zn-Ni alloy electroplating wastewater using activated biochar composite derived from Taihu blue algae [J]. Chemical Engineering Journal，2020，379：122372.

[28] Rezma S，Birot M，Hafiane A，et al. Physically activated microporous carbon from a new biomass source：Date palm petioles [J]. Comptes Rendus Chimie，2017，20 (9-10)：881-887.

[29] Brunauer S，Emmett P H，Teller E. Adsorption of gases in multimolecular layers [J]. Journal of the American Chemical Society，2002，60 (2)：309-319.

[30] Li W，Liu B，Wang Z，et al. Efficient activation of peroxydisulfate (PDS) by rice straw biochar modified by copper oxide (RSBC-CuO) for the degradation of phenacetin (PNT) [J]. Chemical Engineering Journal，2020，395：125094.

[31] Xu L，Wu C，Liu P，et al. Peroxymonosulfate activation by nitrogen-doped biochar from sawdust for the efficient degradation of organic pollutants [J]. Chemical Engineering Journal，2020，387：124065.

[32] Zhang M，Gao B，Varnoosfaderani S，et al. Preparation and characterization of a novel magnetic biochar for arsenic removal [J]. Bioresource Technology，2013，130：457-462.

[33] Yu J，Tang L，Pang Y，et al. Magnetic nitrogen-doped sludge-derived biochar catalysts for persulfate activation：Internal electron transfer mechanism [J]. Chemical Engineering Journal，2019，364：146-159.

[34] Wang J，Shao X，Tian G，et al. Preparation and properties of α-Fe microparticles with high stability [J]. Materials Letters，2017，192：36-39.

[35] Hai N T，Tomul F，Nguyen H T H，et al. Innovative spherical biochar for pharmaceutical removal from water：Insight into adsorption mechanism [J]. Journal of Hazardous Materials，2020，394：122255.

[36] Chen Y，Zhang G，Zhang J，et al. Synthesis of porous carbon spheres derived from lignin through a facile method for high performance supercapacitors [J]. Journal of Materials Science & Technology，2018，34 (11)：2189-2196.

[37] Wu Y，Chen X，Han Y，et al. Highly efficient utilization of nano-Fe(0) embedded in mesoporous carbon for activation of peroxydisulfate [J]. Environmental Science & Technology，2019，53 (15)：9081-9090.

[38] Park J S，Reina A，Saito R，et al. G'band Raman spectra of single，double and triple layer graphene [J]. Carbon，2009，47 (5)：1303-1310.

[39] Chen B, Zhou D, Zhu L. Transitional adsorption and partition of nonpolar and polar aromatic contaminants by biochars of pine needles with different pyrolytic temperatures [J]. Environmental Science & Technology, 2008, 42 (14): 5137-5143.

[40] Lyu S, Wang L, Li Z, et al. Stabilization of ε-iron carbide as high-temperature catalyst under realistic Fischer-Tropsch synthesis conditions [J]. Nature Communications, 2020, 11 (1): 6219.

[41] Kim D G, Ko S O. Effects of thermal modification of a biochar on persulfate activation and mechanisms of catalytic degradation of a pharmaceutical [J]. Chemical Engineering Journal, 2020, 399: 125377.

[42] Li Y, Zhao X, Yan Y, et al. Enhanced sulfamethoxazole degradation by peroxymonosulfate activation with sulfide-modified microscale zero-valent iron (S-mFe^0): Performance, mechanisms, and the role of sulfur species [J]. Chemical Engineering Journal, 2019, 376: 121302.

[43] Dai X, Fan H, Yi C, et al. Solvent-free synthesis of a 2D biochar stabilized nanoscale zerovalent iron composite for the oxidative degradation of organic pollutants [J]. Journal of Materials Chemistry A, 2019, 7 (12): 6849-6858.

[44] Zhou X, Lai C, Liu S, et al. Activation of persulfate by swine bone derived biochar: Insight into the specific role of different active sites and the toxicity of acetaminophen degradation pathways [J]. Science of the Total Environment, 2022, 807: 151059.

[45] Lykoudi A, Frontistis Z, Vakros J, et al. Degradation of sulfamethoxazole with persulfate using spent coffee grounds biochar as activator [J]. Journal of Environmental Management, 2020, 271: 111022.

[46] Zhou X, Zeng Z, Zeng G, et al. Insight into the mechanism of persulfate activated by bone char: Unraveling the role of functional structure of biochar [J]. Chemical Engineering Journal, 2020, 401: 126127.

[47] Noorisepehr M, Kakavandi B, Isari A A, et al. Sulfate radical-based oxidative degradation of acetaminophen over an efficient hybrid system: Peroxydisulfate decomposed by ferroferric oxide nanocatalyst anchored on activated carbon and UV light [J]. Separation and Purification Technology, 2020, 250: 116950.

[48] Rodríguez-Narvaez O M, Rajapaksha R D, Ranasinghe M I, et al. Peroxymonosulfate decomposition by homogeneous and heterogeneous Co: Kinetics and application for the degradation of acetaminophen [J]. Journal of Environmental Sciences, 2020, 93: 30-40.

[49] Yang M, Du Y, Tong W, et al. Cobalt-impregnated biochar produced from CO_2-mediated pyrolysis of Co/lignin as an enhanced catalyst for activating peroxymonosulfate to degrade acetaminophen [J]. Chemosphere, 2019, 226: 924-933.

[50] Sun P, Liu H, Feng M, et al. Dual nonradical degradation of acetaminophen by peroxymonosulfate activation with highly reusable and efficient N/S Co-doped ordered mesoporous carbon [J]. Separation and Purification Technology, 2021, 268: 118697.

[51] Schuerch C. The solvent properties of liquids and their relation to the solubility, swelling, isolation and fractionation of lignin [J]. Journal of the American Chemical Society, 1952, 74 (20): 5061-5067.

[52] Fu H, Ma S, Zhao P, et al. Activation of peroxymonosulfate by graphitized hierarchical porous biochar and $MnFe_2O_4$ magnetic nanoarchitecture for organic pollutants degradation: Structure dependence and mechanism [J]. Chemical Engineering Journal, 2019, 360: 157-170.

[53] Olmez-Hanci T, Arslan-Alaton I, Genc B. Bisphenol a treatment by the hot persulfate process: Oxidation products and acute toxicity [J]. Journal of Hazardous Materials, 2013, 263: 283-290.

[54] Xia D, Li Y, Huang G, et al. Activation of persulfates by natural magnetic pyrrhotite for water disinfection: Efficiency, mechanisms, and stability [J]. Water Research, 2017, 112: 236-247.

[55] Huang J, Mabury S A. The role of carbonate radical in limiting the persistence of sulfur-containing chemicals in sunlit natural waters [J]. Chemosphere, 2000, 41 (11): 1775-1782.

[56] Fang J, Fu Y, Shang C. The roles of reactive species in micropollutant degradation in the UV/free chlorine system [J]. Environmental Science & Technology, 2014, 48 (3): 1859-1868.

[57] Ji Y, Dong C, Kong D, et al. New insights into atrazine degradation by cobalt catalyzed peroxymonosulfate oxidation: Kinetics, reaction products and transformation mechanisms [J]. Journal of Hazardous Materials, 2015, 285: 491-500.

[58] Wang J, Wang S. Effect of inorganic anions on the performance of advanced oxidation processes for degradation of organic contaminants [J]. Chemical Engineering Journal, 2021, 411: 128392.

[59] Neta P, Huie R E, Ross A B. Rate constants for reactions of inorganic radicals in aqueous solution [J]. Journal of Physical and Chemical Reference Data, 2009, 17 (3): 1027.

[60] Thomas K, Volz-Thomas A, Mihelcic D, et al. On the exchange of NO_3 radicals with aqueous solutions: Solubility and sticking coefficient [J]. Journal of Atmospheric Chemistry, 1998, 29 (1): 17-43.

[61] Wang J, Wang S. Reactive species in advanced oxidation processes: Formation, identification and reaction mechanism [J]. Chemical Engineering Journal, 2020, 401: 126158.

[62] Perdew J P, Burke K, Ernzerhof M. Generalized gradient approximation made simple [J]. Physical Review Letters, 1996, 77 (18): 3865-3868.

[63] Kläning U K, Wolff T. Laser flash photolysis of HClO, ClO⁻, HBrO, and BrO⁻ in aqueous solution. reactions of Cl⁻ and Br⁻ atoms [J]. Berichte der Bunsengesellschaft für physikalische Chemie, 1985, 89 (3): 243-245.

[64] Grebel J E, Pignatello J J, Mitch W A. Effect of halide ions and carbonates on organic contaminant degradation by hydroxyl radical-based advanced oxidation processes in saline waters [J]. Environmental Science & Technology, 2010, 44 (17): 6822-6828.

[65] Ma D, Yang Y, Liu B, et al. Zero-valent iron and biochar composite with high specific surface area via K_2FeO_4 fabrication enhances sulfadiazine removal by persulfate activation [J]. Chemical Engineering Journal, 2021, 408: 127992.

[66] Ghanbari F, Moradi M. Application of peroxymonosulfate and its activation methods for degradation of environmental organic pollutants: Review [J]. Chemical Engineering Journal, 2017, 310: 41-62.

[67] Li H, Wu L, Tung C. Reactions of singlet oxygen with olefins and sterically hindered amine in mixed surfactant vesicles [J]. Journal of the American Chemical Society, 2000, 122 (11): 2446-2451.

[68] Zhu J, Chen C, Li Y, et al. Rapid degradation of aniline by peroxydisulfate activated with copper-nickel binary oxysulfide [J]. Separation and Purification Technology, 2019, 209: 1007-1015.

[69] Timmins G S, Liu K J, Bechara E J H, et al. Trapping of free radicals with direct in vivo EPR detection: A comparison of 5,5-dimethyl-1-pyrroline-N-oxide and 5-diethoxyphosphoryl-5-methyl-1-pyrroline-N-oxide as spin traps for HO• and SO_4^-• [J]. Free Radical Biology and Medicine, 1999, 27 (3-4): 329-333.

[70] Xu Y, Ai J, Zhang H. The mechanism of degradation of bisphenol A using the magnetically separable $CuFe_2O_4$/peroxymonosulfate heterogeneous oxidation process [J]. Journal of Hazardous Materials, 2016, 309: 87-96.

[71] Hong Q, Liu C, Wang Z, et al. Electron transfer enhancing Fe(Ⅱ)/Fe(Ⅲ) cycle by sulfur and biochar in magnetic FeS@biochar to active peroxymonosulfate for 2,4-dichlorophenoxyacetic acid degradation [J]. Chemical Engineering Journal, 2021, 417: 129238.

[72] Cheng X, Guo H, Zhang Y, et al. Insights into the mechanism of nonradical reactions of persulfate activated by carbon nanotubes: Activation performance and structure-function relationship [J]. Water Research, 2019, 157: 406-414.

[73] Zhu K, Xu H, Chen C, et al. Encapsulation of Fe⁰-dominated Fe_3O_4/Fe⁰/Fe₃C nanoparticles into carbonized polydopamine nanospheres for catalytic degradation of tetracycline via persulfate activation [J]. Chemical Engineering Journal, 2019,

372：304-311.

[74] Chen X，Oh W D，Lim T T. Graphene-and CNTs-based carbocatalysts in persulfates activation：Material design and catalytic mechanisms [J]. Chemical Engineering Journal，2018，354：941-976.

[75] Zou Y，Li W，Yang L，et al. Activation of peroxymonosulfate by sp^2-hybridized microalgae-derived carbon for ciprofloxacin degradation：Importance of pyrolysis temperature [J]. Chemical Engineering Journal，2019，370：1286-1297.

[76] Komeily-Nia Z，Chen J Y，Nasri-Nasrabadi B，et al. The key structural features governing the free radicals and catalytic activity of graphite/graphene oxide [J]. Physical Chemistry Chemical Physics，2020，22（5）：3112-3121.

[77] Cheng X，Guo H，Zhang Y，et al. Non-photochemical production of singlet oxygen via activation of persulfate by carbon nanotubes [J]. Water Research，2017，113：80-88.

[78] Wu L，Lin Q，Fu H，et al. Role of sulfide-modified nanoscale zero-valent iron on carbon nanotubes in nonradical activation of peroxydisulfate [J]. Journal of Hazardous Materials，2022，422：126949.

[79] Holkar C R，Jadhav A J，Pinjari D V，et al. A critical review on textile wastewater treatments：Possible approaches [J]. Journal of Environmental Management，2016，182：351-366.

[80] Liu C，Chen L，Ding D，et al. From rice straw to magnetically recoverable nitrogen doped biochar：Efficient activation of peroxymonosulfate for the degradation of metolachlor [J]. Applied Catalysis B：Environmental，2019，254：312-320.

第4章

木质素基絮凝剂的絮凝性能研究

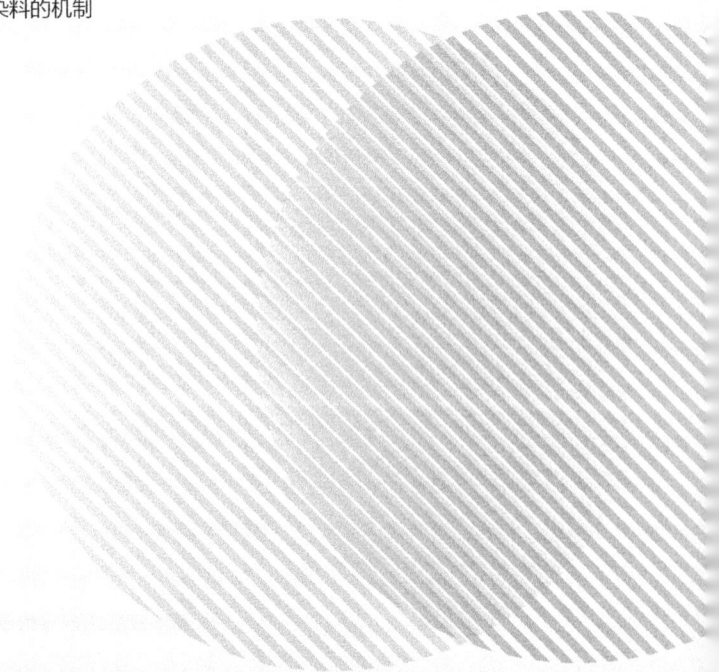

通过 FeCl$_3$ 耦合 PEG400 处理后的水稻秸秆，在一步热解作用下转化成了纳米零价铁生物炭，并且该材料在高级氧化降解污染物的体系中表现出高效的催化作用。不容忽视的是，水稻秸秆经过耦合处理后产生了液体产物，该产物中含有铁离子和秸秆溶出的木质素。若直接将其排放，不仅会造成环境的污染，而且会导致木质素资源的浪费。

考虑到处理溶剂中 FeCl$_3$ 是一种路易斯酸，PEG400 是有机溶剂，且对木质素具有一定的溶解作用，因此，参照以往的文献研究[1-3]可将水稻秸秆处理体系看作类似的"酸催化有机溶剂法处理生物质"。这种酸性的有机溶剂处理生物质产生的上清液具有自组装形成木质素纳米颗粒的能力。木质素及木质素纳米颗粒在水处理领域是一类良好的环境功能材料，基于木质素合成的木质素基絮凝剂在絮凝法处理染料废水中的研究颇多[4-9]，污染物絮凝处理的实质是通过溶液中胶粒之间的碰撞实现固液分离[10,11]。但是以木质素为原材料合成絮凝剂的过程涉及木质素的提纯、木质素的化学合成反应等步骤，从而导致木质素的纯度下降、反应产生化学污染等问题[7,12]。若耦合处理后的液体产物可以在稀释过程中自组装形成胶体性质的木质素纳米颗粒，则在有铁离子存在的情况下，其有望成为一种新型的液体木质素基絮凝剂，在大分子有机化合物（阴离子染料）的去除过程中发挥絮凝作用，以解决上述的环境污染、资源浪费和木质素提取烦琐等问题。

本章首先考察了 FeCl$_3$ 耦合 PEG400 处理水稻秸秆的液体产物自组装形成木质素纳米颗粒的可行性，分析了木质素纳米颗粒的物理化学特征。其次，以 9 种阴离子染料作为研究对象，通过絮凝剂投加量、pH 值、与商业絮凝剂对照、浊度、悬浮物、木质素浓度等方面的研究结果，来评估利用耦合方法处理水稻秸秆产生的液体产物作为木质素基絮凝剂对染料的去除效能。最后，通过分析絮体与木质素纳米颗粒的结构变化、反应溶液的电荷变化、液体组分对絮凝反应的影响、在线监测絮凝过程等，阐明了絮凝作用机制。

4.1 木质素纳米颗粒的形成与表征

4.1.1 木质素纳米颗粒的自组装形成

以 FeCl$_3$ 耦合 PEG400 在 100℃下处理水稻秸秆的液体产物为原材料，研究其作为木质素基絮凝剂的可行性和去除阴离子染料的效能和机制。通过加水稀释、丁达尔效应检测、形貌分析、粒径检测等手段评价该木质素基絮凝剂是否可自组装形成木质素纳米颗粒，其现象和结果如图 4-1 所示（书后另见彩图）。

如图 4-1(a) 所示，1 号样品为原始的耦合处理水稻秸秆所得液体，2 号样品是 1 号样品的稀释物，3 号样品为去除原始液体中氢氧化铁沉淀后的稀释物。从结果可以看出，2 号样品和 3 号样品均可以发生丁达尔效应，说明耦合处理液中存在木质素胶粒。如图 4-1(b) 所示，SEM 测试观察到木质素胶粒大致呈球状，

(a) 木质素基絮凝剂发生的丁达尔效应

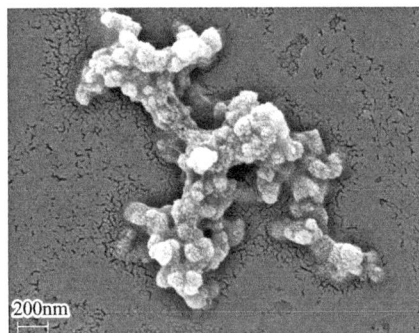

(b) 木质素纳米颗粒的SEM图

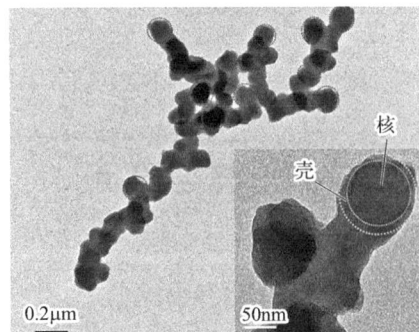

(c) 木质素纳米颗粒的TEM图

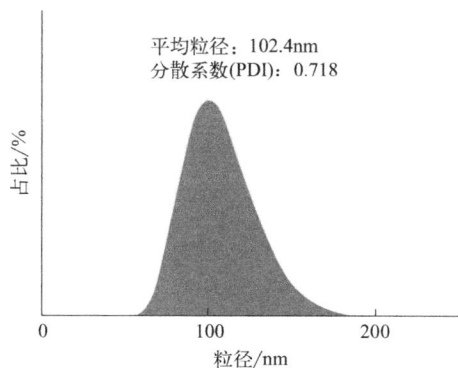

平均粒径：102.4nm

分散系数(PDI)：0.718

(d) 木质素颗粒的粒径分布图

图 4-1　测试现象和结果图

但是有聚集的形态。图 4-1(c) 的 TEM 结果表明，木质素胶粒呈现出边缘薄、内部厚的形态，称之为核壳结构。根据相关文献报道[13]，这种结构是由木质素的疏水性引起的，随着水溶液的引入，木质素的疏水性嵌段（苯丙烷单元）聚集形成胶粒的核心，亲水性嵌段（羟基和羧基）则形成了胶粒的外壳。木质素胶粒的这种形貌结构与之前文献[14]报道过的木质素纳米颗粒相似。通过粒径分析对直接加水稀释后的处理液进行了测试，结果如图 4-1(d) 所示。木质素胶粒的粒径主要分布在 100nm 左右，在一定意义上可以被称为木质素纳米颗粒（LNP），LNP 的分散系数为 0.718，分散性较差，与 SEM 和 TEM 所示结果一致。导致处理液中木质素纳米颗粒分散性差的原因可能是：木质素本身带负电，液体中铁离子的存在会引起两者之间产生静电引力。这种分散性差的体系在一定程度上反而对污染物的絮凝过程有利。

4.1.2　木质素纳米颗粒的化学特性

通过 FT-IR 和 XPS 分别对 LNP 的化学官能团和化学元素组成及存在形态等进行了表征。如图 4-2 所示，LNP 表面出现了强烈的与芳香结构相对应的谱带[15]：—OH 的伸缩振动出现在约 $3396cm^{-1}$ 处，C—H 的伸缩带出现在约 $2920cm^{-1}$ 处，在约 $1597cm^{-1}$、约 $1513cm^{-1}$ 和约 $1423cm^{-1}$ 的位置也出现了代表芳香骨架拉伸的吸收带，表明 $FeCl_3$ 耦合 PEG400 处理水稻秸秆产生的液体产物自组装形成的 LNP 具有良好的芳环结构。此外，在约 $1128cm^{-1}$ 和约 $1258cm^{-1}$ 处出现了代表木质素愈创木基结构单元中 C—C、C—O 和 C=O 的吸收带，在约

$1457cm^{-1}$ 和约 $832cm^{-1}$ 处也出现了吸收峰，该位置代表了木质素紫丁香基单元结构中甲基和亚甲基上的 C—H 变形[1]。FT-IR 结果表明，LNP 不仅具有典型的木质素官能团，而且表面上还有酚羟基和羧基的修饰，即 LNP 结构中同时存在疏水性和亲水性基团，与 TEM 结果描述的 LNP 的组成一致。

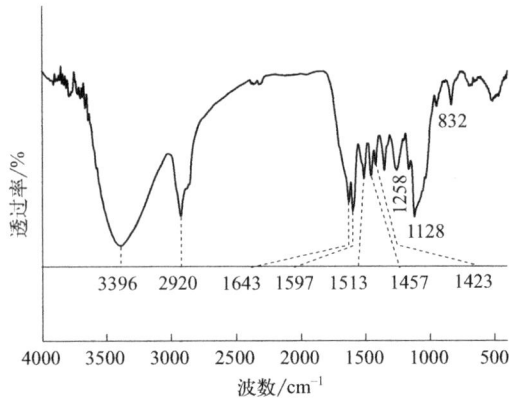

图 4-2　木质素纳米颗粒的 FT-IR 光谱图

XPS 的测试结果如图 4-3 所示，LNP 由 C、O、N 和 Fe 元素组成，与 Si 等[3]对 LNP 的报道相似。少量 Fe 元素的存在可能是由木质素基絮凝剂（PL）中的铁离子未被完全去除，在透析过程中沉淀到 LNP 的表面所导致的。通过图 4-3(a) 所示的 LNP 的化学元素组成结果可计算出 LNP 的 O/C 值为 0.35，与先前报道[16]的木质素的理论 O/C 值（0.33）以及其他文献中提到的 LNP 的 O/C 值十分接近[14]。此处略高的 O/C 值可归因于 LNP 表面的含氧（亲水）基团含量高于原始木质素上的含氧（亲水）基团。

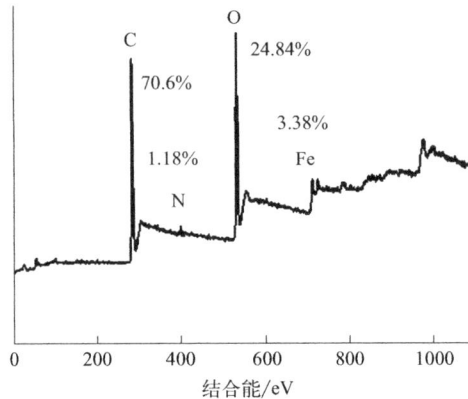

(a) LNP的化学元素组成

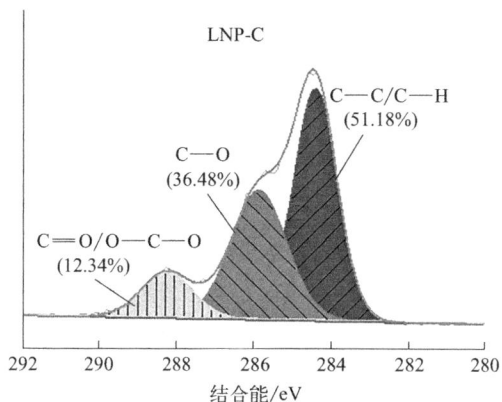

(b) C 1s的XPS分峰谱图

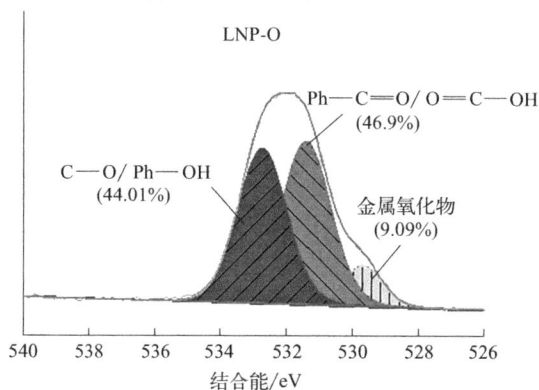

(c) O 1s的XPS分峰谱图

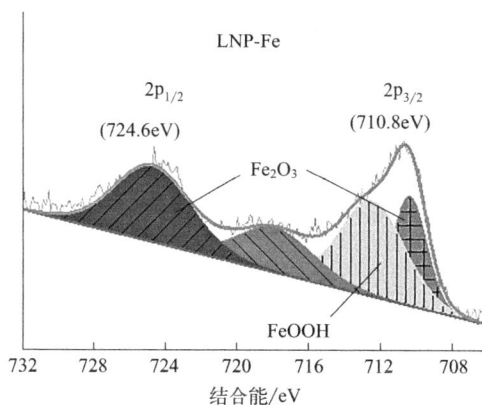

(d) Fe 2p的XPS分峰谱图

图 4-3   XPS 测试结果图

对 C 1s 和 O 1s 进行分峰拟合有助于分析 LNP 表面上的碳、氧化学官能团组成。如图 4-3(b) 所示，C 1s 被分为 3 个不同类型的能谱峰，其结合能位置相

应地分布在约 284.4eV、约 285.8eV 和约 288.3eV 处。根据文献[17]可知，这 3
种峰分别属于与碳或氢（C—C/C—H）结合的碳原子、与单个非羰基氧
（C—O）结合的碳原子和与一个羰基氧或两个非羰基氧（C＝O 或 O—C—O）
结合的碳原子。它们所占的比例分别为 51.18%、36.48% 和 12.34%。图 4-3(c)
展示了 LNP 中 O 1s 的分峰情况，分别为金属氧化物（结合能约为 529.7eV）、
Ph—C＝O 和 O＝C—OH（结合能约为 531.5eV）以及 Ph—OH 和 C—O（结
合能约为 532.8eV）[14]，它们所对应的峰面积比例依次为 9.09%、46.9% 和
44.01%。同时，根据 Fe 2p 的 XPS 分峰结果［图 4-3(d)]可以判定金属氧化物
为氧化铁。XPS 与 FT-IR 结果充分说明了 LNP 表面所带的官能团为 C—C、
C＝O、O＝C—OH、Ph—OH 和 C—O。

上述对 FeCl$_3$ 耦合 PEG400 处理水稻秸秆所得处理液的稀释实验和木质素纳
米颗粒的物理化学表征，证实了该液体具有自组装形成木质素纳米颗粒的能力，
其形状为纳米级的球状粒子，以疏水基团作为颗粒的"核"，亲水基团为"壳"。
木质素纳米颗粒表面含有大量的芳香结构和含氧官能团，为其作为木质素基絮凝
剂去除染料污染物提供了可能性。

4.2 木质素基絮凝剂去除阴离子染料的效能

4.2.1 木质素基絮凝剂的投加量对染料脱色效能的影响

在不调节染料的初始 pH 值条件下，改变木质素基絮凝剂的投加量，对每种
染料的脱色效果进行测定，反应条件为：每种染料污染物的初始浓度均为
100mg/L，反应体系体积为 50mL，反应温度为室温。结果如图 4-4 所示。

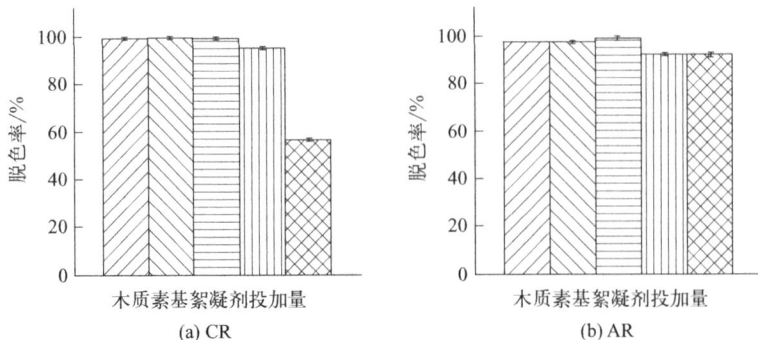

(a) CR   (b) AR

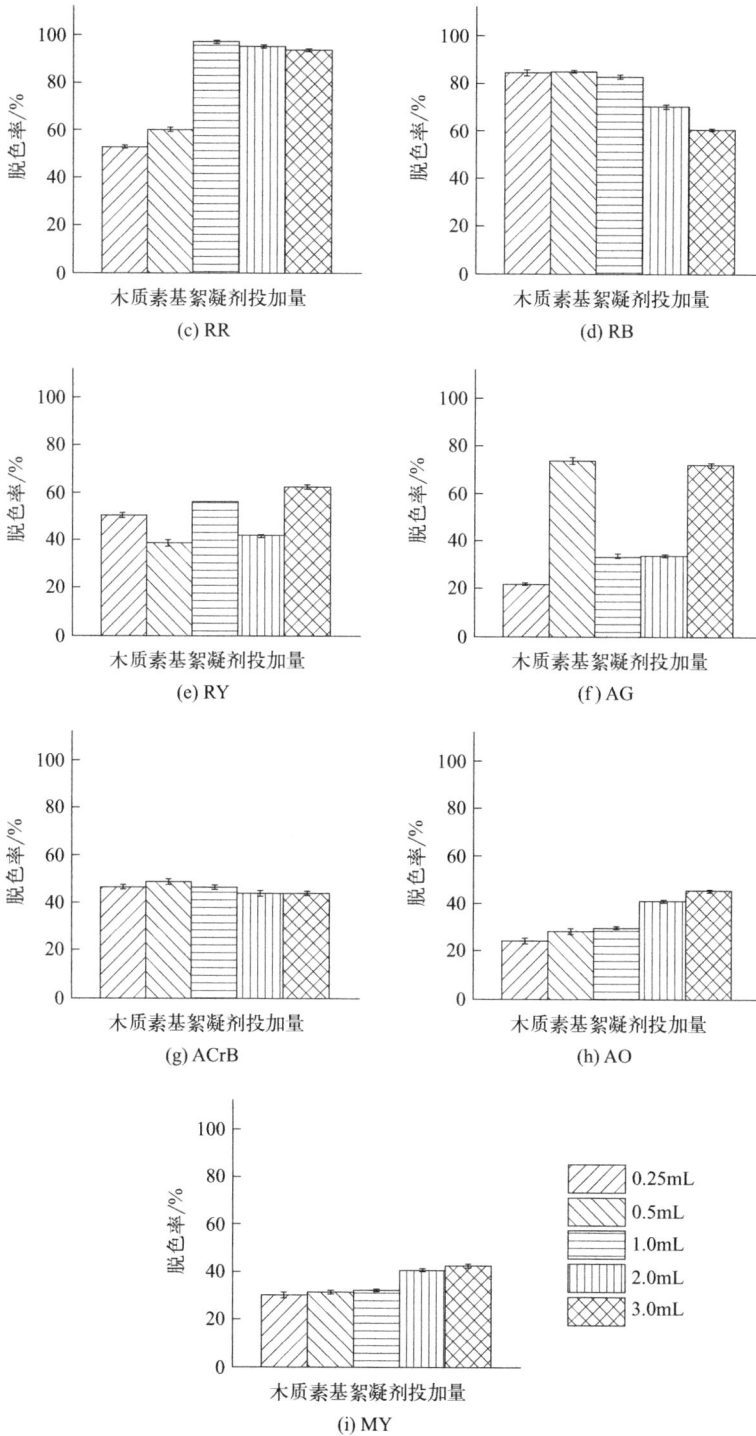

图 4-4　不同的木质素基絮凝剂投加量下 9 种阴离子染料的脱色效果

从图 4-4 中可以看出，木质素基絮凝剂对 CR、AR 和 RR 的脱色效果最好，最佳脱色率分别为 99.84%、99.37% 和 97.49%。尤其对 CR 和 AR，在较低的木质素基絮凝剂投加量下表现出了较强的脱色效果。其次是 RB，在 0.5mL 的木质素基絮凝剂投加量下，RB 的脱色率达到了 85.82%。AG 在添加 0.5mL 的木质素基絮凝剂时的脱色率为 74.25%。RY 在木质素基絮凝剂的投加量为 3.0mL 时去除率为 62.53%。相比之下，木质素基絮凝剂对 ACrB、AO 和 MY 的脱色效果较差，它们的最佳脱色率分别为 48.97%、45.57%、42.58%。虽然不同投加量的木质素基絮凝剂对 9 种染料的脱色效果不尽相同，但是该结果已经表明 $FeCl_3$ 耦合 PEG400 处理得到的液体木质素基絮凝剂对 9 种染料都具有良好的脱色效果。并且在一定的投加范围内，木质素基絮凝剂对其中 7 种染料（CR、AR、RR、RB、ACrB、AO、MY）的脱色效果影响都不大。9 种染料之所以产生了差别较大的脱色结果，推测与它们的结构有关[18]。

经过对表 2-1 中的 9 种阳离子染料结构进行观察，总结了以下几方面可能原因：

① 苯环数较多的染料可能更易被脱色；

② 若苯环数相同，含有偶氮基的染料比蒽醌型染料更易被优先去除；

③ 苯环数越少且苯环侧链结构上的基团数越少，越不易被脱色。

4.2.2 溶液初始 pH 值对染料脱色效能的影响

在絮凝/混凝过程中，溶液的 pH 值起着重要的作用[19-21]。在每种染料脱色率最佳的木质素基絮凝剂投加量下，调整溶液的初始 pH 值，对 9 种染料进行了絮凝实验，染料的脱色效果如图 4-5 所示。实验前，对每种染料的初始 pH 值做了检测，测试结果如表 4-1 所列。在不同的初始 pH 值条件下，加入木质素基絮凝剂发生絮凝反应后的溶液 pH 值，如图 4-6 所示。

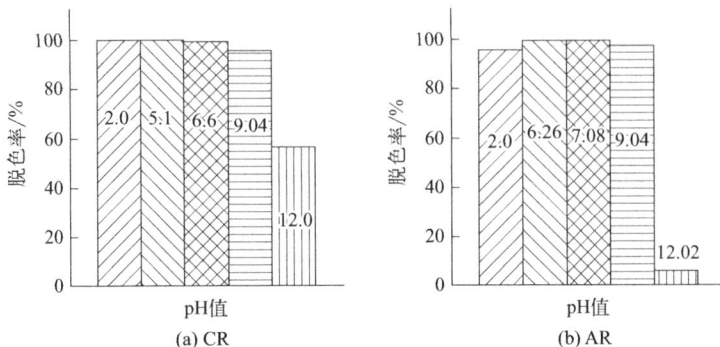

(a) CR

(b) AR

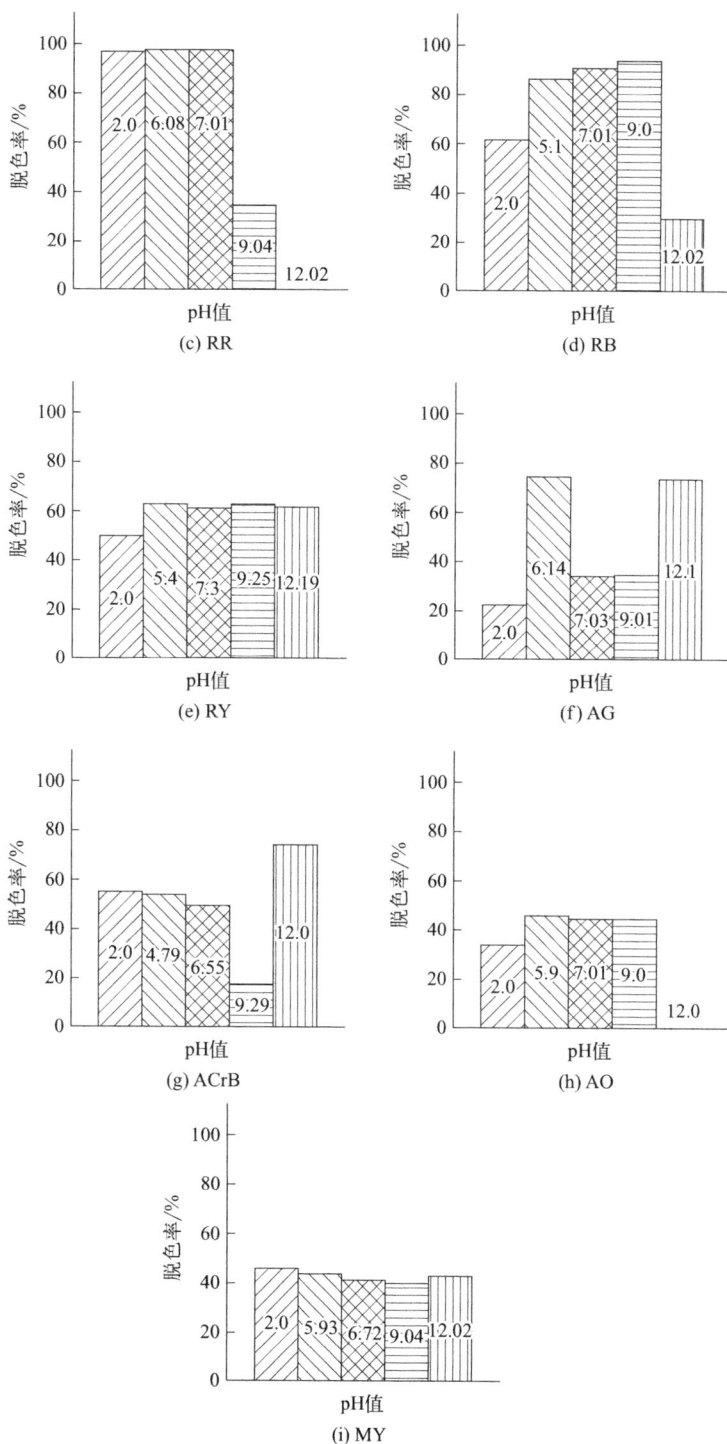

图 4-5 不同 pH 值条件下 9 种染料的脱色效果

表 4-1 染料的初始 pH 值

染料	CR	AR	RR	RB	RY	AG	ACrB	AO	MY
pH 值	6.6	6.26	6.08	5.1	5.4	6.14	6.6	5.9	5.93

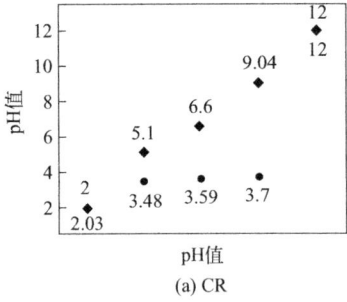

(a) CR

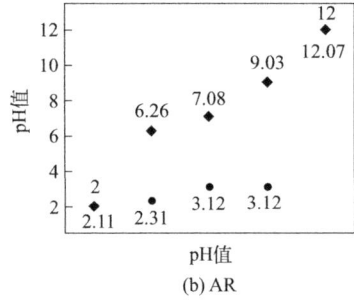

(b) AR

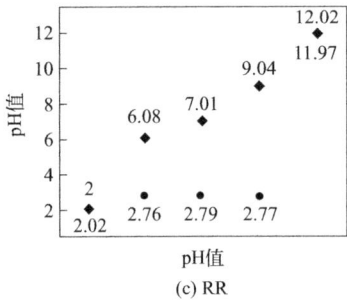

(c) RR

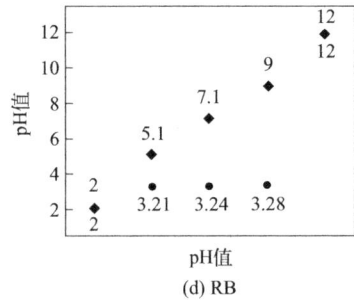

(d) RB

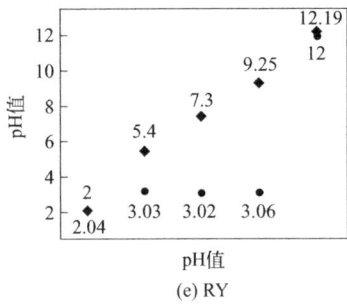

(e) RY

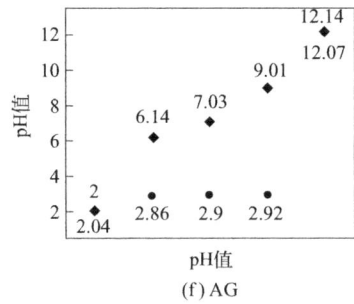

(f) AG

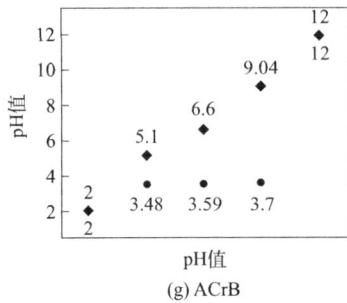

(g) ACrB

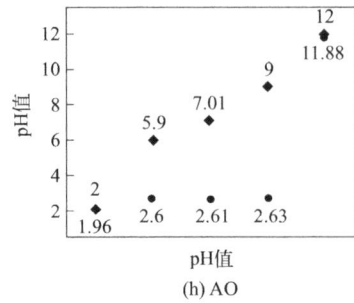

(h) AO

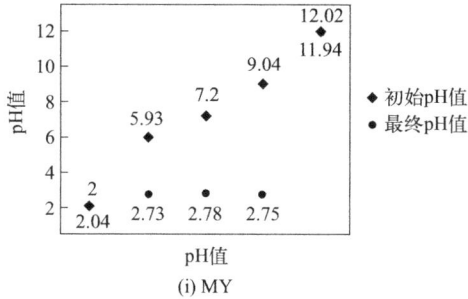

图 4-6　木质素基絮凝剂加入染料溶液前后的 pH 值变化

如图 4-5 所示，当溶液的初始 pH 值大约为 12 时，9 种染料的脱色效果受到了不同程度的影响。其中，CR、AR、RR、RB 和 AO 的脱色率受到了明显抑制，AG、RY 和 MY 几乎未受到影响，ACrB 反而表现出了促进作用。

如图 4-6 所示，虽然加入的木质素基絮凝剂具有酸性特性（处理液中的 $FeCl_3$ 是路易斯酸，导致液体木质素基絮凝剂的初始 pH 值约为 1.78），但是木质素基絮凝剂的引入并没有改变整个絮凝反应体系的 pH 值。染料的脱色效果受到抑制的原因可能是：

① 在强碱条件下，由于 OH^- 的增多，导致木质素基絮凝剂中的 Fe^{3+} 与其结合形成 $Fe(OH)_3$，减少了能发挥絮凝作用的 Fe^{3+} 数量。

② 木质素纳米颗粒在碱性条件下会发生溶解，限制了木质素纳米颗粒在絮凝体系中发挥作用。在碱性条件下，脱色效果未受到影响的染料可能是因为它们的分子结构稳定，不易被去除。

当初始染料溶液呈酸性（pH＝2）时，添加木质素基絮凝剂后几乎不会改变反应体系的 pH 值。在该 pH 值条件下，ACrB、AR、CR、MY 和 RR 的脱色效果几乎不受影响。但是，AG、AO、RB 和 RY 的脱色率有所下降。当 pH 值变为 9 左右时，只有 ACrB、AG 和 RR 的脱色率急剧下降，其他染料的脱色效果并未受到明显影响。在原始 pH 值条件和近中性状态下，对 9 种染料都表现出了良好的脱色效果。根据实验前后 pH 值的变化，可总结出：木质素基絮凝剂的引入能够自发地调节染料溶液的原始 pH 值，在调节后的 pH 值状态下，原本稳定的染料分子能够更好地发生絮凝反应，形成不稳定的絮体，进而从溶液中沉淀下来。

4.2.3　商业絮凝剂去除染料的效能

为了进一步证明木质素基絮凝剂具有良好的应用发展潜力，将其与当前使用较多的 6 种商业絮凝剂对染料的脱色效果作对照。6 种混凝剂分别为 $AlCl_3$、$MgCl_2$、阳离子聚丙烯酰胺（CPAM）、阴离子聚丙烯酰胺（APAM）、聚合硫酸铁（PFS）和聚合氯化铝（PAC），关于它们用于染料去除的研究有很多，也表现出了不同的絮凝效果[18,22-24]。基于上述木质素基絮凝剂对 9 种染料的脱色效果，选择了 CR、AR 和 RR 3 种染料作为该部分的研究对象。

如图 4-7 所示，由于 CR、AR 和 RR 为阴离子型，故 APAM 对 3 种染料均没有脱色作用。CR 在其他 5 种絮凝剂的作用下表现出了不同程度的脱色效果。其中，$AlCl_3$、PFS 和 PAC 对 CR 的最佳脱色率接近 100%，$MgCl_2$ 和 CPAM 均在其投加量为 400mg/L 时对 CR 的脱色效果达到最佳，脱色率约为 60%，该效果远远不及木质素基絮凝剂对 CR 的脱色效果（99.84%）。对于染料 AR，$AlCl_3$、PFS 和 PAC 分别在它们的最佳投加量（100mg/L、200mg/L 和 200mg/L）下，对其表现出了较高的脱色率（约为 100%），投加 500mg/L 的 $MgCl_2$ 对 AR 的脱色率仅为 30%，而 CPAM 对 AR 毫无脱色效果。除此之外，只有 PAC 对染料 RR 的脱色效果在其最佳投加量 300mg/L 时达到了 100%，其他絮凝剂对 RR 的脱色效果都不理想。投加 200mg/L 的 PFS 可以去除约 40% 的 RR，$AlCl_3$ 和 CPAM 对 RR 的最佳脱色率仅约为 20%，$MgCl_2$ 对其脱色率尚未达到 20%。总之，这 6 种絮凝剂中，除 PAC 外其他絮凝剂均不能同时有效地去除 CR、AR 和 RR。但是，PAC 的投加量对染料的去除效果影响很大，对于水体的实际应用不友好。

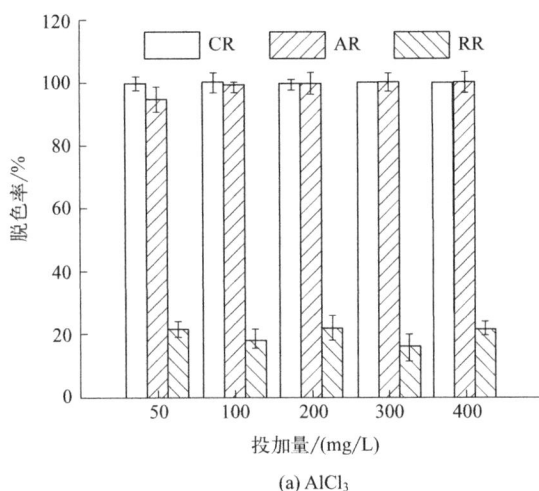

(a) $AlCl_3$

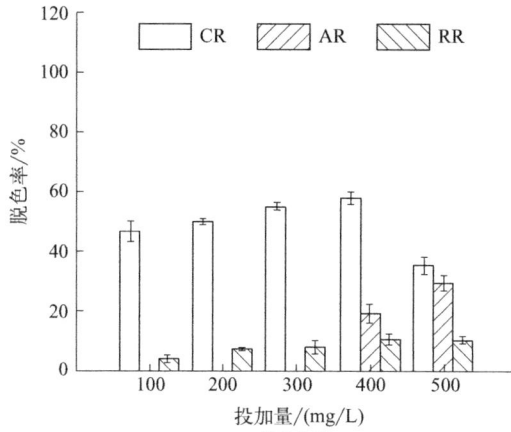
(b) MgCl₂

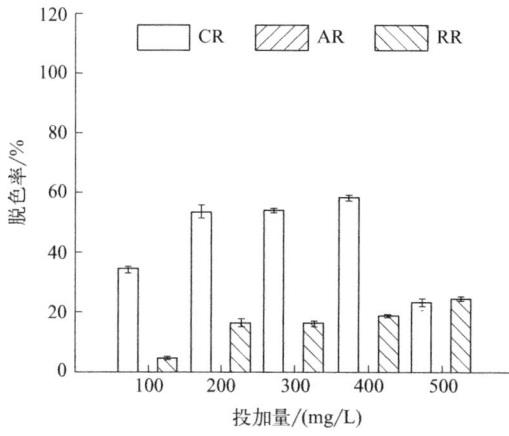
(c) CPAM

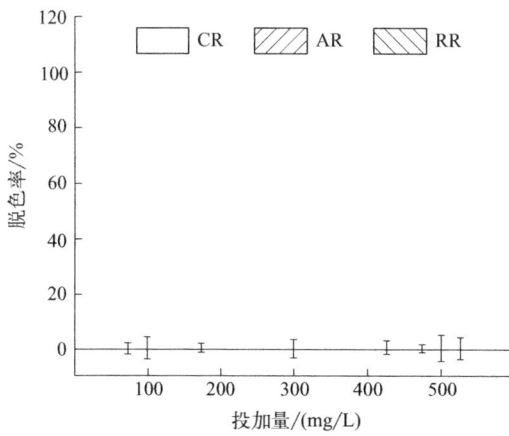
(d) APAM

图 4-7

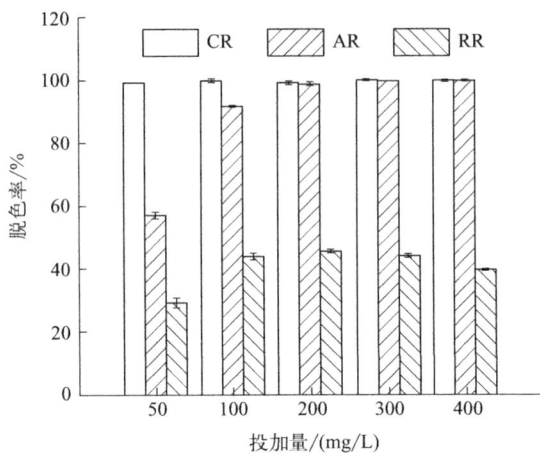

(e) PFS

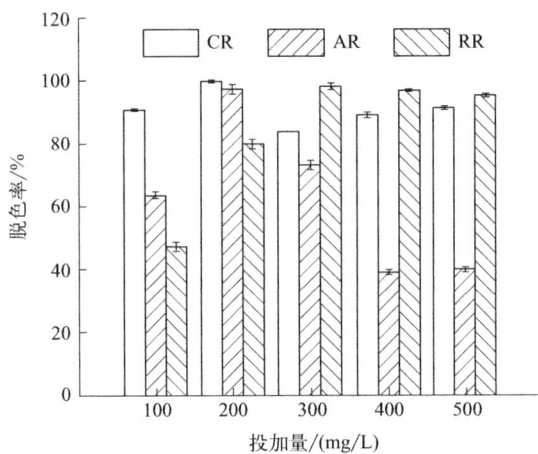

(f) PAC

图 4-7　商业絮凝剂对 CR、AR 和 RR 的脱色效果

与传统的商业絮凝剂相比，木质素基絮凝剂具有许多优势：来源于废弃作物秸秆的处理副产物，制备成本低，无须提取木质素；直接以液体形式应用于废水中多种染料的脱色，是一种发展潜力巨大的新型木质素基絮凝剂。

4.2.4　染料去除过程中浊度及悬浮物的变化

判断染料污染物的去除效果时，除色度外，浊度和悬浮物（SS）也是混凝/絮凝效果的评价指标。本节内容以脱色效果最佳的染料刚果红（CR）作为研究对象，进一步说明木质素基絮凝剂在染料去除过程中的作用效能。

在不改变 CR 溶液（100mg/L）pH 值的条件下，向 50mL 的 CR 溶液中，加入 0.25mL 的木质素基絮凝剂，在不同时间进行取样，对上清液进行测试。由于木质素基絮凝剂中含有 Fe^{3+}，为了确定 Fe^{3+} 在整个过程中发挥作用的大小以及证实木质素纳米颗粒是否参与了絮凝反应，选择与木质素基絮凝剂中 Fe^{3+} 浓度相同的 $FeCl_3$ 对 CR 的去除情况作为对照。

如表 4-2 所列，采用 ICP 对原始的木质素基絮凝剂中的 Fe^{3+} 浓度进行了测定，结果为 4.4g/L，因此，在整个反应体系（50mL CR，0.25mL 木质素基絮凝剂）中，Fe^{3+} 的浓度为 22mg/L。对单独使用 $FeCl_3$ 去除 CR 和木质素基絮凝剂去除 CR 后的上清液进行了 Fe^{3+} 浓度和 CR 浓度的测定。结果显示，当单独将 $FeCl_3$ 作用于 CR 时，CR 的脱色率仅为 54.23%，远低于使用木质素基絮凝剂对 CR 的脱色率（99.84%）。絮凝反应后的 Fe^{3+} 浓度为 4.80mg/L，消耗量达到 78.18%；与之相比，木质素基絮凝剂中的 Fe^{3+} 浓度剩余了 12.36mg/L，消耗率为 43.82%。这种现象说明，使用单一的 $FeCl_3$ 去除 CR，即使 Fe^{3+} 全部发挥作用，也不足以 100% 去除 CR。但是，木质素基絮凝剂可以弥补这个缺陷。木质素基絮凝剂的组分中不仅含有 Fe^{3+}，还包含木质素，当其被加入 CR 溶液中时（类似于稀释），木质素可以以自组装的形式转化为木质素纳米颗粒。$FeCl_3$ 和木质素基絮凝剂分别作用于 CR 的实验结果初步反映出木质素纳米颗粒在絮凝过程中起到某种作用。

表 4-2　两种絮凝剂反应前后的铁离子变化和 CR 脱色率对比

絮凝剂	反应前 Fe^{3+} 浓度/(mg/L)	反应后 Fe^{3+} 浓度/(mg/L)	CR 脱色率/%
木质素基絮凝剂	22±0.23	12.36±0.45	99.84
$FeCl_3$	22±0.23	4.80±0.78	54.23

在反应的不同时间段对体系的上清液进行了图片采集，便于直观对比两种絮凝方式的效果。同时，测试了两个对照的絮凝体系在不同沉降时间下对应的浊度和 SS 变化，结果如图 4-8 所示。

搅拌反应后沉降初始（0min）时，木质素基絮凝剂去除 CR 体系中上清液的浊度和 SS 分别为 39.2 NTU 和 37.6mg/L，这个结果远高于以单独 $FeCl_3$ 作用于 CR 后上清液的浊度和 SS（14.9 NTU 和 15mg/L），这种现象说明木质素基絮凝剂更易与 CR 发生絮凝反应产生更多的颗粒物，对絮体的沉降十分有利。从图 4-8(a) 中的插图也可以看出，随着沉降的进行，添加木质素基絮凝剂的反应体系中上清液变得越来越清澈。在沉降 10min 时，体系的浊度和 SS 大幅度降

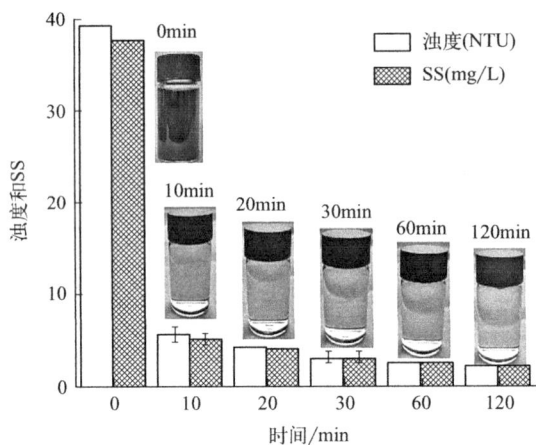

(a) 木质素基絮凝剂

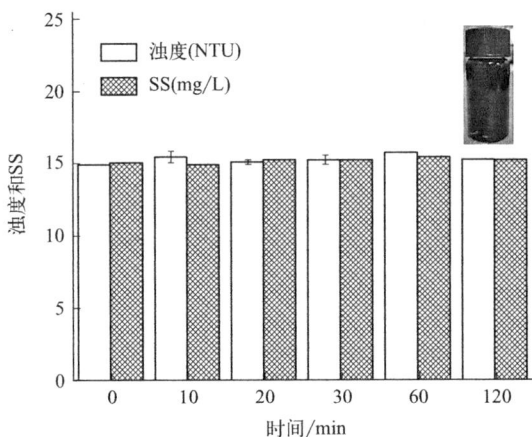

(b) FeCl₃

图 4-8 木质素基絮凝剂和 FeCl₃ 分别去除 CR 的浊度和 SS 变化

低,结果分别为 5.5 NTU 和 5mg/L,说明由该体系产生的沉淀物具有良好的沉降性能。静置沉降 30min 后,浊度和 SS 分别下降到 2.9 NTU 和 2.9mg/L。相比之下,以 $FeCl_3$ 去除 CR 后,上清液的浊度和 SS 从沉降开始到 120min 内几乎没有变化。该结果说明,虽然 CR 可以与 $FeCl_3$ 发生絮凝反应,在浓度上也有所下降(脱色率为 54.23%),但是该体系形成的颗粒物的沉降性能不佳。据文献报道[25],$FeCl_3$ 的絮凝机制主要依赖于 Fe^{3+} 和染料之间的电荷效应。因此,根据木质素基絮凝剂去除 CR 的结果可以推测,在木质素基絮凝剂与 CR 发生絮凝反应的过程中,除 Fe^{3+} 的电荷效应外,其中的木质素纳米颗粒必然发挥着巨大作用，并且木质素纳米颗粒的存在会加速颗粒物的形成，从而促使更大絮体的生成，致使絮体因重力增加而快速沉降。

4.2.5 絮凝反应前后木质素的变化

木质素基絮凝剂来自水稻秸秆直接处理产生的液体，液体中含有溶解的木质素，因此原液的颜色呈黑色 [图 4-1(a)]。在絮凝实验过程中，需要进一步考虑将此絮凝剂引入染料溶液中后，是否会增加染料溶液的色度等问题。本节内容通过检测木质素的浓度来判断木质素基絮凝剂在絮凝反应后对体系的影响。

在最佳条件（木质素基絮凝剂投加量为 0.25mL、CR 溶液浓度为 100mg/L、总体积为 50mL）下，进行絮凝实验，在实验完成后取上清液检测。木质素的主要组分为苯化合物，因此，一般而言，大多数的研究采用紫外分光光度计检测木质素，吸收波长为 280nm[26]。当木质素基絮凝剂加入染料溶液中时，溶解的木质素自组装为胶体形态的木质素纳米颗粒（LNP），因此，对 LNP 的检测是无法定量的。所以，为了对照出木质素的去除能力，将初始的木质素基絮凝剂加入同等体积的纯水中，通过全波长扫描检测该体系的波长吸收情况，并将其近似看作初始的木质素浓度。然后与木质素基絮凝剂作用于 CR 后的上清液检测到的吸收波长进行比较，以此评估木质素的消耗和残留情况。絮凝反应前后溶液的全波长扫描结果如图 4-9 所示。

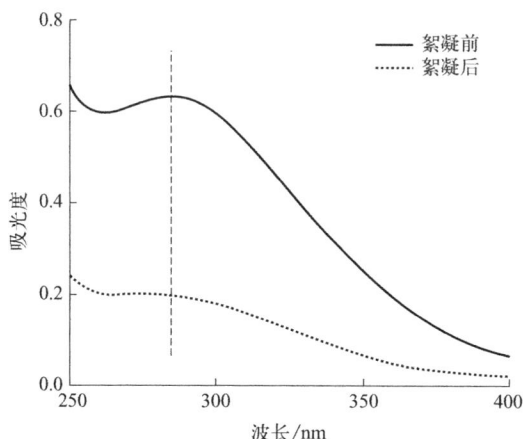

图 4-9　木质素基絮凝剂作用于 CR 前后溶液的全波长扫描

从图 4-9 中的结果可以看出，木质素基絮凝剂开始投加到溶液中后，一个明显的吸收峰出现在最大吸收波长 284nm 处，吸光度为 0.635，说明木质素基絮凝剂中存在含苯化合物的物质（大部分为木质素、少部分为木质素解聚的小分子有机化合物）。与 CR 发生絮凝反应后，此处的吸收峰消失，在同等波长处的吸光度降低至 0.2，说明木质素在絮凝反应过程中被大量消耗。该波长处的吸光度之所以仍表现出一定的数值，可能有以下原因：

① 木质素基絮凝剂中发挥絮凝作用的物质不仅有木质素，还有 Fe^{3+}（如表 4-2 所列），剩余少量的木质素是可能的。

② 木质素基絮凝剂来自处理水稻秸秆的液体产物，除木质素外，组分中还含有木质素解聚形成的其他含苯化合物（酸醇等物质），它们的存在可能会产生光的吸收。这些酸醇小分子有机物是否参与了絮凝反应，值得进一步探究。

综上所述，以秸秆处理产物作为木质素基絮凝剂去除刚果红染料时，产物中的木质素得到了良好的利用，不会对絮凝反应后的上清液带来色度上的影响，也不会引入二次污染物，说明其是一种具有较大应用潜力的新型絮凝剂。

4.2.6　共存离子对染料脱色效能的影响

考虑到实际废水中含有大量的无机盐离子，可能会对染料的脱色造成一定的影响，因此选择多种盐离子，包括 Cl^-、SO_4^{2-}、NO_3^-、K^+、Ca^{2+} 和 Mg^{2+}，进一步考察离子共存状态下木质素基絮凝剂对染料脱色的能力。该部分的研究选取脱色效果最好的刚果红（CR）作为研究对象，实验条件为不调节 pH 值，CR 浓度为 100mg/L，木质素基絮凝剂的投加量为 0.25mL，总体积为 50mL，反应温度为室温，实验结果如图 4-10 所示。

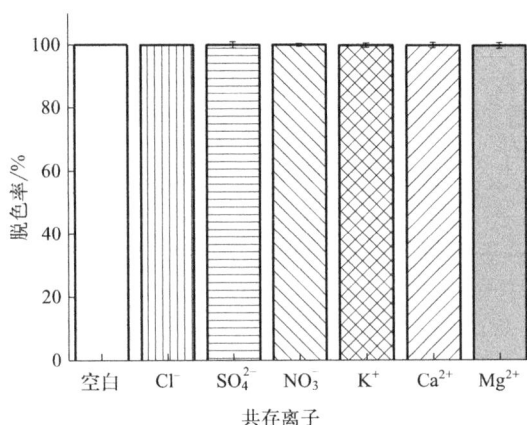

图 4-10　共存离子对 CR 脱色的影响

从图 4-10 中的结果可以看出，与空白对照实验相比，加入阳离子和阴离子对 CR 的脱色率几乎没有影响，说明这 6 种离子在木质素基絮凝剂去除 CR 的过程中不会参与反应。该结果反映出木质素基絮凝剂具有较强的絮凝能力和良好的稳定性，将其作为新型絮凝剂使用，具有巨大的应用潜力。

4.3 木质素基絮凝剂去除阴离子染料的机制

探究木质素基絮凝剂对阴离子染料的絮凝机制，主要从絮体和反应溶液两部分入手。分析絮体的物化结构，有助于理解絮体中的元素组分、颗粒形态；探究木质素纳米颗粒（LNP）在絮凝过程中的结构变化，有利于判断 LNP 胶粒与染料分子之间的吸附类型；监测反应溶液的电荷变化，有利于评估是否存在电荷中和机制；测试木质素基絮凝剂中的有机组分，对明确铁离子和 LNP 在絮凝反应中的作用十分重要。

4.3.1 絮体的形貌表征

采用 SEM 对木质素基絮凝剂作用于 CR 形成的絮体进行测试，将其与单一的 $FeCl_3$ 作用于 CR 后形成的絮体进行对照分析，结果如图 4-11 所示。

如图 4-11(a) 所示，单一 $FeCl_3$ 作用于 CR 产生的絮体呈块状、质地密实，但体积不大。反之，如图 4-11(b) 所示，木质素基絮凝剂作用于 CR 后形成的块状絮体体积更大、质地更加密实。这种现象说明了使用木质素基絮凝剂有利于形成更大的絮体，进而快速沉降，同时也很好地解释了图 4-8 显示的浊度和悬浮物变化结果。推测产生这种差异的原因与木质素纳米颗粒（LNP）有关。LNP 本身是一种分子量较大的芳香聚合物，它们的存在可能会促使颗粒物的吸附或桥接，使之形成分子结构更大的絮体，从而迅速地沉降。图 4-11(c) 的结果可以初步验证这个猜测，在 20000 倍的电镜下放大观察木质素基絮凝剂作用于 CR 后形成的絮体，能够发现浆状的絮体，仔细观察，可以看到一些球状的颗粒，这些颗粒与图 4-1(b) 中 SEM 图所示的木质素纳米颗粒的球状形态十分相似。两种絮体的形貌测试结果说明了木质素纳米颗粒的存在可以优化絮体的形态，使其体积变得更大，对沉降十分有利。

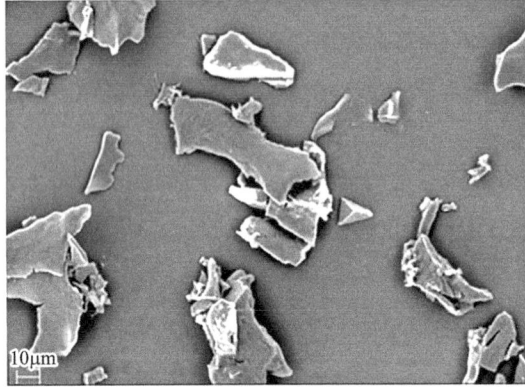
(a) FeCl₃与CR反应后的絮体

(b) 木质素基絮凝剂与CR反应后的絮体

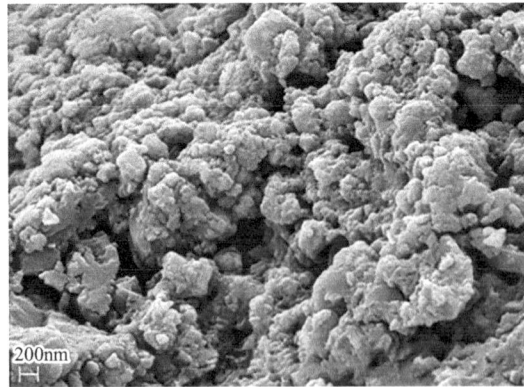
(c) 高倍下木质素基絮凝剂与CR反应后的絮体

图 4-11　FeCl₃ 与 CR 反应后的絮体、木质素基絮凝剂与 CR 反应后的絮体以及

高倍下木质素基絮凝剂与 CR 反应后絮体的 SEM 图

通过 EDS Mapping 对木质素基絮凝剂作用于 CR 形成的絮体进行扫描，结果如图 4-12（书后另见彩图）所示。

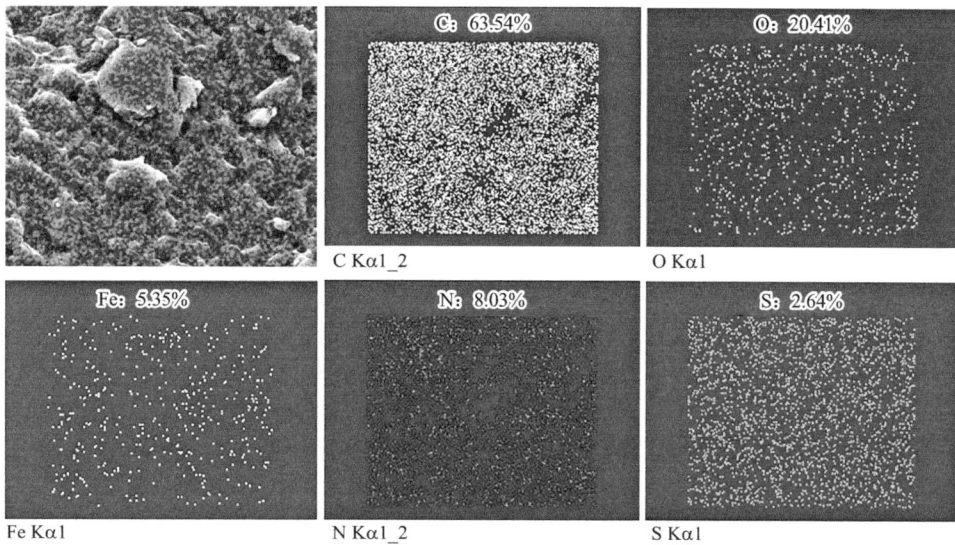

图 4-12　木质素基絮凝剂作用于 CR 后絮体的 EDS 图

絮体表面的元素主要有 C、O、N、Fe 和 S，其原子含量分别为 63.54%、20.41%、8.03%、5.35% 和 2.64%。C 和 O 主要来源于 CR 和木质素纳米颗粒中的芳香骨架和含氧官能团；N 和 S 来自 CR 中的酰胺基和磺酸基；Fe 元素来源于木质素基絮凝剂中的 Fe^{3+}。大多文献中提到，铁离子在絮凝过程中发挥的是电荷中和作用，因此推测该絮体中产生的铁元素也是来自 Fe^{3+} 的电荷作用。为了证实该推测，进一步对絮凝反应前后的溶液进行 Zeta 电位的检测和分析。

4.3.2　絮凝反应前后溶液的电荷变化

了解溶液的带电情况可以判断絮凝反应过程是否存在电荷中和效应。为了证明和确认木质素基絮凝剂作用于 CR 的絮凝反应中时 Fe^{3+} 发挥了电荷中和作用，分别对 5 种溶液进行了 Zeta 电位的检测，分别是 $FeCl_3$、CR、木质素基絮凝剂、$FeCl_3$ 与 CR 反应后的溶液、木质素基絮凝剂与 CR 反应后的溶液。为了与研究实验保持一致，$FeCl_3$ 溶液的浓度为 22mg/L、CR 溶液的浓度为 100mg/L、木质素基絮凝剂的浓度为 0.5%、$FeCl_3$ 和木质素基絮凝剂与 CR 反应的条件与前文一致，测试结果如图 4-13 所示。

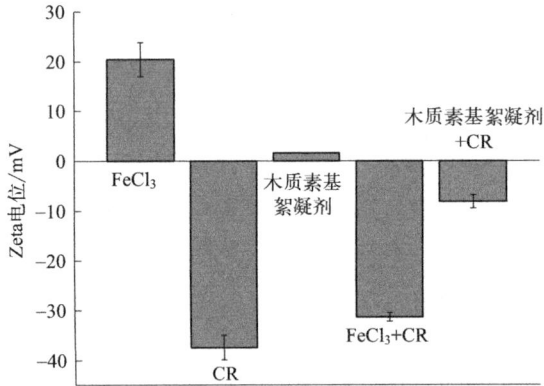

图 4-13　不同溶液的 Zeta 电位

初始 CR 溶液带负电，Zeta 电位为 -37.46mV，在水溶液中稳定存在。反应前的 $FeCl_3$ 溶液带正电，监测到的 Zeta 电位为 20.43mV。将 $FeCl_3$ 投加到 CR 中后，溶液整体依然带负电，Zeta 电位仅发生了微弱的减小，降低为 -31.37mV，影响不显著，说明单一的 $FeCl_3$ 作用于 CR 依靠的是电荷中和作用，不过仅通过电荷中和作用不能有效地改变溶液的稳定状态，因此无法使产生的悬浮物发生沉降。单一 $FeCl_3$ 作用于 CR 后，悬浮物即使经过长时间的静置，也无法自动沉降下来。

初始木质素基絮凝剂的 Zeta 电位为 1.58mV，主要原因有 2 个：a. 木质素基絮凝剂中存在带正电的 Fe^{3+}；b. 原本的木质素溶液带负电，在含有 Fe^{3+} 的环境中不能稳定存在，具有吸附脱稳的可能性。或者，加水稀释后的木质素基絮凝剂由溶解态的木质素转化为胶体态的木质素纳米颗粒，改变了原本稳定的溶液状态。但是，絮凝过程是将稳定的溶液转化为不稳定的悬浮物颗粒并沉降下来的过程，因此，不稳定的木质素基絮凝剂对 CR 的絮凝反应是有利的。尽管木质素基絮凝剂的正电荷特性并不明显，但是，与 $FeCl_3$ 作用于 CR 相比，木质素基絮凝剂与 CR 反应后的 Zeta 电位为 -8.13mV，极大地改变了 CR 溶液的稳定状态。

木质素基絮凝剂与 CR 反应前后，这种电荷电位差的改变，说明了木质素基絮凝剂的加入可以改变 CR 溶液的初始电荷。由于木质素带负电，所以，木质素基絮凝剂中发挥电荷中和作用的是 Fe^{3+}。根据 SEM 的结果分析，木质素纳米颗粒的存在起到了增大颗粒物的作用，有利于其形成絮体沉降。

4.3.3　絮体与木质素纳米颗粒的结构对比

木质素纳米颗粒在染料的去除过程中发挥的作用机制可通过与絮体的结构对

照进一步明确。根据以往的文献[4,9,27-29]研究发现，木质素这类高分子生物聚合物絮凝剂的絮凝机制通常有电荷中和和吸附架桥两种。但是，电荷中和作用往往来源于木质素上被接枝的阳离子。本研究中，木质素基絮凝剂未被进一步改性修饰，前文已说明该絮凝剂中的电荷中和作用来源于 Fe^{3+}，因此可以排除木质素纳米颗粒的电荷中和作用。吸附架桥作用主要是利用木质素的高分子量[30]，在絮凝过程中对污染物及其他颗粒物起到桥接作用，由此形成更大的线性、网状或其他大分子结构。为进一步明确本研究中的吸附桥接作用属于物理吸附还是化学吸附，首先利用 FT-IR 对絮体和木质素纳米颗粒进行了官能团检测，通过对它们进行对照分析，解析木质素纳米颗粒（LNP）在絮凝过程中官能团所发生的改变。FT-IR 谱图如图 4-14 所示。

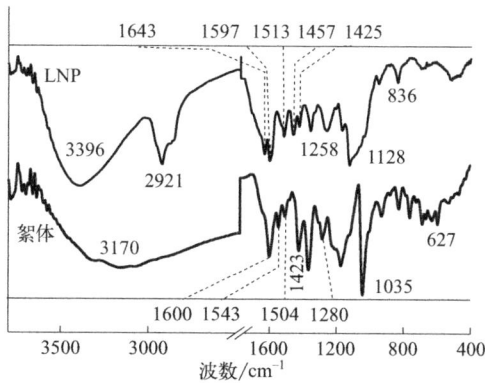

图 4-14　LNP 和絮体的 FT-IR 谱图

　　LNP 的化学官能团结果在前文已有分析，在 LNP 的表面具有宽而强的—OH峰（约 $3396cm^{-1}$）。絮凝反应形成的絮体中，在该位置的—OH 峰消失，并且发生了严重的偏移，取而代之的是 N—H 键（约 $3170cm^{-1}$）[31]。这种现象说明 LNP 上的—OH 参与了 CR 的絮凝反应。同时在 $1643cm^{-1}$ 位置代表羧酸盐的 C=O 吸收峰以及 $1258cm^{-1}$ 处由于羧酸上的 C—O 拉伸形成的吸收峰从 LNP 中消失，反之，在絮体中出现了代表 C—N（酰胺Ⅱ）的吸收峰（$1543cm^{-1}$）[32]。这种结果可能是由 LNP 羧酸基团上的—OH 与 CR 结构中的—NH_2 之间发生了化学反应造成的。此外，在絮体的 FT-IR 谱图中观察到了 $1280cm^{-1}$ 处的 S=O 基团，这种官能团来自 CR。同时，絮体的 FT-IR 谱图中代表芳香族 C—H 的平面内变形的吸收峰在 $1423cm^{-1}$ 处增强，并在 $1035cm^{-1}$ 处出现，而且芳环基团的吸收峰从 LNP

中的 $1513cm^{-1}$ 位置偏移至絮体中的 $1504cm^{-1}$，表明 LNP 与 CR 的芳环基团之间也存在 π-π 相互作用[13]。

基于上述分析，初步证实木质素基絮凝剂与 CR 之间主要发生的是化学吸附，产生于木质素纳米颗粒上的羧基与 CR 结构上的氨基以及木质素纳米颗粒与染料的芳环基团之间存在 π-π 相互作用。

通过对 XPS 测试出的化学元素的精细谱图进行分峰拟合，可以进一步明确 LNP、CR 和絮体三者之间的化学键变化，从而阐明 LNP、CR 和絮体的化学结构关系。LNP 和絮体的化学元素变化结果通过 XPS 进行测试，结果如图 4-15 所示。

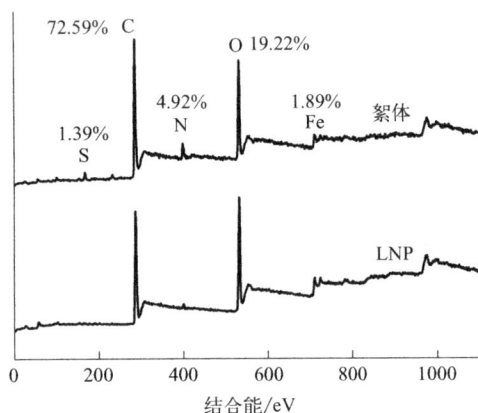

图 4-15　XPS 测试的木质素纳米颗粒和絮体的化学元素组成

相较于 LNP，絮体中出现了 S 元素，其原子含量为 1.39%，絮体表面的 N 元素原子含量从 LNP 中的 1.18% 提高到 4.92%，这个结果证明了 CR 与 LNP 由于絮凝反应形成絮体而沉降下来。除此之外，絮体表面的 O/C 值计算为 0.26，低于 LNP 的 0.35，说明了含氧官能团有所减少，与 FT-IR 的结果一致，同时表明絮体表面的亲水物质相较于 LNP 有所减少[13]，絮体疏水性的增强使其可以很好地沉降下来。这种结果也可以解释另一现象：原本的木质素纳米颗粒在水溶液中以胶体颗粒状态存在，不易沉降，与 CR 发生絮凝反应后产生了絮体，可以快速沉降下来。

对絮体的 C 1s 和 N 1s 谱图进行分峰拟合，将其与 LNP 及 CR 的 C 1s 和 N 1s 做对照，以便进一步分析碳和氮官能团种类的变化，这对絮凝机制的阐释十分重要。LNP 表面上的 N 元素含量很少（1.18%），考虑它们主要来源于生物质中的杂质或蛋白质的热解产物[3]，因此，本部分内容选择测试 CR 上的 N 1s 作为絮体中 N 1s 的对照。具体的 XPS 的分峰拟合结果如图 4-16 所示。

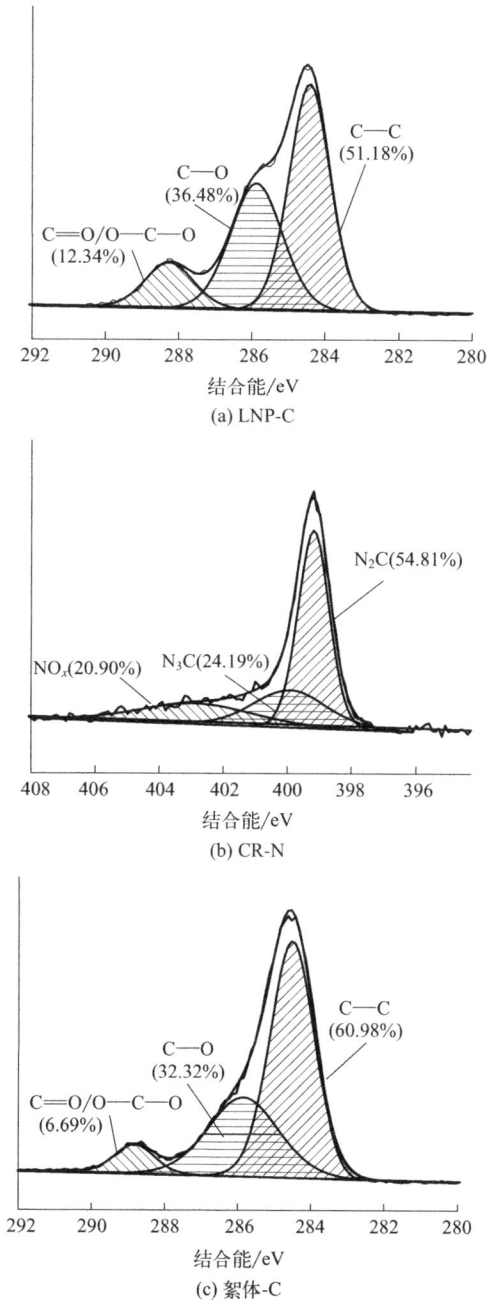

(a) LNP-C

(b) CR-N

(c) 絮体-C

图 4-16

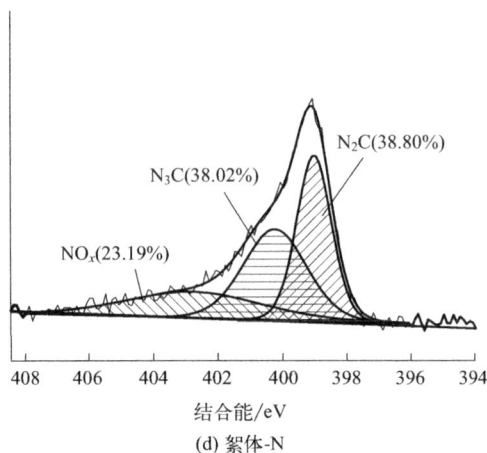

图 4-16　木质素纳米颗粒和絮体的 XPS 分峰拟合图

从 C 1s 的分峰结果可以看出，初始 LNP 中 C═O/O—C—O 和 C—O 的相对含量在形成絮体后都有所减少，分别由 12.34% 和 36.48% 降低为 6.69% 和 32.32%，说明 LNP 中的 C═O/O—C—O 和 C—O 在絮凝过程中参与了反应，与 FT-IR 的讨论结果一致。CR 和絮体中的 N 1s 被分为 3 个峰，分别在 399.1eV、400.2eV 和 402.7eV 结合能的位置，代表了双配位氮原子 N_2C(C—N—C)、三配位氮原子 N_3C(C_3—N) 和化学吸附的氮氧化物 NO_x[31,33]。与 CR 中 54.81% 的 N_2C 相比，絮体中 N_2C 的相对含量变低，降至 38.80%。同时，N_3C 的相对含量从 24.19% 升高到 38.02%，表明絮体中有新的 C—N 化学键生成。

综合 XPS 和 FT-IR 的结果分析，在木质素基絮凝剂与 CR 发生絮凝反应的过程中，LNP 上的—OH、C═O/O—C—O 和 C—O 与 CR 结构上的—NH_2 发生了化学反应，使之从 C—O 转化为 C—N。

对 LNP 和絮体上的 Fe 2p 进行分峰拟合，结果如图 4-17 所示。Zeta 电位的结果证明了 Fe^{3+} 在絮凝过程中发挥的是电荷中和作用。对比 LNP 和絮体上的 Fe 2p 的化学键类型，进一步确认 Fe^{3+} 是否会发挥其他作用。LNP 的 Fe 2p 被分为 4 个峰，在约 710.8eV 和约 724.6eV 的结合能位置的峰归因于 Fe_2O_3 的 Fe $2p_{3/2}$ 和 Fe $2p_{1/2}$，712.7eV 结合能位置的峰代表了 FeOOH，716.9eV 的峰为卫星峰。对比 LNP，絮体的 Fe 2p 谱图中没有出现额外的峰，说明 Fe^{3+} 除了电荷中和作用外，没有参与其他化学反应。

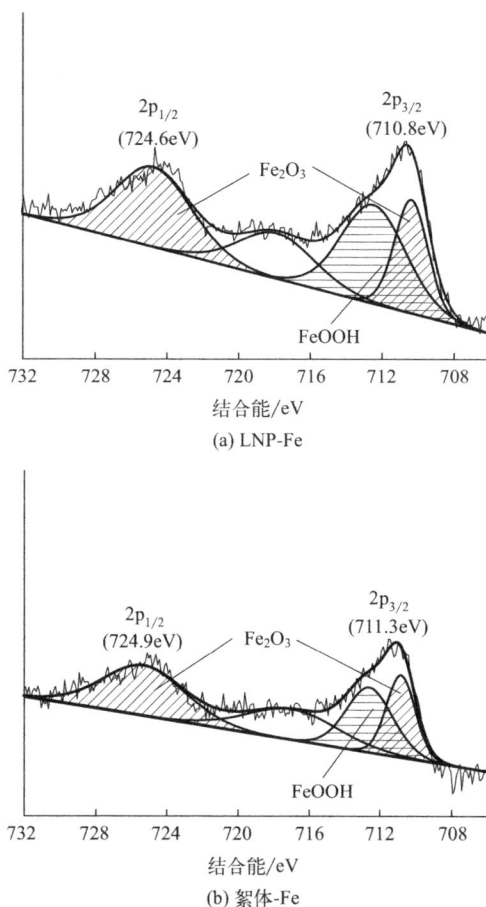

图 4-17　木质素纳米颗粒和絮体的 Fe 2p 分峰拟合图

4.3.4　木质素基絮凝剂的组分对絮凝反应的影响

以 $FeCl_3$ 耦合 PEG400 处理水稻秸秆的液体产物作为新型的木质素基絮凝剂，已被证实在阴离子染料的去除方面具有高效的絮凝作用。前文考察了木质素基絮凝剂中的主要成分 Fe^{3+} 和木质素纳米颗粒在絮凝过程中的作用机制。Fe^{3+} 发挥的是电荷中和作用，木质素纳米颗粒以化学吸附将电荷中和的颗粒物进行桥接，使颗粒物连接形成大分子结构，进而形成絮体沉降下来。

除主要组分外，在 $FeCl_3$ 耦合 PEG400 处理水稻秸秆的过程中会发生木质素的溶解及解聚，产生小分子的有机化合物。此外，纤维素和半纤维素结构也可能被破坏，产生一些单糖或醛酸等物质，例如葡萄糖、半乳糖、阿拉伯糖、木糖等[34]。因此，为明确阐释木质素基絮凝剂的絮凝机制，需要对这些产物进行检测分析，探索它们对絮凝反应的影响和作用。通过 ICS 对木质素基絮凝剂中的糖类物质进行检测，结果如图 4-18 所示。

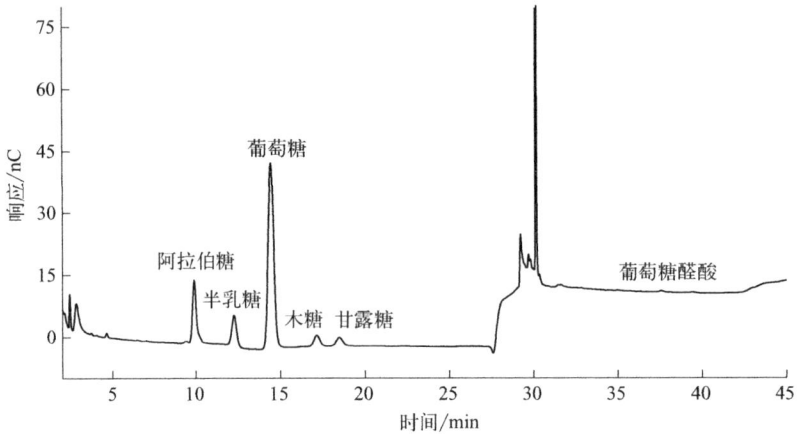

图 4-18　木质素基絮凝剂中糖类物质的离子色谱图

对照前文图 2-2 显示的标准品数据可知，木质素基絮凝剂中的单糖含量占比最多的是在 14.5002min 出现的葡萄糖，浓度为 334.18mg/L；其次是出现在 9.9085min 的阿拉伯糖，浓度为 134.18mg/L，以及 12.3335min 的半乳糖，浓度为 61.58mg/L；然后是出现在 18.5418min 的甘露糖，浓度为 23.95mg/L，以及 17.1918min 的木糖，浓度为 21.10mg/L。少量的葡萄糖醛酸（37.5252min，6.2066mg/L）和半乳糖醛酸（34.9585min，5.1548mg/L）也被检测到。通过对该结果的分析得出，采用 $FeCl_3$ 耦合 PEG400 处理水稻秸秆的液体产物中，的确存在由纤维素和半纤维素分解出的六碳糖和五碳糖。

对萃取后的木质素基絮凝剂进行了 GC-MS 检测和分析，目的是检测木质素裂解后的小分子有机物（酸、醇等），总离子色谱图如图 4-19 所示。

从色谱图中可以看出，在 6.261min、7.071min、9.399min、14.122min 和 14.576min 时出现了吸收峰，通过 NIST 数据库比对这些位置的峰得出，它们分别是糠醛、乙苯、苯甲醛、苯甲酸、苯并呋喃。在相应的出峰位置对目标吸收峰进行精准提取，得到的质谱结果如图 4-20 所示。

根据上述测试结果，对木质素基絮凝剂组分中的 PEG400、糖类物质、有机酸醇等物质对 CR 脱色效果的影响进行了实验，实验结果如图 4-21 所示（图中 PL 为木质素基絮凝剂）。

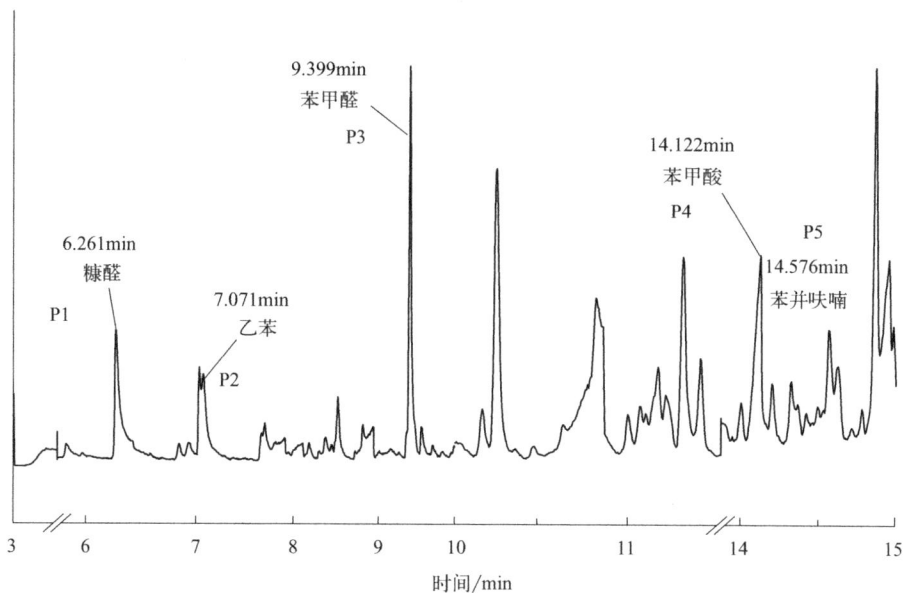

图 4-19 萃取后的木质素基絮凝剂中组分的 GC-MS 总离子色谱图

（有片段横坐标被打断，因此出现不等距的情况）

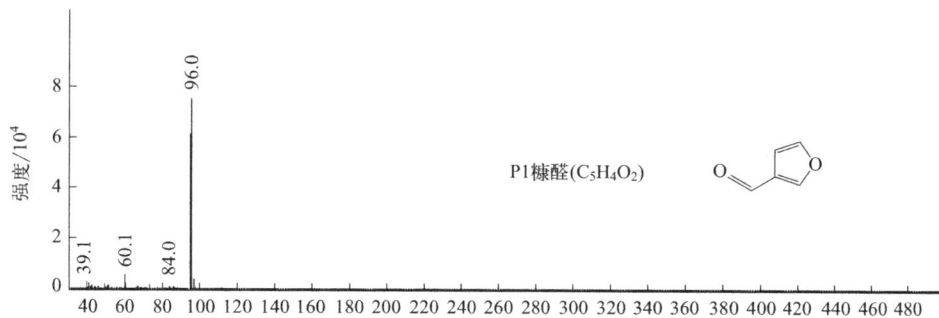

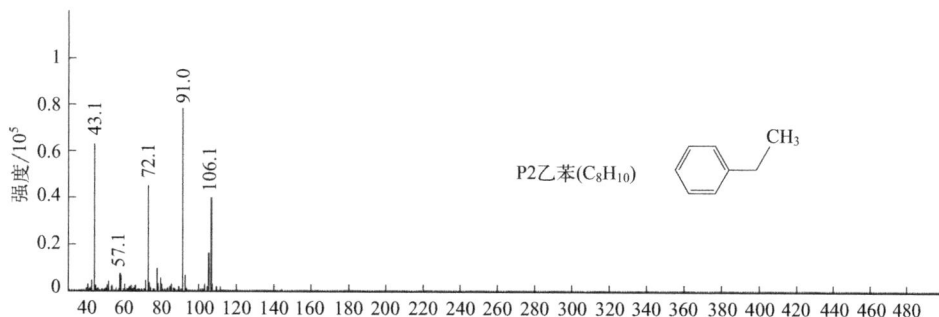

图 4-20

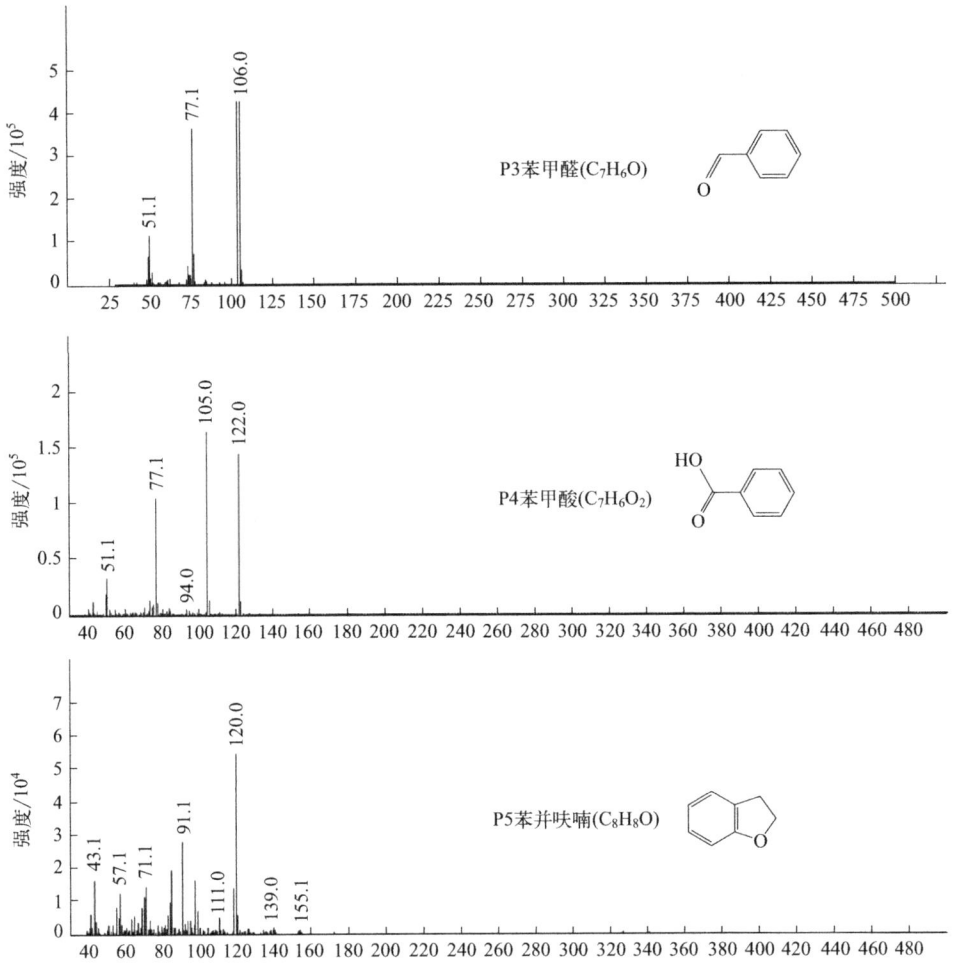

图 4-20 木质素基絮凝剂中组分的质谱图

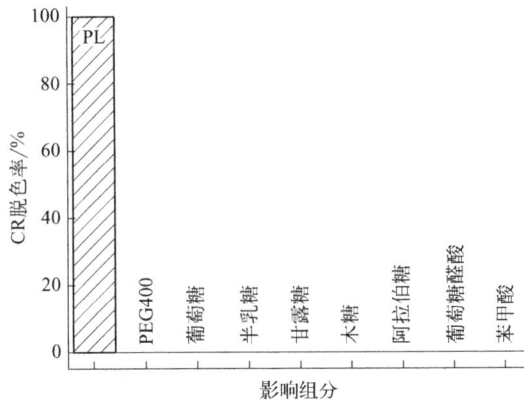

图 4-21 PEG400 及其他组分对 CR 脱色效果的影响

PEG400 是秸秆预处理所用到的主要试剂，由于它的沸点高，稳定性强，因此在加热过程中不会发生水解。所以，可直接将同等体积 50% 的 PEG400 加入 100mg/L 的 CR 溶液中测试其脱色效果。经测定发现，CR 的浓度未发生任何变化，说明 PEG400 在絮凝过程中没有发挥作用。木质素基絮凝剂中主要检测到的糖类物质包括葡萄糖、半乳糖、甘露糖、木糖、葡萄糖醛酸、半乳糖醛酸等，它们的浓度较低，理论上不会对絮凝反应造成较大的影响。为了科学地证实这一结论，将一定浓度（1g/L）的糖类物质按照最佳条件下的体积投加到 CR 溶液中，经过相同条件的搅拌和静置后，对该絮凝体系中的 CR 浓度进行测定。根据测定结果可以看出，这些糖类物质无法使 CR 脱色，故 CR 的絮凝机制与之无关。

除此之外，木质素基絮凝剂中还包含糠醛、乙苯、苯甲醛、苯甲酸和苯并呋喃 5 种主要的木质素解聚产物。根据前文对絮体的物化结构分析可知，羟基和羧基可能会在絮凝过程中发挥作用，因此，可将苯甲酸加入 CR 溶液中，考察其对染料脱色的影响。结果表明，苯甲酸的加入仅使 CR 溶液的 pH 值发生了变化，但是未能使 CR 脱色。

综上所述，CR 与絮凝剂的絮凝反应主要取决于木质素基絮凝剂中的 Fe^{3+} 和木质素纳米颗粒，与处理水稻秸秆使用的 PEG400、水解过程中产生的糖类物质以及其他的有机物质无关。

4.3.5　絮凝过程在线监测及机制总结

为了清楚地观察和描述絮体的形成过程，采用在线颗粒追踪和瞬时照片采集的方式来观察木质素基絮凝剂与 CR 的絮凝反应过程。在快速搅拌 1min、慢速搅拌 5min、静置 4min，共计 10min 内，观察了从颗粒物到絮体的大小和形态变化，结果如图 4-22 所示。

从图 4-22 中可以看出，在初始的 1min 内，颗粒物的粒径主要集中在 20μm 以下，颗粒的总数较多，分散性较强。随着时间的增加，颗粒物的粒径按照 1～5μm＞5～10μm＞10～20μm 的顺序减少。这一现象可以解释为，在木质素基絮凝剂添加到 CR 溶液中的瞬间，带正电的 Fe^{3+} 弱化了与 CR 之间的静电斥力，导致溶液的不稳定状态加剧。同时，木质素纳米颗粒与 CR 发生化学反应，使颗粒态的染料被木质素纳米颗粒迅速吸附，从而导致颗粒物的碰撞聚集。在后续慢速搅拌的 5min 内，进一步增加了颗粒之间的碰撞，使颗粒物的粒径不断增大。从图 4-22 中可以观察到颗粒物不断增大，形成 500μm 的絮体形态，但数量逐渐减少。当搅拌停止时，絮体尺寸为图片拍摄到的 500～1000μm，由此开始，絮体在沉降过程中不断卷扫网捕其他的小颗粒，使其与絮体一起沉降。

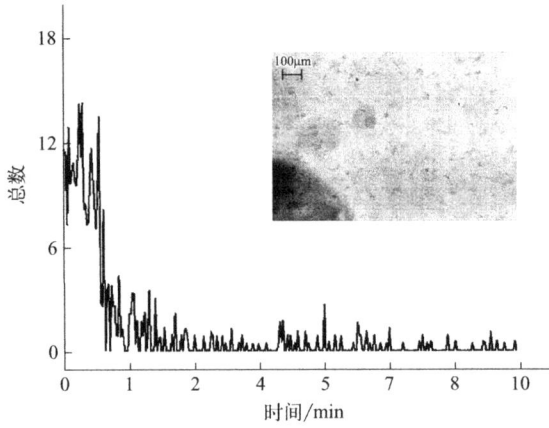

(a) 1～5μm

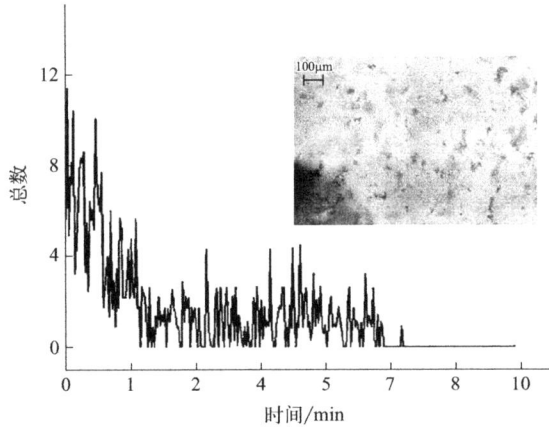

(b) 5～10μm

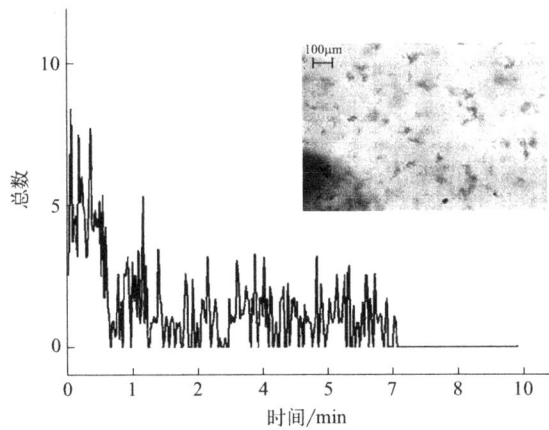

(c) 10～20μm

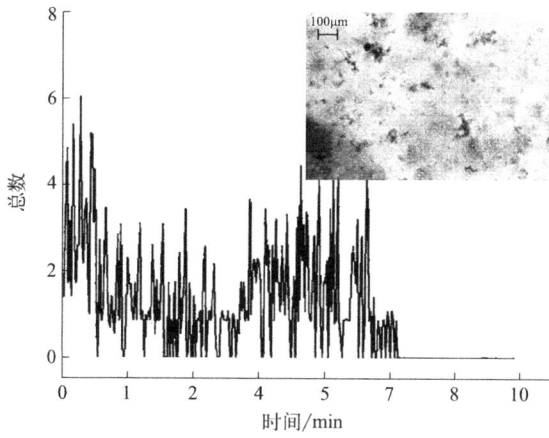

(d) 20～50μm

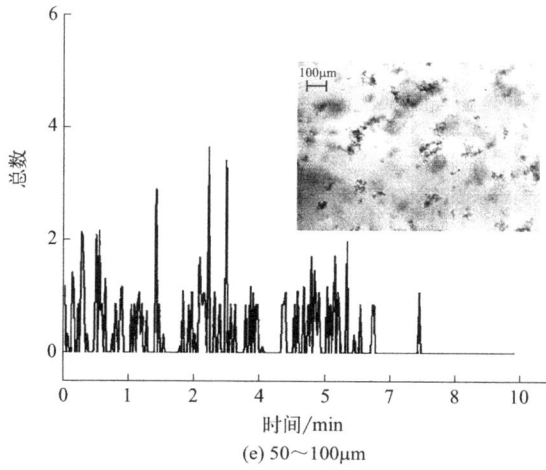

(e) 50～100μm

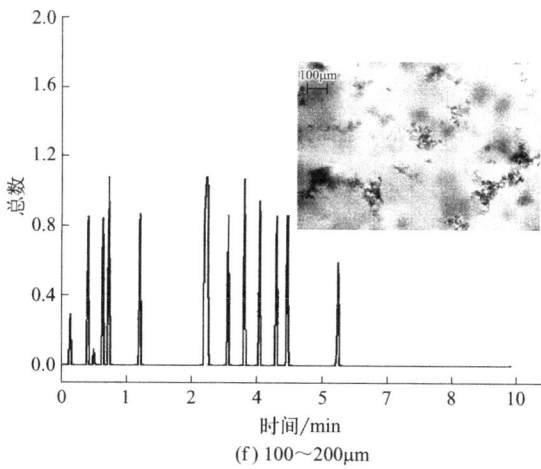

(f) 100～200μm

图 4-22

(g) 200～500μm

(h) 500～1000μm

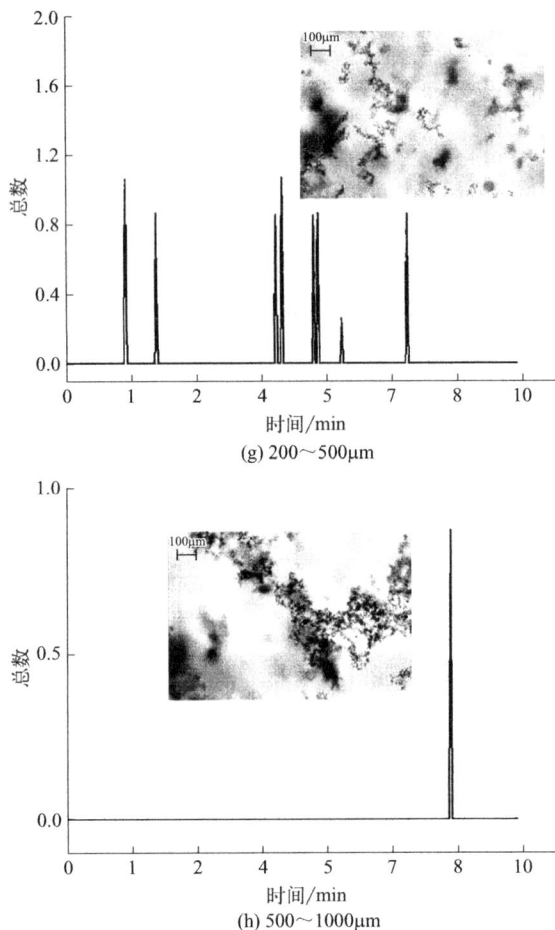

图 4-22　木质素基絮凝剂与 CR 发生絮凝反应的絮体形成过程

木质素基絮凝剂与 CR 的絮凝反应过程可以总结为：

① 木质素基絮凝剂加入 CR 溶液中时，反应迅速开始；

② 颗粒物在初始最多，然后不断碰撞，导致数量减少；

③ 随着时间的推移，形成了粒径更大的絮体；

④ 在絮体沉降过程中网捕到其他小颗粒物，变成簇状絮体，该形态下的絮体在重力作用下逐渐加速沉降，直至沉降至瓶底，完成整个絮凝过程。

基于在线监测的絮凝过程以及其他的结果分析，总结木质素基絮凝剂与 CR 发生絮凝反应的作用机制如图 4-23（书后另见彩图）所示。

① 反应初期，CR 溶液由于强大的静电斥力，其分子以极其稳定的溶液形式存在，当含有 Fe^{3+} 和溶解态木质素的木质素基絮凝剂加入 CR 溶液中时，首先

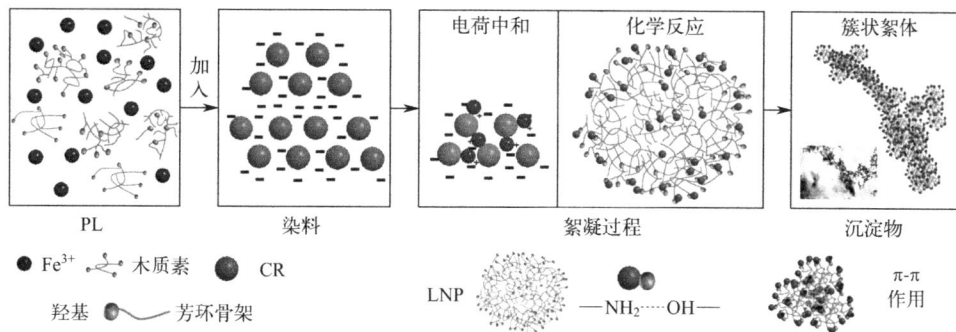

图 4-23 木质素基絮凝剂与 CR 的絮凝反应机制

发生凝聚现象，木质素基絮凝剂与 CR 迅速发生絮凝反应，从而导致木质素颗粒和 CR 的脱稳。带正电的 Fe^{3+} 与带负电的 CR 之间因为静电引力，发生电荷中和作用，产生颗粒物，溶解态的木质素加入 CR 溶液中后相当于稀释过程，在稀释过程中，溶解态的木质素在自组装作用下转化为核壳结构的木质素纳米颗粒。

② 反应中期，以木质素纳米颗粒上的亲水端（主要为含羟基的官能团等）作为颗粒的壳，疏水端（主要为木质素的芳环骨架）作为颗粒的核，亲水端的羟基与 CR 分子结构中的氨基发生化学吸附，导致吸附在一起的颗粒物亲水性降低，增强了聚集态颗粒物的疏水性。此外，在木质素纳米颗粒上存在的疏水芳环基团与 CR 的芳环结构之间存在 π-π 相互作用，促进了颗粒物之间的靠拢碰撞，也能促进更大的絮状物的形成。由于两种颗粒物之间物理碰撞增多及活性基团不断吸附桥接，促进了巨大簇状絮体的形成。

③ 反应后期，絮凝构成的大分子结构颗粒物在重力作用下，发生沉降。颗粒簇状物在下降的过程中不断网捕到更小的颗粒物，使这些颗粒物与簇状物一起沉降到底部。

综上所述，$FeCl_3$ 耦合 PEG400 处理水稻秸秆获得的液体产物可作为木质素基絮凝剂直接应用。考察了该絮凝剂对 9 种阴离子染料的去除效能（脱色效果、浊度及悬浮物的变化），评估了 pH 值、共存离子等因素对染料脱色的影响，以刚果红染料为例，阐释了木质素基絮凝剂与染料之间的絮凝作用机制。主要结论如下：

① $FeCl_3$ 耦合 PEG400 处理水稻秸秆后的液体产物在稀释的条件下，具有自组装形成木质素纳米颗粒的能力，木质素纳米颗粒呈球状，粒径分布在 100nm 左右，由于铁离子的存在，其分散性差（PDI 为 0.718），具有—OH、C—C、

C—O 和 C ═O、C—H 等丰富的化学官能团。

　　② 以液体产物作为木质素基絮凝剂去除 9 种阴离子染料，得出其对其中 3 种染料（CR、AR、RR）表现出较高的脱色率，分别为 99.84%、99.37% 和 97.49%。酸性的木质素基絮凝剂具有自调节染料溶液 pH 值的作用。木质素基絮凝剂比 6 种常用的商业絮凝剂具有更稳定、更高效的染料脱色能力。

　　③ 以脱色效果最佳的 CR 为例，发现单一 $FeCl_3$ 对 CR 的脱色率为 54.23%，远低于木质素基絮凝剂对 CR 的脱色率（99.84%）。木质素基絮凝剂的添加使反应后体系呈现出很低的浊度（2.9NTU）和悬浮物浓度（2.9mg/L），反应过程消耗了大量的木质素，其剩余量不会造成环境污染。阳离子和阴离子对木质素基絮凝剂与 CR 之间的絮凝反应没有影响。

　　④ 木质素基絮凝剂中的 Fe^{3+} 在絮凝反应中起到电荷中和的作用，自组装后的木质素纳米颗粒上含羟基的活性基团与 CR 染料上的氨基发生了化学反应，木质素纳米颗粒的化学吸附增加了颗粒物之间的碰撞桥接，高分子化合物芳环之间的 π-π 相互作用也参与其中，促进颗粒物不断增大，直至絮体形成。随着疏水性的增强，絮体发生沉降，在下降过程中可网捕其他颗粒物一起沉降至底部。

参考文献

[1]　Liu W，Zhuo S，Si M，et al. Derived high reducing sugar and lignin colloid particles from corn stover [J]. BMC Chemistry，2020，14 (1)：1-14.

[2]　Bian H，Chen L，Gleisner R，et al. Producing wood-based nanomaterials by rapid fractionation of wood at 80℃ using a recyclable acid hydrotrope [J]. Green Chemistry，2017，19 (14)：3370-3379.

[3]　Si M，Zhang J，He Y，et al. Synchronous and rapid preparation of lignin nanoparticles and carbon quantum dots from natural lignocellulose [J]. Green Chemistry，2018，20 (15)：3414-3419.

[4]　Guo K，Gao B，Yue Q，et al. Characterization and performance of a novel lignin-based flocculant for the treatment of dye wastewater [J]. International Biodeterioration & Biodegradation，2018，133：99-107.

[5]　Chen N，Liu W，Huang J，et al. Preparation of octopus-like lignin-grafted cationic polyacrylamide flocculant and its application for water flocculation [J]. International Journal of Biological Macromolecules，2020，146：9-17.

[6]　Wang B，Wang S F，Lam S S，et al. A review on production of lignin-based flocculants：Sustainable feedstock and low carbon footprint applications [J]. Renewable and Sustainable Energy Reviews，2020，134：110384.

[7] Wang S, Kong F, Gao W, et al. Novel process for generating cationic lignin based flocculant [J]. Industrial & Engineering Chemistry Research, 2018, 57 (19): 6595-6608.

[8] Kajihara M, Aoki D, Matsushtta Y, et al. Synthesis and characterization of lignin-based cationic dye-flocculant [J]. Journal of Applied Polymer Science, 2018, 135 (32): 46611.

[9] Wang S, Kong F, Fatehi P, et al. Cationic high molecular weight lignin polymer: A flocculant for the removal of anionic azo-dyes from simulated wastewater [J]. Molecules, 2018, 23 (8): 2005.

[10] 王学川，王利红，朱镜柏. 生物质絮凝剂的研究进展 [J]. 现代化工，2020，40 (1): 33-36, 41.

[11] Salehizadeh H, Yan N, Farnood R. Recent advances in polysaccharide bio-based flocculants [J]. Biotechnology Advances, 2018, 36 (1): 92-119.

[12] Fang R, Cheng X, Xu X. Synthesis of lignin-base cationic flocculant and its application in removing anionic azo-dyes from simulated wastewater [J]. Bioresource Technology, 2010, 101 (19): 7323-7329.

[13] Qian Y, Deng Y, Qiu X, et al. Formation of uniform colloidal spheres from lignin, a renewable resource recovered from pulping spent liquor [J]. Green Chemistry, 2014, 16 (4): 2156-2163.

[14] Zhao W, Simmons B, Singh B, et al. From lignin association to nano-/micro-particle preparation: Extracting higher value of lignin [J]. Green Chemistry, 2016, 18: 5693-5700.

[15] Myint A A, Lee H W, Seo B, et al. One pot synthesis of environmentally friendly lignin nanoparticles with compressed liquid carbon dioxide as an solvent [J]. Green Chemistry, 2016, 18 (7): 2129-2146.

[16] Freudenberg K, Neish A C. Constitution and biosynthesis of lignin [M]. Berlin: Springer, 1968.

[17] Zhuo S, Yan X, Liu D, et al. Use of bacteria for improving the lignocellulose biorefinery process: Importance of pre-erosion [J]. Biotechnology for Biofuels, 2018, 11 (1): 1-13.

[18] Mcyotto F, Wei Q, Macharia D K, et al. Effect of dye structure on color removal efficiency by coagulation [J]. Chemical Engineering Journal, 2021, 405: 126674.

[19] Wang Y, Geng Q, Yang J, et al. Hybrid system of flocculation-photocatalysis for the decolorization of crystal violet, reactive red X-3B, and acid orange II dye [J]. ACS Omega, 2020, 5 (48): 31137-31145.

[20] Moghaddam S S, Moghaddam M A R, Arami M. Coagulation/flocculation process for dye removal using sludge from water treatment plant: Optimization through response surface methodology [J]. Journal of Hazardous Materials, 2010, 175

(1-3): 651-657.

[21] Kono H, Kusumoto R. Removal of anionic dyes in aqueous solution by flocculation with cellulose ampholytes [J]. Journal of Water Process Engineering, 2015, 7: 83-93.

[22] Debnath A, Thapa R, Chattopadhyay K K, et al. Spectroscopic studies on interaction of congo red with ferric chloride in aqueous medium for wastewater treatment [J]. Separation Science and Technology, 2015, 50 (11): 1684-1688.

[23] Gao B, Yue Q, Wang Y, et al. Color removal from dye-containing wastewater by magnesium chloride [J]. Journal of Environmental Management, 2007, 82 (2): 167-172.

[24] Lee J W, Choi S P, Thiruvenkatachari R, et al. Submerged microfiltration membrane coupled with alum coagulation/powdered activated carbon adsorption for complete decolorization of reactive dyes [J]. Water Research, 2006, 40 (3): 435-444.

[25] Zhou W, Shen B, Meng F, et al. Coagulation enhancement of exopolysaccharide secreted by an Antarctic sea-ice bacterium on dye wastewater [J]. Separation and Purification Technology, 2010, 76 (2): 215-221.

[26] Shanka S, Rhim J, Won K. Preparation of poly (lactide)/lignin/silver nanoparticles composite films with UV light barrier and antibacterial properties [J]. International Journal of Biological Macromolecules, 2018, 107: 1724-1731.

[27] Guo K, Gao B, Li R, et al. Flocculation performance of lignin-based flocculant during reactive blue dye removal: comparison with commercial flocculants [J]. Environmental Science and Pollution Research, 2018, 25 (3): 2083-2095.

[28] Wang X, Zhang Y, Hao C, et al. Ultrasonic-assisted synthesis of aminated lignin by a Mannich reaction and its decolorizing properties for anionic azo-dyes [J]. RSC Advances, 2014, 4 (53): 28156-28164.

[29] Lou T, Cui G, Xun J, et al. Synthesis of a terpolymer based on chitosan and lignin as an effective flocculant for dye removal [J]. Colloids and Surfaces A: Physicochemical and Engineering Aspects, 2018, 537: 149-154.

[30] Feng Q, Gao B, Yue Q, et al. Flocculation performance of papermaking sludge-based flocculants in different dye wastewater treatment: Comparison with commercial lignin and coagulants [J]. Chemosphere, 2021, 262: 128416.

[31] Fang J, Fan H, Li M, et al. Nitrogen self-doped graphitic carbon nitride as efficient visible light photocatalyst for hydrogen evolution [J]. Journal of Materials Chemistry A, 2015, 3 (26): 13819-13826.

[32] Smidt E, Eckhardt K U, Lechner P, et al. Characterization of different decomposition stages of biowaste using FT-IR spectroscopy and pyrolysis-field ionization mass spectrometry [J]. Biodegradation, 2005, 16 (1): 67-79.

［33］ Atchudan R，Edison T N J I，Aseer K R，et al. Highly fluorescent nitrogen-doped carbon dots derived from Phyllanthus acidus utilized as a fluorescent probe for label-free selective detection of Fe^{3+} ions，live cell imaging and fluorescent ink ［J］. Biosensors and Bioelectronics，2018，99：303-311.

［34］ Chen D，Liang F，Feng D，et al. Sustainable utilization of lignocellulose：Preparation of furan derivatives from carbohydrate biomass by bifunctional lignosulfonate-based catalysts ［J］. Catalysis Communications，2016，84：159-162.

第5章
铁-氮生物炭的催化性能研究

木质素基絮凝剂与刚果红染料由于絮凝反应产生了含有 C、O、Fe、N 等元素的絮体。絮体上的碳元素主要源于木质素，木质素芳香性强、分子量大、热解范围广，是热解碳材料的良好前驱体，由木质素热解而成的碳材料即为生物炭。同时，絮体中含有氮元素，若将该絮体进行碳化，有望得到铁-氮掺杂的生物炭。铁原子和氮原子的同时引入，有助于改善碳基质表面的结构特性，为材料表面的电子迁移提供便利[1]，可用于水处理的催化领域。

　　当前，铁-氮-碳材料在电催化领域应用广泛[2-4]，但鲜有在高级氧化领域中的报道[5]，对铁-氮生物炭的研究更少[6]。研究中，多数铁-氮生物炭的合成采用共热解方式，合成过程涉及大量含铁或含氮等化学药品的添加[7]。虽然有学者[8]利用废弃污泥作为原材料热解合成了铁-氮共掺杂的碳材料，但是合成后的生物炭上无明显含铁物相和含氮物相。针对以上问题，提出以所得絮体作为原材料制备铁-氮生物炭的方法，以期获得含有效催化位点的活性基团，解决传统材料合成使用化学品带来的环境污染问题，改善废弃产物占据土地资源的问题，补充铁-氮生物炭在高级氧化领域中的催化研究。

　　本章首先通过一步热解絮体，合成了磁性材料，物相和形貌表征证实了成功制备出含碳化铁（Fe_3C）和氮化铁（Fe_4N）构象的磁性铁-氮生物炭（Fe-N@MFC）。其次对该材料的特性进行表征，评估其在过硫酸盐高级氧化降解四环素反应体系中的催化效能。在催化实验中，主要考察了材料投加量、TC 初始浓度、pH 值、温度、共存离子对污染物降解效能的影响。最后，通过反应前后材料的结构变化、活性氧物质的鉴定分析、DFT 计算共同分析了该材料对过硫酸盐活化降解四环素的催化机制。此外，基于产物分析和反应位点预测得到了四环素的降解路径。以铁离子的浸出浓度、循环利用效能评价了材料的良好应用潜力。

5.1　铁-氮生物炭的特性

　　对木质素基絮凝剂与刚果红染料发生絮凝反应产生的絮体进行化学元素检测发现，絮体中含有丰富的 C、O、Fe、N 元素。如图 5-1（书后另见彩图）所示，将沉淀后的絮体进行真空抽滤，然后放置于 80℃ 的烘箱中干燥至恒重，干燥后的絮体通过管式炉热解，热解温度为 800℃，稳定时间为 2h。待热解程序完成后，取出冷却后的材料，即为铁-氮生物炭，考虑到材料具有磁性，将其命名为

Fe-N@MFC。Fe-N@MFC 具有以下优势：合成步骤简单；原材料来源于废弃物，实现了木质素碳资源的充分利用；合成的材料具有磁性，便于回收及重复利用。

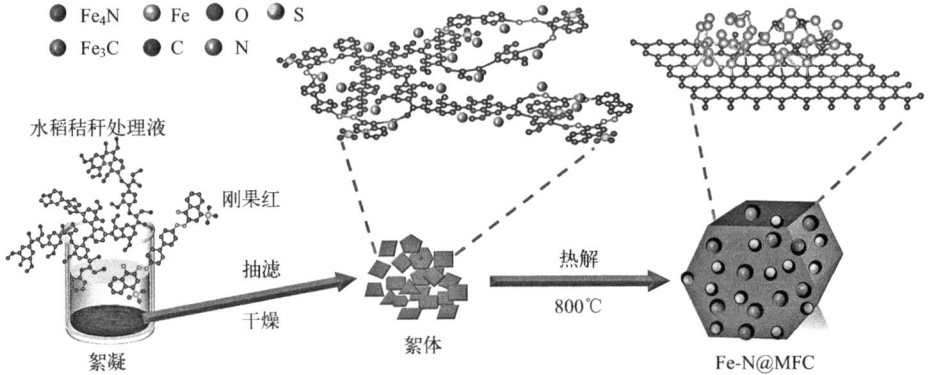

图 5-1　Fe-N 生物炭制备的过程示意

为了探究 Fe-N@MFC 材料的物理化学特征，通过一系列的表征手段对该材料进行测试，测试内容包括材料的物相组成、磁性、形貌特征、缺陷程度、化学结构、表面官能团等。

通过 XRD 对 Fe-N@MFC 材料的物相组成进行测试与分析，结果如图 5-2 所示。从图 5-2 中可以看出 Fe-N@MFC 材料上出现了一些明显的衍射峰。其中，强度最大的物相为 44.369°处对应的 Fe_3C 的（013）晶面（PDF♯03-0411），说明 Fe_3C 是材料上最主要的物相组成。此外，在 42.972°、37.408°和 45.569°处也出现了衍射峰，它们分别代表 Fe_2C 的（－101）晶面和（－100）晶面

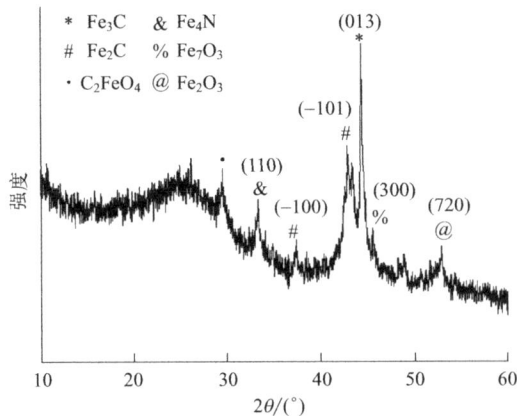

图 5-2　Fe-N@MFC 的 XRD 衍射图谱

（PDF♯17-0897）以及 Fe_7C_3 的（300）晶面（PDF♯3517-0333）。除碳化铁的物相外，在 33.356°处出现了 Fe_4N 的（110）晶面（PDF♯05-0627）的衍射峰。XRD 的结果表明由絮体通过一步热解获得的 Fe-N@MFC 在高温碳化过程中形成了氮化铁和碳化铁的晶相物质。碳化铁和氮化铁在很多文献中已被证实具有优异的催化能力[9,10]，这对于后续的有机污染物催化高级氧化降解的研究十分重要。

Fe-N@MFC 中，碳化铁和氮化铁的存在赋予了 Fe-N@MFC 良好的磁性。利用 VSM 对 Fe-N@MFC 进行了磁性强度的测试，磁滞回线如图 5-3 所示。

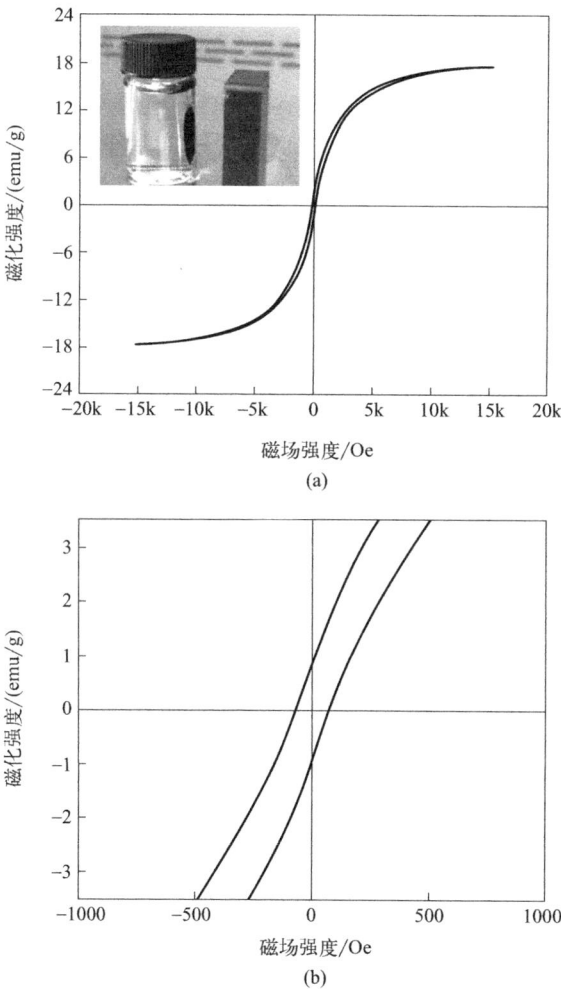

(a)

(b)

图 5-3　Fe-N@MFC 的 VSM 磁滞回线图

从图 5-3 中可以看出，当磁场强度在－15000～15000Oe 范围内变化时，Fe-N@MFC 的最大磁化强度可达到 17.9emu/g。据文献报道[11]，Fe_3C 的磁化饱和值大约为 23.5emu/g。测试的结果略小于 Fe_3C 的磁性，可能与 Fe_3C 周围的生物炭基质有关，生物炭的包裹使 Fe_3C 的晶格膨胀受到限制[11]。但是，如图 5-3(a) 中的图像所示，在该磁性条件下，Fe-N@MFC 粉末很容易被磁铁从液体中吸附出来。此外，放大的磁滞回线图显示出 Fe-N@MFC 的矫顽力为 66.34Oe。这些结果可以说明 Fe-N@MFC 具有优异的磁性，便于应用后继续进行回收利用。

通过 SEM 观察 Fe-N@MFC 的形貌特征，如图 5-4（书后另见彩图）所示。Fe-N@MFC 主体碳基质为块状，在基质表面分布着不同形态的晶体物质，这些晶状物来源于碳化铁或氮化铁，即 XRD 检测到的 Fe_3C、Fe_2C、Fe_7C_3、Fe_4N 等物质。通过 EDS 对这些晶体 [图 5-4(d)]的元素组成进行进一步鉴定，结果显示基质中主要分布的元素为 C 元素，Fe 元素集中分布在晶体物质表面，O 和 N 元素在基质和晶体中也均有分布。除基质表面的晶体以外，在碳基质的内部也分布着很多白色颗粒，如图 5-4(c) 所示。为进一步确认这些内部物质的组成，采用 TEM 对 Fe-N@MFC 的内部结构进行测试与分析。

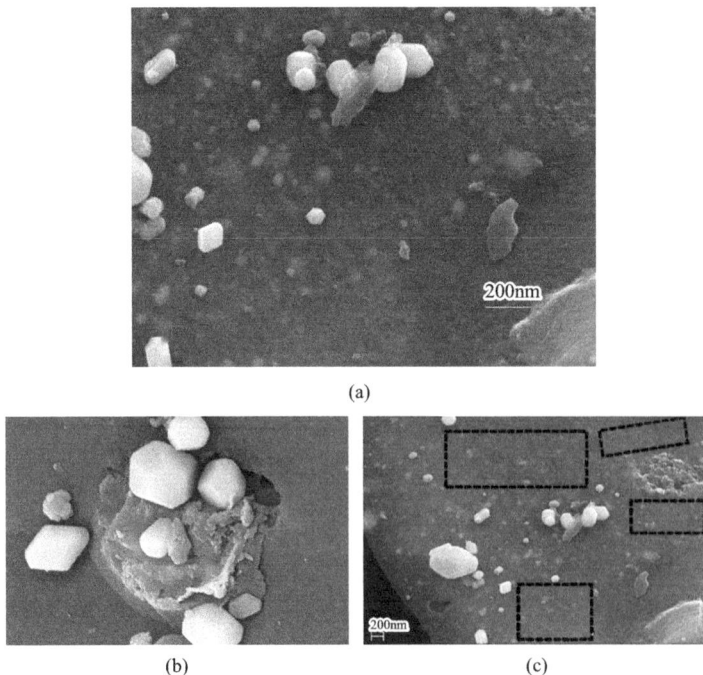

(a)

(b)

(c)

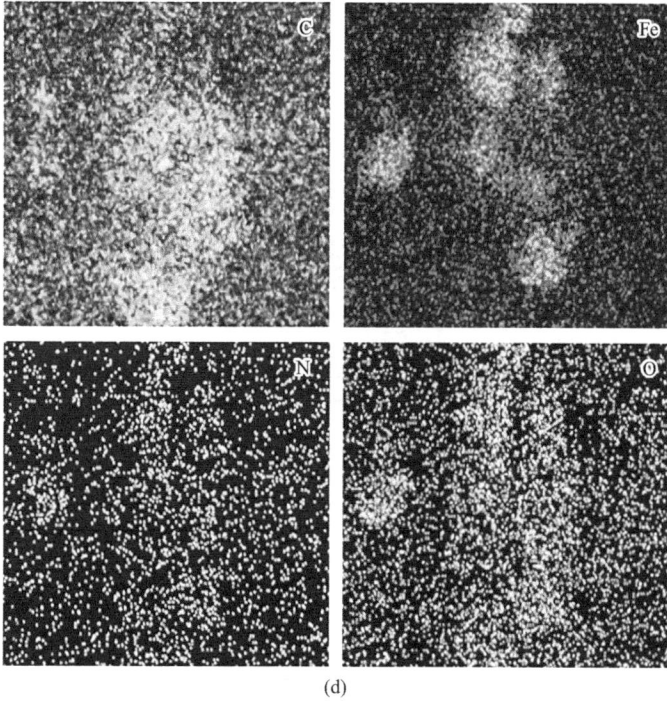

(d)

图 5-4 Fe-N@MFC 的 SEM 图像和 EDS 图

使用 HRTEM 可以清晰地观察到材料的内部结构，将 Fe-N@MFC 粉末置于乙醇中超声分散，以双联铜网对其进行固定，干燥后在 HRTEM 电镜下进行测试，结果如图 5-5（书后另见彩图）所示。

图 5-5(a) 的图像显示出 Fe-N@MFC 的内部分散着大量的颗粒，这与 SEM 的结果一致。进一步地，在高倍镜下观察到 Fe-N@MFC 内部的颗粒尺寸为纳米级，且小于 50nm［图 5-5(b) 和 (c)］。通过 Gatan DigitalMicrograph 软件分别对材料的外层结构和内部黑色颗粒的晶格间距进行了测定，结果发现外层结构的晶格间距为 0.208nm［图 5-5(d)］，这个数据与石墨层的（103）晶面（PDF♯25-1083）的晶格间距一致，说明 Fe-N@MFC 外围是由石墨型碳组成的。黑色颗粒的晶格条纹间距为 0.204nm［图 5-5(e)］，可以被认为是含铁晶相。高角度环形暗场扫描透射电子显微镜（HAADF-STEM）被广泛用于从原子尺度分析材料的微观结构[10]。因此，通过 HAADF-STEM 对黑色颗粒中的铁原子加以确认，结果如图 5-5(f) 所示。综合图 5-5(g) 的 EDS 结果可知，与 N 和 C 的像点相比，亮点最大的为单原子 Fe[12]。并且，HAADF-STEM 的这种明暗相间的图

看起来类似于"煎蛋",最亮的 Fe 原子核为"蛋黄",周边稍暗的壳为"蛋清"。这可能归因于碳化铁的晶体结构,核心中的 Fe 原子显得较为明亮,周围的碳壳亮度减弱。

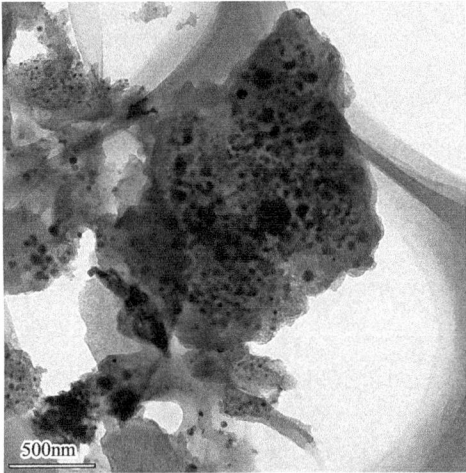

(a)

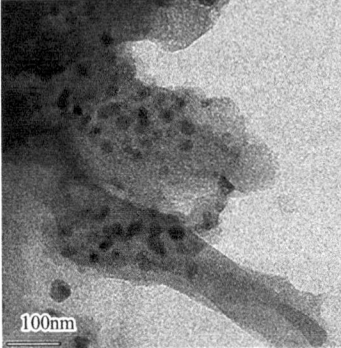

(b)

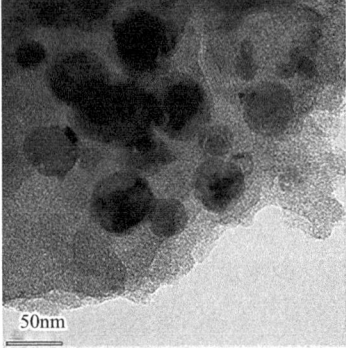

(c)

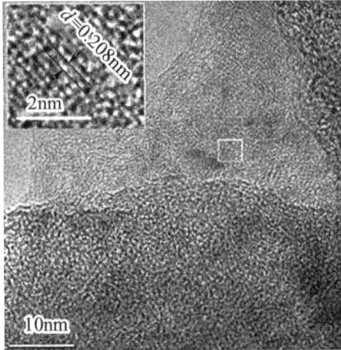

(d)

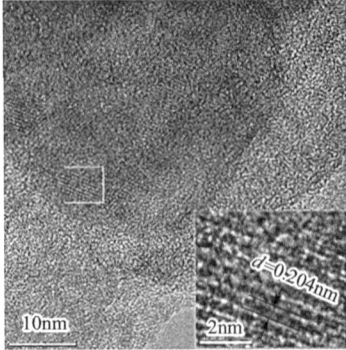

(e)

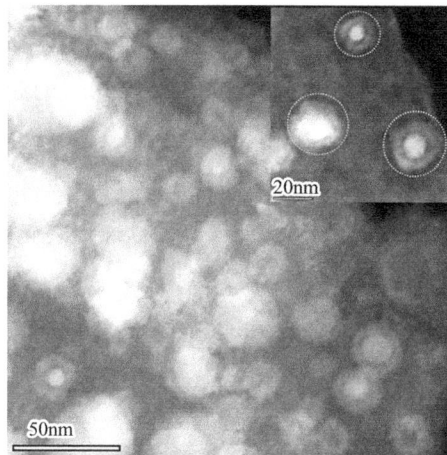

(f)

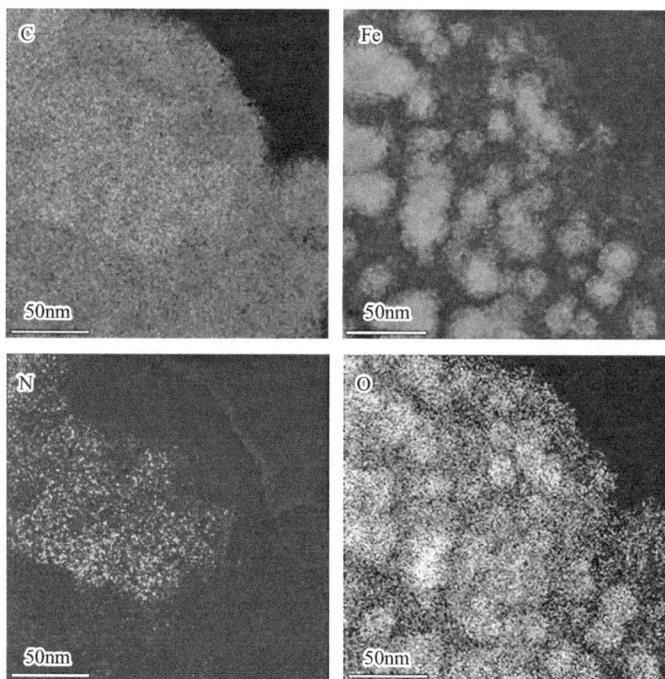

(g)

图 5-5　Fe-N@MFC 的 HRTEM 图像（a～e）、

HAADF-STEM 图（f）和 EDS Mapping 图（g）

　　SEM 和 HRTEM 的结果证实了 Fe-N@MFC 的碳基质中分布着纳米级不同形态的碳化铁类晶体物质，石墨层分布在其周围，这种结构可使 Fe 原子更加稳定地存在，难以被氧化。

对于铁基氮掺杂的碳材料，Fe 和 N 原子的引入会带来材料结构上的变化，使其碳结构出现缺陷，缺陷的存在对氧化还原反应是有利的[13]。为表征 Fe-N@MFC 的碳结构和缺陷情况，采用拉曼光谱仪在 532nm 的激发波长下对材料进行测试。

拉曼测试的结果如图 5-6 所示。从图中可以看出材料出现了两个明显的特征峰：D 峰（1350cm^{-1}）和 G 峰（1590cm^{-1}）。D 峰代表无定形碳，G 峰表示 sp^2 杂化石墨碳[14]。并且，D 峰的强度略高于 G 峰，I_D/I_G 值经计算为 1.025，该结果与其他文献[7,13]报道的 Fe-N 生物炭材料较为类似，说明材料存在缺陷结构，缺陷的来源与 Fe 和 N 原子的掺杂息息相关。这种缺陷结构对后期材料活化 PDS 降解有机污染物具有重要的意义。

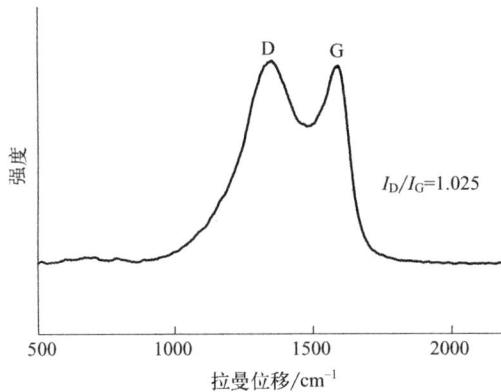

图 5-6　Fe-N@MFC 的拉曼光谱图

Fe-N@MFC 的其他化学结构表征通过 FT-IR 和 XPS 进行测定。FT-IR 主要用于监测材料的表面官能团 [图 5-7(a)]，XPS 用于分析材料的化学元素组成及化学形态等 [图 5-7(b)]。

Fe-N@MFC 的官能团信息如图 5-7(a) 所示，该材料的官能团主要包括约 3432cm^{-1} 处的—OH、约 1624cm^{-1} 处的 C＝C/C＝O 以及 1108cm^{-1} 处的 C—O，这些官能团在生物炭材料的表面普遍存在。由于原材料来自处理水稻秸秆的液体产物和刚果红染料发生絮凝反应获得的沉淀物，沉淀的絮体中含有木质素组分。因此，Fe-N@MFC 表面上的官能团主要源于木质素的热解。先前的研究表明，这些表面官能团在催化体系中可以作为电子转移的媒介发挥作用[8]。

如图 5-7(b) 所示，XPS 的全谱结果表明 Fe-N@MFC 的表面由 C、O、Fe

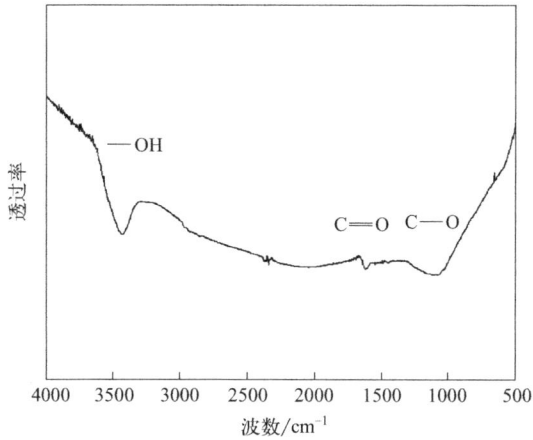

(a) FT-IR谱图

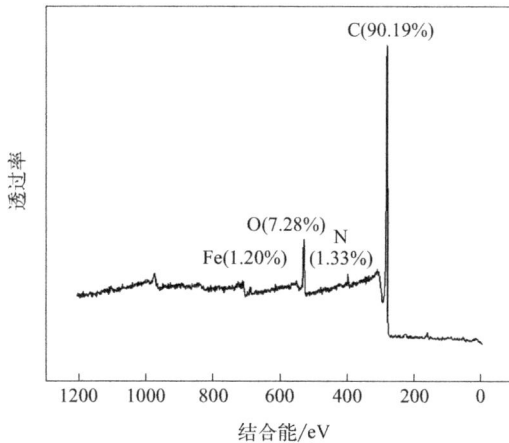

(b) XPS全谱图

图 5-7 Fe-N@MFC 的 FT-IR 谱图和 XPS 全谱图

和 N 元素组成，证实了 Fe 和 N 元素成功掺杂到了 Fe-N@MFC 材料中。值得注意的是，这里检测到的铁原子含量较低（1.2%），Fe/C 值仅为 0.013，这个结果可能与 XPS 的检测下限有关，XPS 可检测材料表面的深度为 10nm。图 5-5(a) 所示的 HRTEM 图像结果说明，含铁的纳米颗粒被石墨层包裹，受限于材料外围的石墨层，内部的 Fe 原子无法被 XPS 仪器完全检测[9]，故出现了铁含量很低的情况。

对 XPS 检测到的精细谱图进行分峰拟合，可以获得 Fe-N@MFC 材料中所含化学元素更为精准的化学价态和化学键信息，3 种元素（C 1s、Fe 2p、N 1s）的分峰结果如图 5-8 所示。

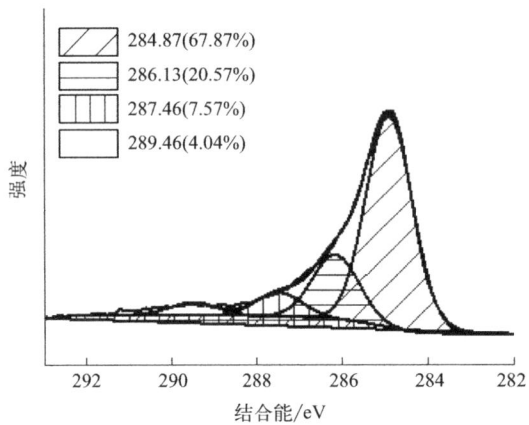

(a) C 1s

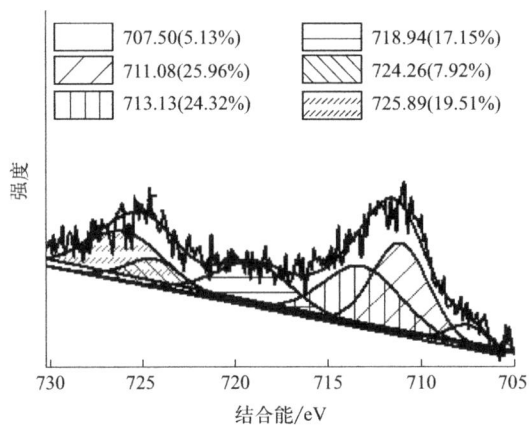

(b) Fe 2p

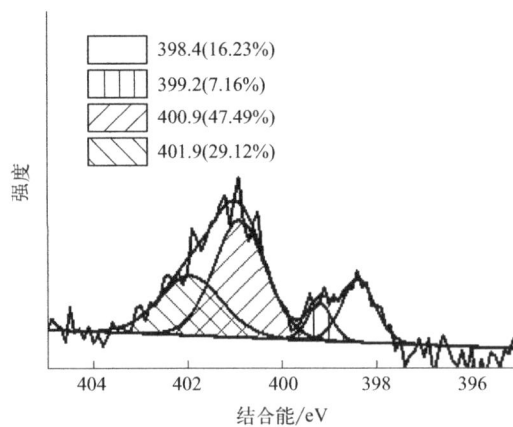

(c) N 1s

图 5-8　Fe-N@MFC 的 XPS 精细谱图

C 1s 被分为 4 个峰，结合能位置分别在 284.87eV、286.13eV、287.46eV 和 289.46eV 处。这 4 个结合能位置对应的碳种类依次为 C=C/C—C、C—O/C—N、C=O 和 O—C=O[15]。

Fe 2p 被拟合为 3 种价态的峰[7]，其中，在 707.50eV 位置的峰代表的是 Fe(0)，峰面积占比为 5.13%；在 Fe $2p_{3/2}$ 的 711.08eV 结合能位置和 Fe $2p_{1/2}$ 的 724.26eV 结合能位置的峰代表的是 Fe(Ⅱ)，它们的峰面积分别为 25.96% 和 7.92%；在 Fe $2p_{3/2}$ 的 713.13eV 结合能位置和 Fe $2p_{1/2}$ 的 725.89eV 结合能位置的特征峰属于 Fe(Ⅲ)，它们的峰面积占比分别是 24.32% 和 19.51%。此外，在 718.94eV 处的卫星峰占据了 17.15%。在 711.08eV 和 724.26eV 结合能位置处的 Fe(Ⅱ) 峰被认为属于 Fe—N 构象[16]，这个结果也表明 Fe-N@MFC 材料上确实存在氮化铁。另外，707.50eV 结合能处的零价铁峰证明了 Fe_3C 的存在[17]，这与 XRD 和 HRTEM 的结果一致。

N 1s 的谱图被分为 4 种类型的峰。这 4 种峰的结合能分别在 398.4eV、399.2eV、400.9eV 和 401.9eV 处，它们分别归属于吡啶氮（16.23%）、Fe—N（7.16%）、吡咯氮（47.49%）和石墨氮（29.12%）[18]。其中，吡啶氮和石墨氮被认为可以增强氧化还原反应的催化活性。Fe—N 基团由于具备孤对电子，被认为是碳基材料中主要的催化活性位点。

基于上述对 Fe-N@MFC 材料的特征分析，Fe-N@MFC 的主要物相为 Fe_3C 和 Fe_4N，其纳米粒子被包裹在石墨层内部，维持了材料的稳定性。同时，材料具有优异的磁性强度，可以从液相体系中很好地分离出来，有利于材料的回收和重复利用。Fe_3C 和 Fe_4N 的存在给材料带来了一些缺陷，对氧化还原反应的电子转移十分有利。这两种构象本身可以作为良好的催化活性位点，赋予了材料巨大的催化潜力。

5.2 铁-氮生物炭活化 PDS 降解四环素的效能

为了考察 Fe-N@MFC 材料的催化特性，将其应用于过硫酸盐高级氧化降解体系中，降解的目标污染物为四环素（TC）。选择 TC 的原因是：在水体环境中，TC 作为抗生素之一，浓度高、难降解，60%～90% 的 TC 以母体和代谢形式进入水生环境[19]。TC 类抗生素可诱导微生物产生抗生素抗性基因，这些基因可在生态系统中增殖和广泛传播，对人体和生态环境构成了很大的威胁[20]。

因此，降解四环素对环境修复具有重要意义。

以 10mg/L 的 TC、0.5g/L 的 Fe-N@MFC 和 1.8mmol/L 的 PDS 构成材料催化 PDS 降解 TC 的反应体系，将其与单一的 PDS 氧化降解 TC 和单一的 Fe-N@MFC 吸附 TC 做对照，评价 Fe-N@MFC 作为催化剂的催化能力。

如图 5-9 所示，在 60min 内，单一 PDS 对 TC 的氧化降解率很低，仅为 7.17%。单一的 Fe-N@MFC 对 TC 的吸附率为 38.78%。然而，Fe-N@MFC 作为催化剂表现出优越的催化能力，在 60min 内，TC 在 Fe-N@MFC/PDS 体系中的降解率达到了 90%，比 PDS 的单一氧化降解率提高了 82.83%，比材料的单一吸附提高了 51.22%。该结果说明 Fe-N@MFC 在 PDS 高级氧化降解有机污染物中具有高效的催化作用。根据之前碳材料（例如生物炭、石墨烯、金属有机框架材料-碳纳米管等）的相关研究[7,21,22]可知，Fe-N@MFC 的催化作用主要来自生物炭中的 Fe 和 N 原子的掺杂。

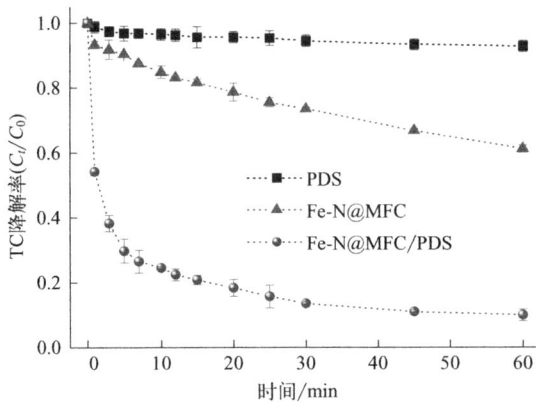

图 5-9　TC 在不同体系中的降解效果

5.2.1　四环素降解的条件优化

图 5-9 的结果已经证明 Fe-N@MFC 具备良好的催化能力，为进一步确定 TC 在 Fe-N@MFC/PDS 体系中的最佳降解效率，分别对体系中的 Fe-N@MFC 催化剂投加量、TC 初始浓度和 PDS 浓度进行了条件优化。

5.2.1.1　Fe-N@MFC 的投加量对四环素降解的影响

在 10mg/L 的 TC 浓度和 1.8mmol/L 的 PDS 浓度条件下投加不同质量的 Fe-N@MFC，其对 TC 降解率影响的实验结果如图 5-10 所示。

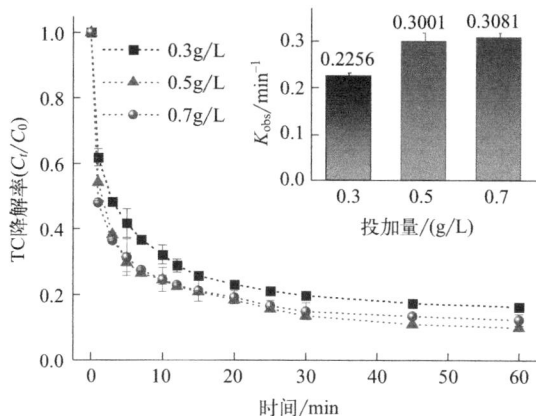

图 5-10　TC 在不同的 Fe-N@MFC 投加量下的降解效果

分别以 0.3g/L、0.5g/L 和 0.7g/L 的投加量将 Fe-N@MFC 添加到反应体系中，TC 在 60min 内的降解效率分别为 83.62%、90.00% 和 87.61%。通过伪一级动力学方程 [式(3-1)] 计算出的相应速率常数 K_{obs} 分别为 0.2256min^{-1}、0.3001min^{-1} 和 0.3081min^{-1}。值得注意的是，在前 5min，TC 的降解速率随着材料投加量的增加而增加，在此之后 TC 在 0.7g/L 的投加量下并没有表现出比 0.5g/L 投加量下更好的降解效果，该结果说明 0.5g/L 的 Fe-N@MFC 材料上提供的催化位点已经可以满足 TC 的催化降解要求。因此，考虑到污染物的降解率和应用的经济性，选择 0.5g/L Fe-N@MFC 作为后续实验的材料投加量。

5.2.1.2　TC 初始浓度对其降解的影响

在 0.5g/L 的 Fe-N@MFC 投加量和 1.8mmol/L 的 PDS 浓度条件下，对不同初始浓度的 TC 进行优化，实验结果如图 5-11 所示。

当初始 TC 浓度为 2mg/L 时，在前 1min 内 TC 的降解速率最快，降解率达到 58%；相同时间下，当初始浓度升高至 5mg/L 时，TC 的降解率略微降低到 53.18%，其初始浓度升高到 10mg/L 时，TC 的降解率降低到 45.78%。然而，在反应 1min 后，2mg/L 初始浓度条件下的 TC 降解速率开始低于 5mg/L 和 10mg/L。尽管 TC 的降解率在 60min 时表现为 2mg/L 初始浓度（81.26%）<10mg/L 初始浓度（90.00%）<5mg/L 初始浓度（90.50%），但是初始浓度为 2mg/L 时，TC 在前 1min 表现出最好的降解效果，因此，其最终的 K_{obs} 值达到了 0.3305min^{-1}，几乎等同于其他两个初始浓度条件下的 K_{obs}（0.3304min^{-1} 和 0.3001min^{-1}）。造成这种结

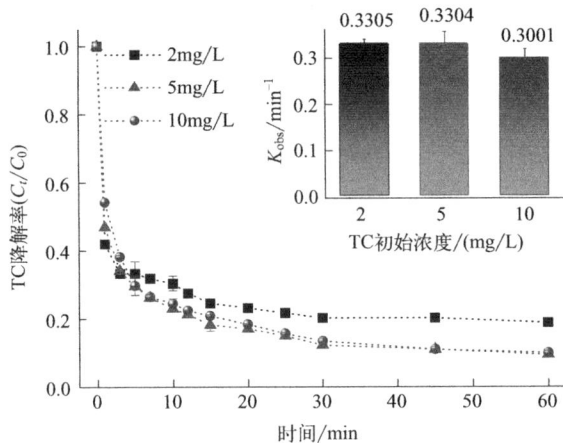

图 5-11　TC 在其不同的初始浓度下的降解效果

果的原因可能是：低初始浓度溶液中的 TC 可以更加迅速地与反应体系中产生的活性物质接触，导致更快地被氧化降解。基于上述结果，选择 5mg/L 的 TC 初始浓度进行下一步实验研究。

5.2.1.3　PDS 浓度对四环素降解的影响

PDS 作为一种氧化剂，在高级氧化中起着至关重要的作用。在 TC 初始浓度为 5mg/L 和 Fe-N@MFC 投加量为 0.5g/L 的条件下，改变 PDS 的浓度研究 TC 在 Fe-N@MFC/PDS 反应体系中的降解效果，实验结果如图 5-12 所示。

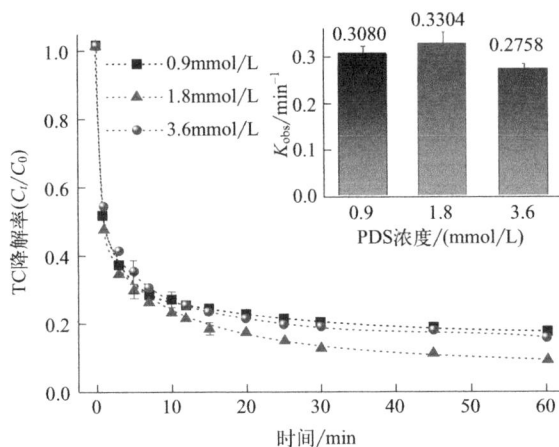

图 5-12　TC 在不同的 PDS 浓度下的降解效果

结果表明，随着 PDS 浓度的增加，TC 在 60min 内的降解率并没有持续提

高。当 PDS 浓度从 0.9mmol/L 增加到 1.8mmol/L 时，TC 的降解率从 82.78%
提高到 90.50%。然而，当 PDS 浓度为 3.6mmol/L 时，TC 的降解率反而从
90.50% 降低到 84.46%。与此同时，这 3 种浓度下的 TC 降解速率也是先升高后
降低，他们对应的 K_{obs} 分别为 $0.3080min^{-1}$、$0.3304min^{-1}$ 和 $0.2758min^{-1}$。
该结果表明过高的 PDS 浓度会导致污染物的降解率和降解速率变低，但是适当
的 PDS 浓度则可以发挥更强的氧化作用。过量的 PDS 之所以会造成污染物降解
效果变差，可能与 PDS 和活性物质发生反应有关，过多的 PDS 与反应体系中的
$SO_4^-\cdot$ 发生如式(3-2)和式(3-3)所示的化学反应，活性物质的竞争消耗会减弱污
染物的降解效果[23,24]。

根据上述结果分析，Fe-N@MFC 是一种良好的活化 PDS 降解 TC 的催化
剂。TC 在 Fe-N@MFC/PDS 反应体系中的最佳降解条件为：Fe-N@MFC 的投
加量为 0.5g/L、TC 的初始浓度为 5mg/L、PDS 的浓度为 1.8mmol/L。

5.2.2　四环素降解的影响因素实验

在实际废水中，有机污染物的降解受到各种因素的影响，例如水的 pH 值、
温度、共存离子等。因此，为了进一步地考察 Fe-N@MFC 作为催化剂的应用潜
力，在最佳的实验条件下（0.5g/L 投加量的 Fe-N@MFC、5mg/L 的 TC 初始
浓度、1.8mmol/L 的 PDS 浓度），通过调整反应溶液的 pH 值（3~11）、改变实
验温度（25~45℃）、添加共存离子（HCO_3^-、NO_3^-、Cl^-）对 TC 的降解效果
进行实验研究。

5.2.2.1　pH 值对四环素降解的影响

通过在反应前调节 TC 溶液的 pH 值来考察不同的 pH 值对 TC 降解的影响，
结果如图 5-13 所示。在实验前，对原始的 TC 溶液进行 pH 值测试，结果显示
TC 溶液接近中性，因此，原始溶液即被当作 pH=7 的溶液。

由图 5-13 中的结果可以看出，当 pH 值从 3 变到 7 时，反应 60min 后，TC
的降解率有所增加，从 pH=3 时的 67.24% 逐渐增加到 pH=5 时的 87.62%，
再到 pH=7 时的 90.50%。它们相对应的 K_{obs} 值也从 $0.2660min^{-1}$ 升至
$0.3264min^{-1}$ 再到 $0.3304min^{-1}$。然而，仔细观察可以看出，在实验的前 1min
内，pH=3 的降解效果反而是最好的，这种差异可能与 PDS 的添加有关。PDS
的加入会改变 TC 溶液的初始 pH 值，pH 值的变化如表 5-1 所列。

表 5-1　反应前后的 pH 值变化

初始 pH 值	3.00	5.00	7.00	9.00	11.00
加入 PDS 后 pH 值	3.42	4.45	5.23	8.76	11.58
反应后 pH 值	2.95	3.52	3.86	6.35	11.38

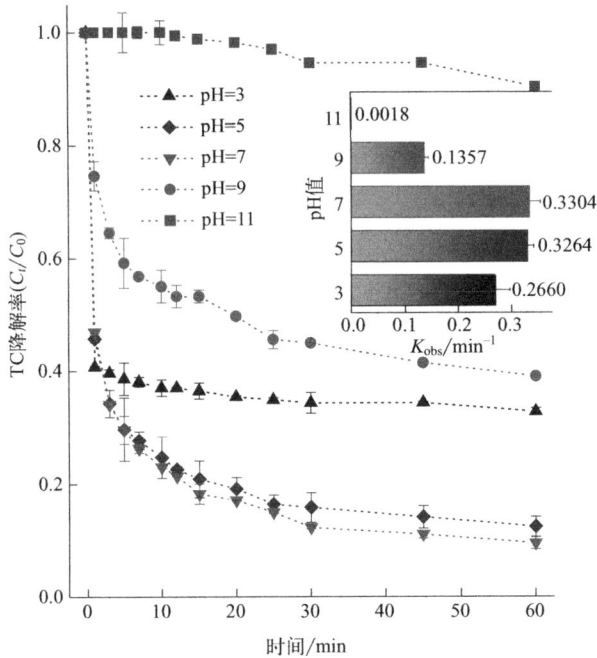

图 5-13　pH 值对 TC 降解的影响

　　PDS 的引入使初始 TC 溶液的 pH 值从 3~7 变化为 3.42~5.23。pH 值的变化对 TC 的离子形态具有一定的影响，在 pH 值为 3.3~7.7 时，TC 主要以阳离子 TCH_3^+ 和 TCH_2^0 的形式存在，随着 pH 值的增加，TCH_3^+ 逐渐转变为 $TCH_2^{0[25]}$。因此，当初始 pH 值为 3 时，TC 和 PDS 之间的静电引力比 pH 值为 5 或 7 时的强，从而对 TC 的初始降解表现出更积极的作用。

　　如图 5-14 所示，Fe-N@MFC 催化剂的零电点为 4.50。因此，在溶液 pH 值从 5 增加到 7 的过程中，材料表面的负电荷逐渐增强，有助于材料与 TC 之间的吸附，故当 pH 值小于 7 时，反应初始 1min 内对 TC 的降解效果十分明显。然而，随着反应的进行，pH 值出现了下降的趋势，该结果说明反应过程中产生了 H^+。H^+ 能够被捕获并与 PDS 反应，导致 PDS 被竞争消耗，减少了 PDS 在活化过程中生成活性物质的数量[10]。所以，反应 1min 后 TC 的降解受到抑制。在初始 pH 值为 5 和 7 时，表现出了与 pH 值为 3 时相似的现象。当溶液的初始 pH 值为 9 和 11 时，TC 降解受到的抑制作用更加明显。在该条件下，虽然添加 PDS 并没有显著改变 TC 溶液的初始 pH 值，但是阴离子 TCH$^-$ 和 TC^{2-}、带负电的 Fe-N@MFC、PDS 之间的电子斥力成为 TC 降解的阻碍[26]。并且，pH 值越高，电子排斥力越强，对材料吸附 TC 越不利，进而影响 TC 的降解。正如在 pH=11 条件下得到的结果，60min 内，TC 的降解率仅为 10%，K_{obs} 为 0.0018min^{-1}。

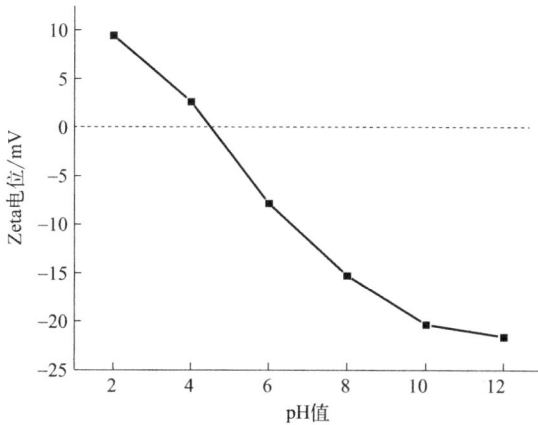

图 5-14 Fe-N@MFC 的 Zeta 电位

根据上述研究结果，pH 值对 TC 在 Fe-N@MFC/PDS 体系中降解率的影响程度为 pH=7>pH=5>pH=3>pH=9>pH=11。酸性条件比碱性条件更有利于 Fe-N@MFC 的催化作用。

5.2.2.2 温度对四环素降解的影响

温度对 TC 在 Fe-N@MFC/PDS 体系中降解效果的影响如图 5-15 所示。结果显示，在 25~45℃ 的范围内，TC 在 60min 内的降解率相差不大。随着温度的升高，TC 的降解速率呈现不断上升的趋势。根据伪一级动力学公式 [式(3-1)] 计算得到 3 种温度下 TC 的 K_{obs}，依次为 0.3304min^{-1}、0.3996min^{-1} 和 0.4629min^{-1}。

温度的影响可能与催化剂的活化能有关[27]，根据阿伦尼乌斯方程 [式(3-4)] 绘制出了 3 种温度与 K_{obs} 构成的线性关系图，得到的线性方程为 $y=1533.23x+4.051$，相关系数 $R^2=0.98936$。通过该线性方程计算得到 Fe-N@MFC 催化剂的活化能为 12.74kJ/mol。与其他相关文献报道的铁基或氮基碳材料催化剂[28-30] 相比，该数值比它们的活化能都低，说明 Fe-N@MFC 材料对

PDS 的活化十分有效。

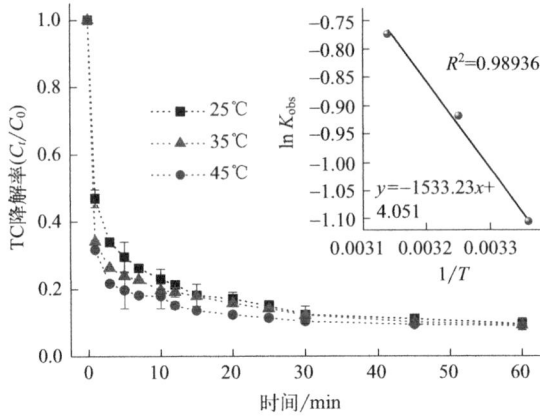

图 5-15　温度对 TC 降解的影响

5.2.2.3　共存离子对四环素降解的影响

许多文献[7,8,10]均报道过无机盐离子存在于有机污染物的高级氧化体系中的影响，无机盐离子广泛分布在水环境中，可以与多种自由基发生反应，是高级氧化反应中需要考虑和研究的影响因素之一。

共存离子（HCO_3^-、NO_3^-、Cl^-）对 TC 降解效果的影响如图 5-16 所示。总体上，TC 的降解率在添加 HCO_3^-、NO_3^-、Cl^- 后均出现了下降，受到离子的抑制程度为 HCO_3^-（41.47%）>NO_3^-（68.87%）>Cl^-（77.68%）。

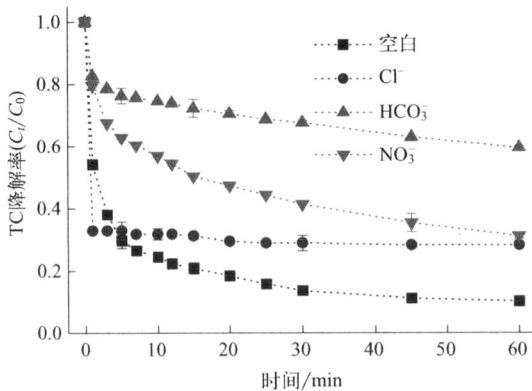

图 5-16　共存离子对 TC 降解的影响

根据以往的研究可知，HCO_3^- 的抑制主要来源于两个方面：一方面，如式(3-6) 和式(3-7) 所示，HCO_3^- 与 ·OH 和 SO_4^-· 反应使体系中 ·OH 和 SO_4^-·

的含量降低，并生成了低反应活性的 $HCO_3\cdot$ 和 $CO_3^-\cdot^{[31-33]}$，因此，TC 的降解受到抑制；另一方面，添加 HCO_3^- 使 TC 溶液的 pH 值升高，不利于 TC 的氧化降解。

与 HCO_3^- 的抑制作用相似，NO_3^- 的添加也会消耗 $\cdot OH$ 和 $SO_4^-\cdot$，其反应如式(3-8) 和式(3-9)[34,35] 所示。然而，以上反应生成的 $NO_3\cdot$ 仍是一种温和的氧化剂[36]，其氧化还原电位为 $2.3\sim2.5V^{[37]}$，比 $\cdot OH$ 和 $SO_4^-\cdot$ 的活性略低。因此，NO_3^- 对 TC 降解的抑制不如 HCO_3^- 强烈。

Cl^- 对 TC 降解率的影响与 HCO_3^- 和 NO_3^- 略有不同。在反应的前 5min，Cl^- 对 TC 的降解表现出促进作用，此后，TC 几乎很难被继续降解。由式(3-10)~式(3-12) 可知，Cl^- 可被 $\cdot OH$ 和 $SO_4^-\cdot$ 氧化产生含 Cl 的自由基，例如 $Cl\cdot$ 和 $ClOH^-\cdot$，进一步地，可由 $Cl\cdot$ 引发产生 HClO，如式(5-1) 所示：

$$Cl_2 + H_2O \longrightarrow HClO + H^+ + Cl^- \tag{5-1}$$

据文献[38]报道，当添加过量的 Cl^- 时，$Cl\cdot$ 和 HClO 的出现会促进目标污染物的降解[38]。并且，之前的研究[39]也提到，含卤素的自由基活性物质对富电子的有机污染物具有更强的选择破坏性。TC 是一种比其他研究中提到的具有类似结果的磺胺甲噁唑[38]、双酚 A[40]、对乙酰氨基酚[41]等污染物更富电子的污染物。基于上述原因，可以解释为 Cl^- 的添加可能加快了体系中的电子转移，从而促进了 TC 的降解。然而，随着活性物质逐渐被消耗，后期的反应受到了限制。

5.3 铁-氮生物炭活化 PDS 降解四环素的机制

Fe-N@MFC 催化剂活化 PDS 的机制通常从活性氧物质和材料结构的变化两个方面进行分析。PDS 在活化的过程中会产生不同种类的自由基以及其他活性很强的中间活性物质，可利用这些物质去攻击降解目标污染物。对材料的结构变化进行分析有助于理解材料在 PDS 活化过程中所起到的作用，例如物相是否参与反应、材料的缺陷和孔道是否有助于氧化还原反应以及是否存在电子转移机制。因此，在本节内容中着重关注活性氧的产生和 Fe-N@MFC 自身结构的变化。同时，通过 DFT 计算进一步明确 Fe-N@MFC、PDS 和 ROS 三者之间的关系，最终推断出材料催化活化 PDS 降解污染物的机制。

5.3.1 反应体系中活性氧物质分析

ROS 的测定手段主要有 EPR 检测和自由基猝灭实验两种方式。通常情况下，在过硫酸盐的高级氧化体系中，$\cdot OH$、$SO_4^-\cdot$、$O_2^-\cdot$、$^1O_2$ 和电子转移被认为发挥着重要的作用。为了检测 Fe-N@MFC/PDS 体系中 ROS 的存在，首先采用自由基猝灭实验进行验证，结果如图 5-17 所示。$\cdot OH$、$SO_4^-\cdot$、$O_2^-\cdot$、$^1O_2$ 和电子转移分别使用的猝灭剂为 TBA、MeOH、PBQ、NaN_3 和 K_2CrO_4。根据 TBA 和 MeOH 与 $\cdot OH$ 和 $SO_4^-\cdot$ 的反应速率，确定它们的浓度为 1mol/L，其浓度由体系中 PDS 的浓度（1.8mmol/L）决定。有文献[36]对醇类猝灭剂的浓度做了统计研究，当这类猝灭剂与 PDS 的浓度比在（500∶1）～（1000∶1）之间时，才能够在不破坏反应体系平衡的同时抑制 $\cdot OH$ 和 $SO_4^-\cdot$ 的产生。对于抑制 $O_2^-\cdot$ 的 PBQ 没有准确说明，NaN_3 不宜投加过多，因为过量的 NaN_3 会与氧化剂发生反应。因此，在此研究中 PBQ 和 NaN_3 的浓度均设置为 10mmol/L。K_2CrO_4 浓度与 PDS 浓度的比值为 2∶1。

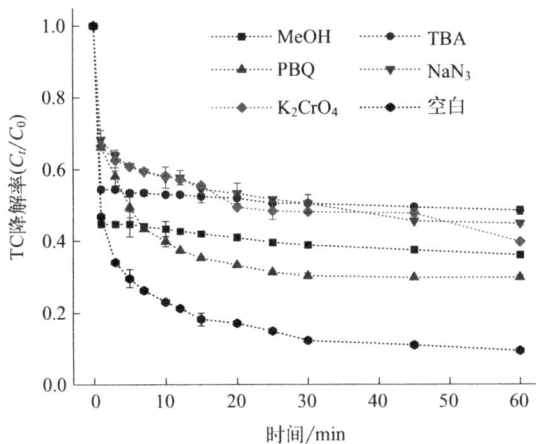

图 5-17　活性物质的猝灭实验

如图 5-17 所示，MeOH、TBA、PBQ、NaN_3 和 K_2CrO_4 添加到 Fe-N@MFC/PDS 反应体系中后，TC 的降解率均表现出明显的下降，分别为 63.92%、51.57%、70.21%、55.00% 和 60.26%，初步说明体系中同时存在 $\cdot OH$、$SO_4^-\cdot$、$O_2^-\cdot$、$^1O_2$ 和电子转移。

如图 5-18 所示，$\cdot OH$ 和 $SO_4^-\cdot$ 的四线峰、$O_2^-\cdot$ 的六线峰和 $^1O_2$ 的三线峰信

号峰出现在了 EPR 谱图中，该结果证明了这一点。在 EPR 检测分析时，使用 DMPO 在水相体系中捕获 ·OH 和 $SO_4^-·$，在甲醇体系中捕获 $O_2^-·$，使用 TEMP 在水相体系中捕获 $^1O_2$。同时，图中信号峰的增强说明 Fe-N@MFC/PDS 体系中的自由基是持续产生的，对于污染物的降解十分有利。

根据猝灭实验中 TC 最终的降解率可知，·OH 和 $^1O_2$ 在体系中的贡献比 $SO_4^-·$ 和 $O_2^-·$ 高。然而，在 MeOH 和 TBA 加入反应体系使 ·OH 和 $SO_4^-·$ 受到抑制的条件下，TC 的降解速率明显下降。同时，如图 5-19 所示，经线性拟合，MeOH、TBA、PBQ、NaN_3 和 K_2CrO_4 引入反应体系后，TC 的降解速率分别

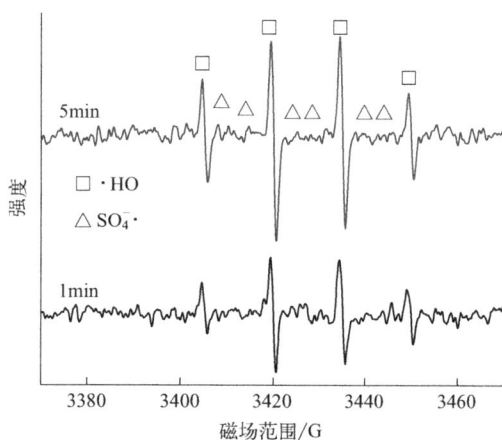

(a) ·OH 和 $SO_4^-·$

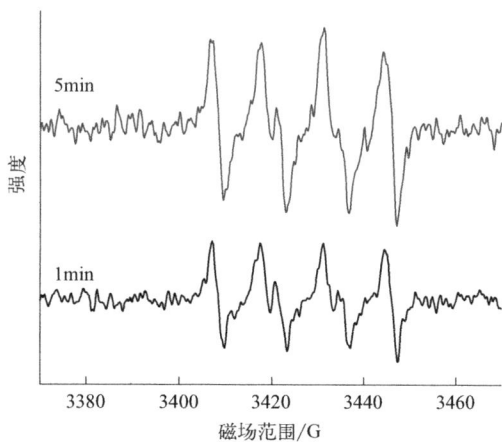

(b) $O_2^-·$

图 5-18

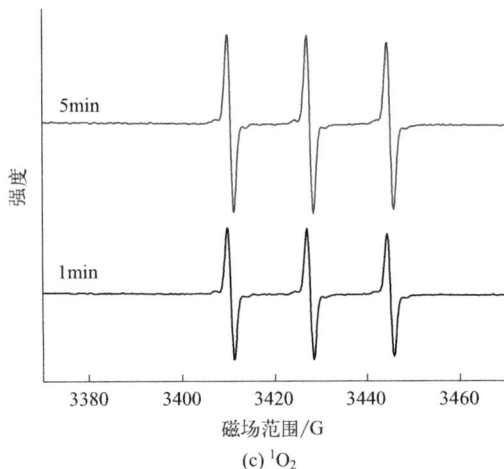

(c) $^1O_2$

图 5-18 Fe-N@MFC/PDS 体系中活性物质的检测

为 $0.0054min^{-1}$、$0.0027min^{-1}$、$0.0582min^{-1}$、$0.0181min^{-1}$ 和 $0.0116min^{-1}$，以上数值远远低于空白体系中 TC 的降解速率（$0.3304min^{-1}$）。根据降解率和降解速率可知，·OH、SO_4^-·、$^1O_2$ 和电子转移可能在 TC 降解的过程中起到了主要贡献作用。

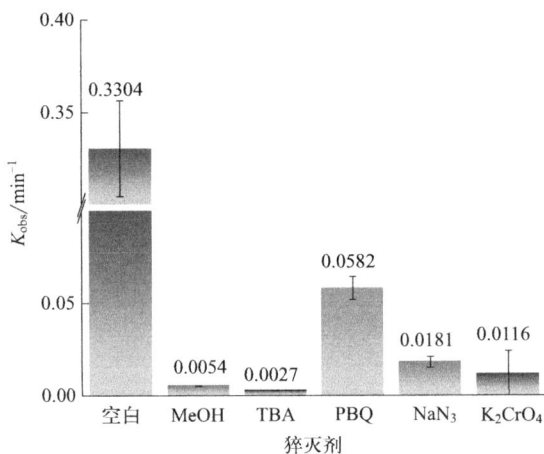

图 5-19 Fe-N@MFC/PDS 体系中降解速率的检测

$^1O_2$ 和电子转移的作用可通过溶剂交换实验和电化学测试分析进一步判定。$^1O_2$ 在 D_2O 溶剂中的存在寿命能增大至 H_2O 溶剂中的 10 倍。若 $^1O_2$ 是攻击 TC 的主要物质，则 TC 在 D_2O 溶液反应体系中的降解速率会加快。如图 5-20 所示，

将 H_2O 换成 D_2O 后，TC 的降解率（86.80%）和降解速率（0.0974min^{-1}）均低于 H_2O 溶液体系。该结果说明，$^1O_2$ 在 Fe-N@MFC/PDS 反应体系中不是作用于 TC 的主要活性物质。

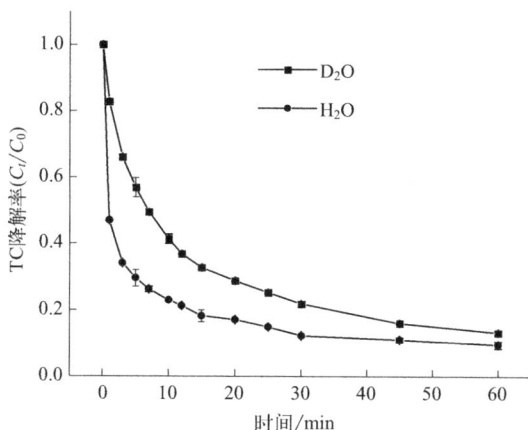

图 5-20 溶剂交换实验

如图 5-21(a) 所示，LSV 测试结果显示，仅添加 PDS 时体系中产生的电流十分微弱，当 TC 与 Fe-N@MFC、PDS 同时存在时，体系中的电流强度明显提高，表明 Fe-N@MFC、PDS 和 TC 三者之间产生了电子转移。以 TC 作为电子供体，PDS 作为电子受体，发生 TC 的氧化降解。计时电流法测试的电流响应曲线［图 5-21(b)］结果也说明了这一点。当 PDS 加入以 Fe-N@MFC 为工作电极的电化学测试体系中时，电流发生了负响应，说明 Fe-N@MFC 与 PDS 之间存在电子转移，这种电子转移可能源于材料中的氮掺杂，且电子是由材料转移至PDS。通过催化剂 Fe-N@MFC 和 PDS 之间的电子转移过程，催化剂被氧化并形成亚稳态的氧化态，与随后的有机污染物降解反应密切相关。当 TC 引入体系中后，电流发生了急剧升高，说明体系中发生了反应。在反应过程中，污染物 TC 向 Fe-N@MFC 和 PDS 提供电子，Fe-N@MFC 作为电子穿梭体介导 TC 降解过程中的电子转移机制。

综上所述，在 Fe-N@MFC/PDS 降解 TC 的反应体系中同时存在 $\cdot OH$、$SO_4^-\cdot$、$O_2^-\cdot$ 的自由基途径和 $^1O_2$ 的非自由基途径以及电子转移途径。根据对 TC 降解的抑制效果及其他验证实验可知，在 Fe-N@MFC/PDS 降解 TC 的反应体系中，不同作用途径的影响顺序依次为 $\cdot OH$、$SO_4^-\cdot$、电子转移、$^1O_2$、$O_2^-\cdot$。

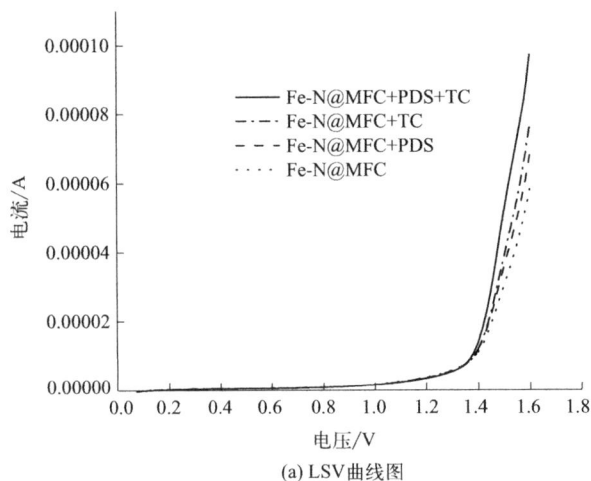

(a) LSV曲线图

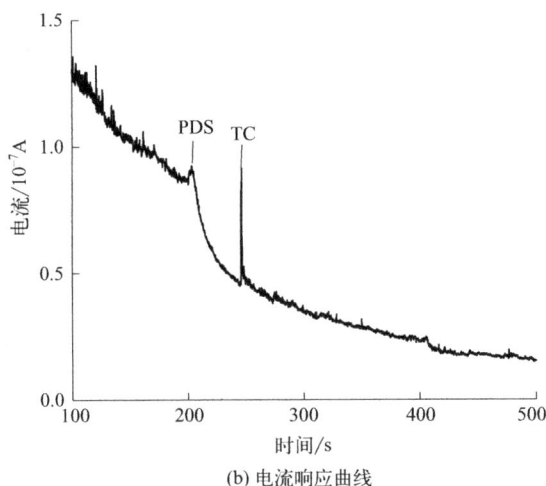

(b) 电流响应曲线

图 5-21 以 Fe-N@MFC 为工作电极的 LSV 曲线图和 PDS/TC 添加后的电流响应曲线

5.3.2 铁-氮生物炭反应前后结构的变化

对反应后的 Fe-N@MFC 进行物相测试，可以了解材料上的物质是否参与了反应。反应后的 Fe-N@MFC 的 XRD 谱图如图 5-22 所示。

与初始材料的 XRD 结果（图 5-2）相比，反应后，Fe-N@MFC 材料上的 Fe_3C 物相含量急剧减少，说明 Fe_3C 在 Fe-N@MFC/PDS 反应体系中一定发挥了作用。此外，反应后的 Fe_4N 物相也表现出了明显的下降，其衍射峰几乎消失，表明 Fe_4N 也参与了催化反应。XRD 的结果初步证明了 Fe_3C 和 Fe_4N 在催化反应中发挥了重要的作用。

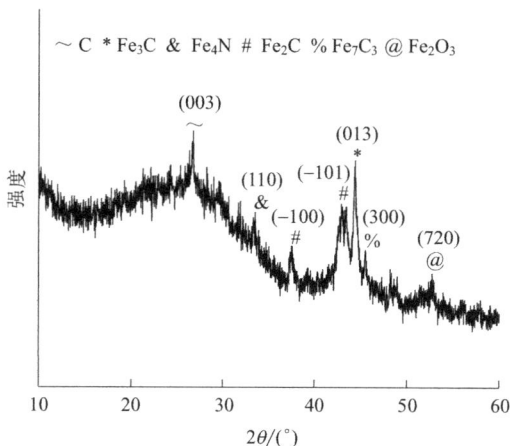

图 5-22　反应后 Fe-N@MFC 的 XRD 谱图

由于 Fe_3C 和 Fe_4N 的减少，Fe-N@MFC 的结构受到了一定影响。利用拉曼光谱对 Fe-N@MFC 进行测试，结果如图 5-23 所示。与使用前的材料（图 5-6）相比，使用后的 Fe-N@MFC 的 I_D/I_G 值有所下降，从初始的 1.025 减小至 1.003。该结果说明参与反应后，材料上的缺陷程度有所减弱，结合 XRD 结果可知，缺陷程度的降低是由 Fe 和 N 原子的减少导致的。

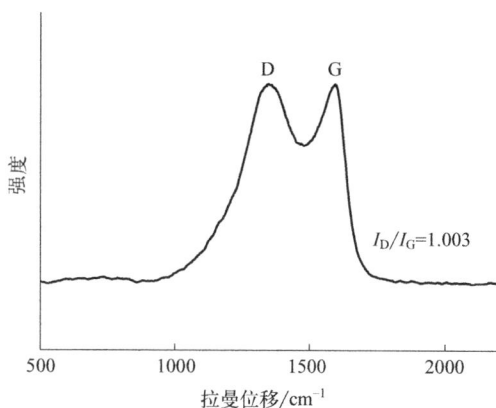

图 5-23　反应后 Fe-N@MFC 的拉曼光谱图

为了明确材料在反应体系中发挥的作用，对材料上其他化学结构的研究十分有必要。采用 FT-IR 和 XPS 对反应后 Fe-N@MFC 的化学结构变化进一步进行了测试分析，结果如图 5-24 所示。

与图 5-7 中初始 Fe-N@MFC 的官能团相比，反应后的 Fe-N@MFC 的官能团没有明显变化，说明材料表面的—OH、C═O 和 C—O 等基团没有直接参与

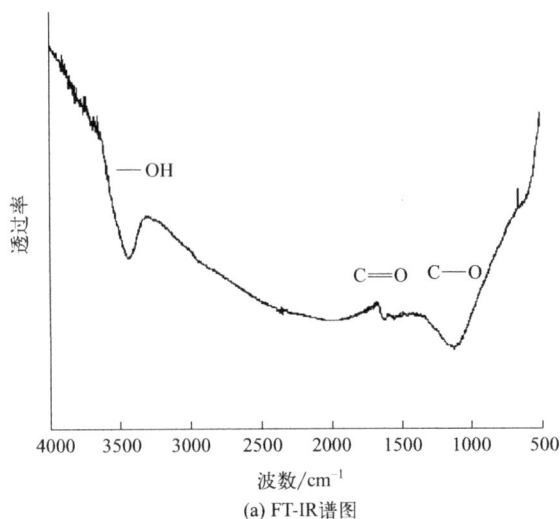

(a) FT-IR谱图

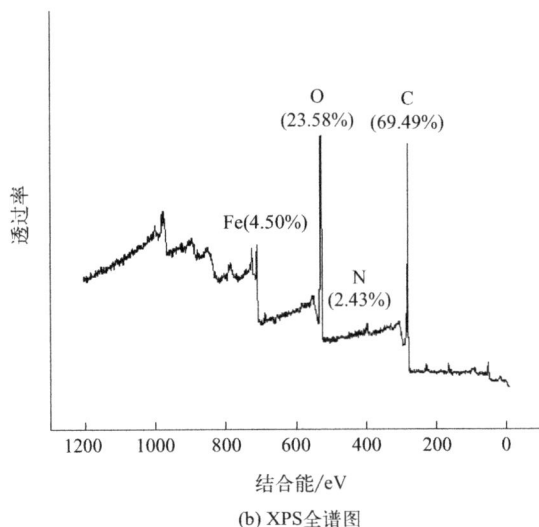

(b) XPS全谱图

图 5-24　反应后 Fe-N@MFC 的 FT-IR 谱图和 XPS 全谱图

反应。查阅先前具有类似结果的文献[8]可知，材料上的官能团可能在催化体系中充当电子转移媒介的角色。但是，从反应后材料上 O 原子含量的升高可以判定，材料发生了氧化还原反应，XPS 全谱图中列举出的 O 原子含量从初始的 7.28%（图 5-7）增加到反应后的 23.58%。O 原子含量的增加可能主要源于反应后材料表面氧化铁含量的增加。氧化铁的产生来自 Fe_3C 和 Fe_4N 中零价铁和二价铁的氧化，这个推断可根据 XPS 中铁元素精细谱图的分峰结果（图 5-25）得到。

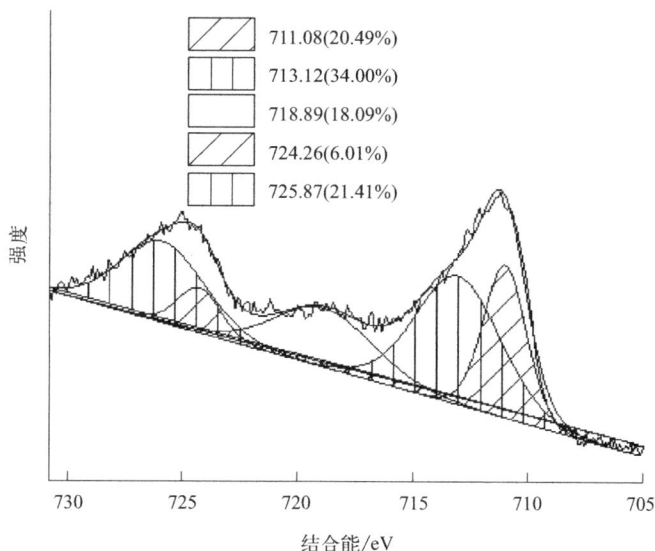

图 5-25　反应后 Fe-N@MFC 的 Fe 2p 谱图

如图 5-25 所示，反应后的 Fe-N@MFC 材料表面上代表 Fe_3C 的 707.5eV 结合能位置的峰消失。同时，归因于 Fe_4N 的 711.08eV 结合能位置的峰面积从初始材料的 25.96%（图 5-8）下降到反应后的 20.49%。此外，在 713.13eV 结合能位置的三价峰面积从初始的 24.32% 增加到反应后的 34.00%。低价态铁含量的降低以及高价态铁含量的升高均说明了铁在过硫酸盐体系中发生了氧化还原反应，该反应如式（3-19）和式（3-25）所示。

5.3.3　铁-氮生物炭活化过硫酸盐的 DFT 计算

根据对上述材料物化结构变化的分析可知，Fe-N@MFC 材料主要依靠其中的 Fe_3C 和 Fe_4N 与 PDS 之间的氧化还原反应构成催化体系。那么，Fe_3C 和 Fe_4N 的介入是如何影响 PDS 并与之发生反应的？对于该问题的解析主要通过 DFT 计算得出。

首先，分别构建了 4 种基本的材料吸附 PDS 的模型，模型 1 为单一氮原子掺杂的石墨烯结构，在模型 1 的基础上掺杂 Fe_3C 和 Fe_4N 构成了模型 2。为了更加清晰地分析出 Fe_3C 和 Fe_4N 的作用，分别在模型 1 的基础上掺杂 Fe_3C 构成模型 3，掺杂 Fe_4N 构成模型 4。通过计算得到 4 种结构对 PDS 的吸附能 E_{ads}，模型和吸附能结果如图 5-26(a)（书后另见彩图）所示。

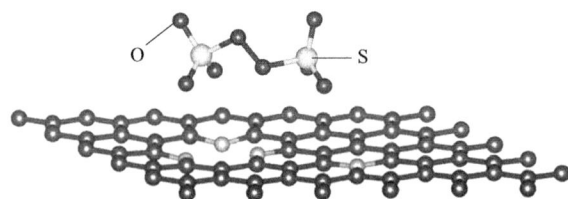

$E_{ads}=-2.80eV$ 模型1

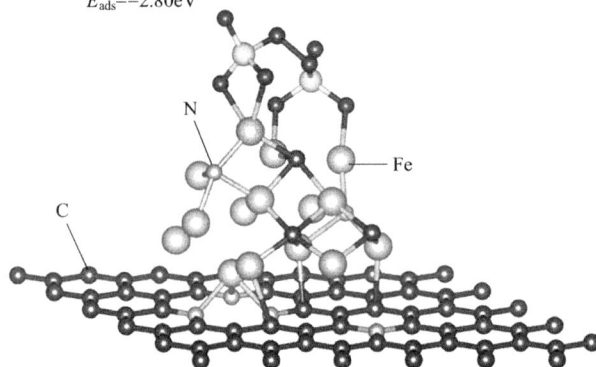

$E_{ads}=-8.66eV$ 模型2

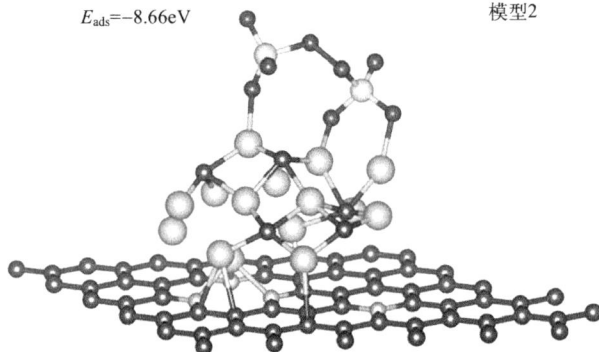

$E_{ads}=-9.84eV$ 模型3

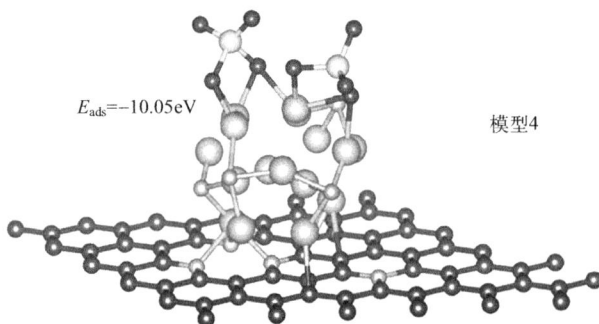

(a) PDS在4种模型上的吸附

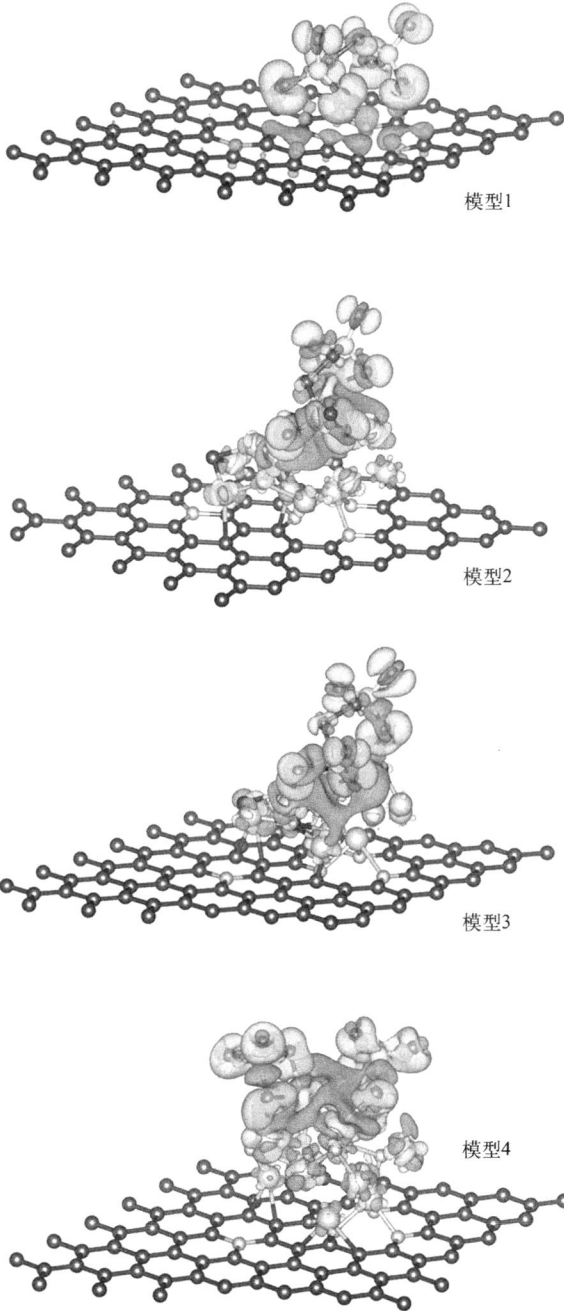

模型1

模型2

模型3

模型4

(b) 差分电荷密度分布

图 5-26　PDS 在 4 种模型上的吸附和差分电荷密度分布

模型 1 上氮掺杂的石墨烯结构对 PDS 的吸附能仅有 2.80eV，当引入 Fe_3C 和 Fe_4N 后，模型 2 的吸附能增加至 8.66eV，同时，单一引入 Fe_3C 后，模型 3 对 PDS 的吸附能为 9.84eV，根据以往的研究可知，该模型的吸附主要归因于活性位点铁原子与 PDS 的氧原子之间的吸附[4]。当单一引入 Fe_4N 后，模型 4 结构对 PDS 的吸附能进一步提高至 10.05eV，同时观察到 Fe_4N 并不是与 PDS 直接吸附的，而是与两个硫酸根离子相互作用，说明当 Fe_4N 靠近 PDS 时，PDS 能被解离，从而激发出两个硫酸根离子，由此提高了铁原子与氧原子的接触率，更有利于材料与 PDS 之间氧化还原反应的发生。

Fe_3C 和 Fe_4N 的引入除了可以增加材料与 PDS 之间的吸附能以外，对材料表面的电子转移也起到了一定的作用。如图 5-26（b）（书后另见彩图）所示，4 种模型与 PDS 之间存在的电荷密度分布强度有所不同。黄色的等高面代表的是电荷密度升高的区域，淡蓝色的等高面代表的是电荷密度降低的区域。初始氮掺杂的石墨烯材料模型 1 与 PDS 之间的电荷分布主要集中在靠近碳基质且与吡啶氮和与石墨氮相邻的碳位点上，表明这些位点是潜在的 PDS 吸附位点，它们的存在可以起到促进氧化还原反应的作用[30]。这个结果也解释了在某些文献中报道过的利用单一氮掺杂的碳材料作为催化剂在高级氧化过程中发挥作用的机理。随着 Fe_3C 和 Fe_4N 的引入，碳基质上的电荷分布和自旋密度发生了改变。一部分的电子集中在金属铁原子活性位点上，不过更多的电荷分布在活性铁原子与 PDS 吸附结合的周围，电子的分布为铁原子与 PDS 的氧化还原反应创造了十分有利的环境。模型 4 表现出了更高的电荷密度，这种现象应该来源于 PDS 被解离成了两个硫酸根离子，增强了铁原子与氧原子的吸附结合。基于上述结果，Fe_3C 和 Fe_4N 构象的引入不仅可以促进 PDS 在铁原子活性位点上的吸附，还可以改变电荷分布，因此强化了不同价态的铁（来自 Fe_3C 的零价铁和来自 Fe_4N 的 Fe—N）与 PDS 之间的氧化还原反应。而且，氮掺杂的碳基质材料也起到了电子转移的作用。

基于以上的反应条件，发生了氧化还原反应，并引起了一些化学键的断裂。比如来自吡啶氮和石墨氮上的 C—N 键，以及 Fe_4N 中的 Fe—N。这种结果的猜测可通过对反应后的 Fe-N@MFC 材料表面的 C 1s 和 N 1s 精细谱图的分峰拟合结果进一步得到确认。C 1s 和 N 1s 的分峰结果如图 5-27 所示。与初始材料的 C 1s 分峰结果（图 5-8）相比，反应后材料表面的 C—N 含量减少到了 18.89%，N 1s 的分峰结果说明了减少的 C—N 来源于吡啶氮和石墨氮，同时，Fe—N 也消失了。

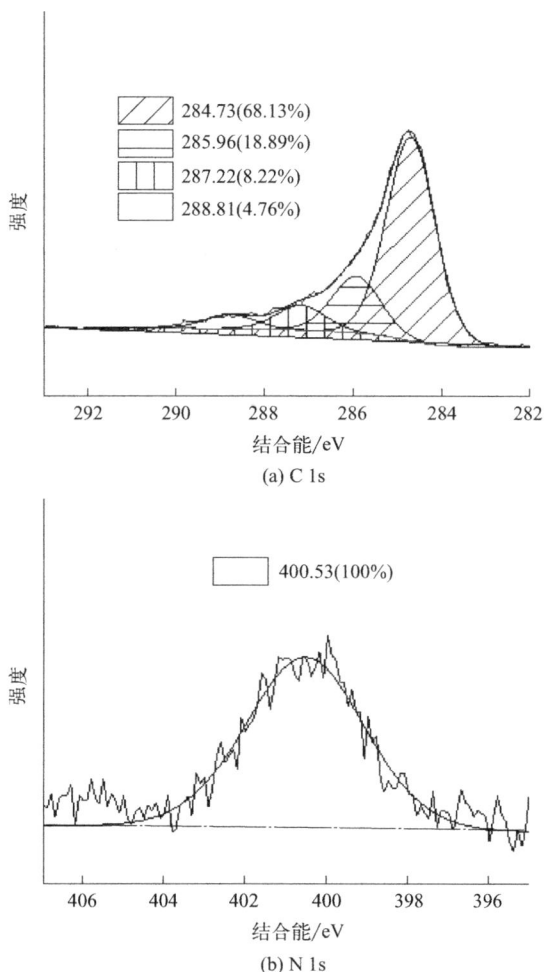

図 5-27　反応后 Fe-N@MFC 上 C 1s 和 N 1s 的分峰図譜

综上所述，Fe-N@MFC 活化 PDS 的机制主要可总结为以下 2 个方面。

① 材料中的 Fe_3C 和 Fe_4N 增强了 PDS 的吸附和解离，有利于它们发生氧化还原反应，如式（3-19）和式（3-25）所示。

② 材料表面的缺陷、电子转移为氧化还原反应创造了条件，通过发生如式（3-20）、式（3-26）、式（5-2）以及式（5-3）所示的反应，产生了活性物质 ROS。机制示意如图 5-28（书后另见彩图）所示。

$$SO_4^- \cdot + H_2O \longrightarrow SO_4^{2-} + \cdot OH + H^+ \tag{5-2}$$

$$2O_2^- \cdot + 2H^+ \longrightarrow {}^1O_2 + H_2O_2 \tag{5-3}$$

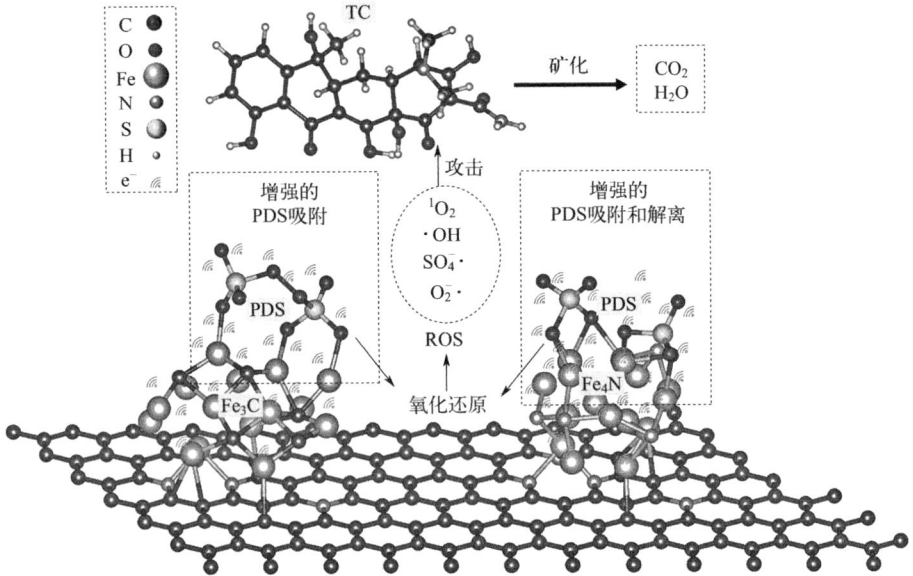

图 5-28　Fe-N@MFC 活化 PDS 的机制示意

5.4　四环素的降解产物及途径

5.4.1　反应位点预测

有机污染物在降解的过程中不可避免地会产生一些中间产物，这些中间产物的检测对分析有机污染物的降解路径十分重要。LC-MS-MS 被认为是一种有效测试和分析产物的手段，并且通过 DFT 计算可以构建优化污染物的模型结构，分析其电荷分布，利用 Fukui 函数预测污染物中可能发生反应的原子位点[42]。

首先，对污染物 TC 进行了结构优化，优化后的结构如图 5-29（书后另见彩图）所示。在此基础上，获得了 TC 的最高占据分子轨道（HOMO）和最低未占据分子轨道（LUMO）的三维可视化模型，如图 5-30（书后另见彩图）所示。通过计算可知 HOMO 值为 -7.85eV，LUMO 值为 -1.30eV。HOMO 与 LUMO 之间的能隙表示的是分子的动力学稳定性[42]。经计算，TC 分子的能隙 ΔE 为 6.55eV，该数值说明污染物 TC 的分子结构十分稳定。从电荷分布的三维视图可以看出：主要的 HOMO 位于 N40、C33、C32、H36、H38、C1、C2 和 C3 等原子上，LUMO 主要分布在 C5、C1、C8、C12、O23、O25 和 H38 等原子上。

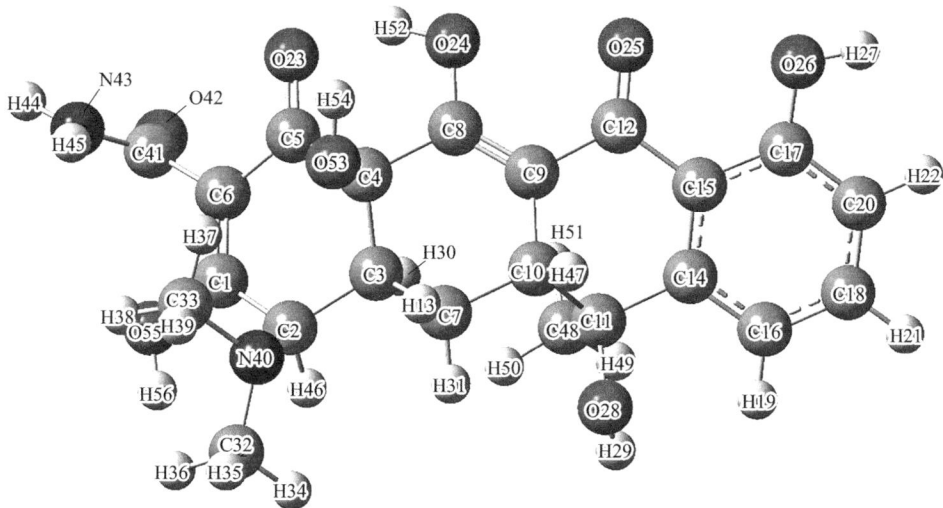

图 5-29 TC 的优化结构

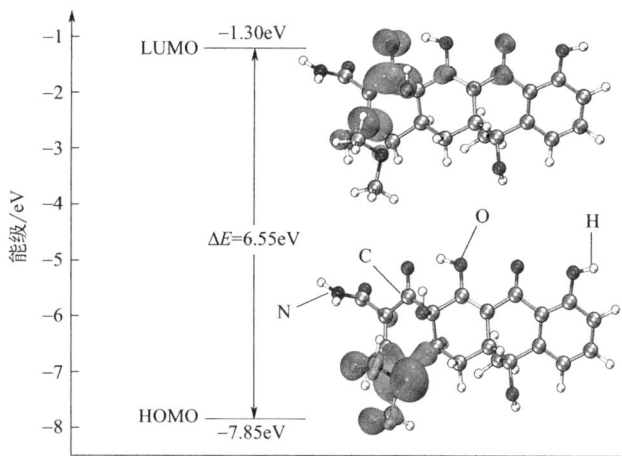

图 5-30 前沿分子轨道能级图和等密度图

表 5-2 中列举了 TC 分子中各原子的 Hirshfeld 电荷、简缩 Fukui 函数和简缩双描述（CDD）。其中 Fukui 函数中的 f^-、f^+ 和 f^0 分别代表亲电、亲核和自由基反应。数据显示，C1、C5、C12 和 C8 的 Fukui 函数相对较高，表明它们容易受到自由基的攻击。但是，与 C12 和 C5 相连的 O25 和 O23 原子的 Fukui 函数值最高，据文献报道，该位置的高 Fukui 函数是由羰基的空间位阻效应引起的[42]。

表 5-2   **Hirshfeld 电荷、简缩 Fukui 函数和简缩双描述（CDD）**

原子	$q(N)$	$q(N+1)$	$q(N-1)$	f^-	f^+	f^0	CDD
C1	0.1048	0.0216	0.1140	0.0092	0.0832	0.0462	0.0740
C2	0.0232	0.0160	0.0285	0.0053	0.0072	0.0063	0.0019
C3	−0.0263	−0.0275	−0.0237	0.0026	0.0011	0.0019	−0.0015
C4	0.0673	0.0568	0.0756	0.0083	0.0104	0.0094	0.0021
C5	0.1382	0.0470	0.1414	0.0032	0.0912	0.0472	0.0880
C6	−0.0556	−0.0844	−0.0481	0.0074	0.0288	0.0181	0.0214
C7	−0.0580	−0.0642	−0.0499	0.0081	0.0063	0.0072	−0.0018
C8	0.0759	0.0678	0.1075	0.0317	0.0081	0.0199	−0.0235
C9	−0.0549	−0.0744	−0.0263	0.0286	0.0195	0.0240	−0.0091
C10	−0.0214	−0.0250	−0.0144	0.0070	0.0036	0.0053	−0.0034
C11	0.0842	0.0833	0.0853	0.0012	0.0009	0.0010	−0.0003
C12	0.1227	0.0911	0.1653	0.0426	0.0316	0.0371	−0.0110
H13	0.0304	0.0220	0.0393	0.0089	0.0084	0.0087	−0.0005
C14	−0.0001	−0.0084	0.0155	0.0155	0.0084	0.0120	−0.0072
C15	−0.0336	−0.0386	−0.0188	0.0148	0.0050	0.0099	−0.0098
C16	−0.0660	−0.0791	−0.0348	0.0312	0.0132	0.0222	−0.0180
C17	0.0874	0.0734	0.1055	0.0180	0.0141	0.0160	−0.0039
C18	−0.0354	−0.0681	0.0013	0.0367	0.0327	0.0347	−0.0040
H19	0.0320	0.0215	0.0516	0.0195	0.0106	0.0150	−0.0090
C20	−0.0751	−0.0957	−0.0460	0.0291	0.0207	0.0249	−0.0084
H21	0.0463	0.0277	0.0693	0.0230	0.0185	0.0208	−0.0045
H22	0.0399	0.0242	0.0611	0.0213	0.0156	0.0184	−0.0057
O23	−0.2116	−0.3132	−0.1914	0.0201	0.1016	0.0609	0.0815
O24	−0.1783	−0.1971	−0.1394	0.0390	0.0188	0.0289	−0.0202
O25	−0.2451	−0.2920	−0.0812	0.1639	0.0469	0.1054	−0.1170
O26	−0.1672	−0.1788	−0.1396	0.0276	0.0116	0.0196	−0.0160
H27	0.1795	0.1666	0.2032	0.0237	0.0129	0.0183	−0.0108
O28	−0.2139	−0.2216	−0.2022	0.0116	0.0077	0.0097	−0.0039
H29	0.1578	0.1488	0.1694	0.0116	0.0090	0.0103	−0.0026
H30	0.0313	0.0261	0.0362	0.0049	0.0052	0.0050	0.0003
H31	0.0233	0.0119	0.0358	0.0125	0.0114	0.0119	−0.0011

原子	$q(N)$	$q(N+1)$	$q(N-1)$	f^-	f^+	f^0	CDD
C32	−0.0405	−0.0500	−0.0310	0.0095	0.0095	0.0095	0.0001
C33	−0.0547	−0.0602	−0.0464	0.0083	0.0055	0.0069	−0.0028
H34	0.0381	0.0286	0.0451	0.0069	0.0095	0.0082	0.0026
H35	0.0434	0.0271	0.0556	0.0122	0.0162	0.0142	0.0040
H36	0.0129	0.0021	0.0296	0.0166	0.0109	0.0137	−0.0057
H37	0.0240	0.0235	0.0269	0.0029	0.0004	0.0017	−0.0024
H38	0.0086	0.0002	0.0236	0.0150	0.0083	0.0117	−0.0067
H39	0.0379	0.0198	0.0508	0.0129	0.0181	0.0155	0.0052
N40	−0.0803	−0.0882	−0.0534	0.0269	0.0078	0.0174	−0.0191
C41	0.1579	0.1576	0.1657	0.0079	0.0003	0.0041	−0.0076
O42	−0.3033	−0.3322	−0.2670	0.0363	0.0289	0.0326	−0.0074
N43	−0.136	−0.1493	−0.1225	0.0135	0.0134	0.0134	−0.0002
H44	0.1402	0.1194	0.1536	0.0134	0.0208	0.0171	0.0073
H45	0.1292	0.1226	0.1354	0.0062	0.0065	0.0064	0.0004
H46	0.0385	0.0183	0.0471	0.0087	0.0202	0.0144	0.0115
H47	0.0346	0.0225	0.0479	0.0133	0.0121	0.0127	−0.0012
C48	−0.0946	−0.0972	−0.0901	0.0046	0.0026	0.0036	−0.002
H49	0.0305	0.0187	0.0421	0.0116	0.0118	0.0117	0.0002
H50	0.0273	0.0262	0.0362	0.0088	0.0012	0.0050	−0.0077
H51	0.0388	0.0394	0.0396	0.0008	−0.0006	0.0001	−0.0014
H52	0.1268	0.1166	0.1424	0.0156	0.0102	0.0129	−0.0054
O53	−0.1912	−0.2182	−0.1691	0.0221	0.0270	0.0246	0.0049
H54	0.1732	0.1578	0.1838	0.0106	0.0154	0.0130	0.0047
O55	−0.1457	−0.1996	−0.1275	0.0182	0.0539	0.0360	0.0357
H56	0.1829	0.1568	0.1920	0.0091	0.0261	0.0176	0.0169

5.4.2 四环素的降解产物及途径

　　TC 降解产物的直接检测是通过 LC-MS-MS 测试仪进行的,如表 5-3 所列,通过全扫描和质谱提取,一共检测到 9 种主要的中间产物。它们的质荷比(m/z)分别为 416、476、426、340、395、363、276、160 和 120。

表 5-3　四环素在 Fe-N@MFC/PDS 反应体系中的降解产物

产物	分子量	化学式	结构式	出峰时间/min
A	416	$C_{20}H_{20}N_2O_8$		19.75
B	476	$C_{22}H_{24}N_2O_{10}$		6.02
C	426	$C_{22}H_{22}N_2O_7$		2.16
D	340	$C_{18}H_{28}O_6$		7.36
E	395	$C_{21}H_{17}NO_7$		16.95
F	363	$C_{18}H_{21}NO_7$		16.59
G	276	$C_{15}H_{16}O_5$		11.42

产物	分子量	化学式	结构式	出峰时间/min
H	160	$C_{11}H_{12}O$		3.17
I	120	$C_3H_4O_5$		17.17

根据文献阅读和机制分析，总结出 3 条可能的 TC 降解路径，如图 5-31 所示。在路径Ⅰ中，与 N40 相连接的—CH_3 被氧化，C9 被 •OH 攻击生成了产物 B($m/z=476$)[43]。降解路径Ⅱ，侧链上的两个 C—N 可能受到 •OH 或 SO_4^-• 和

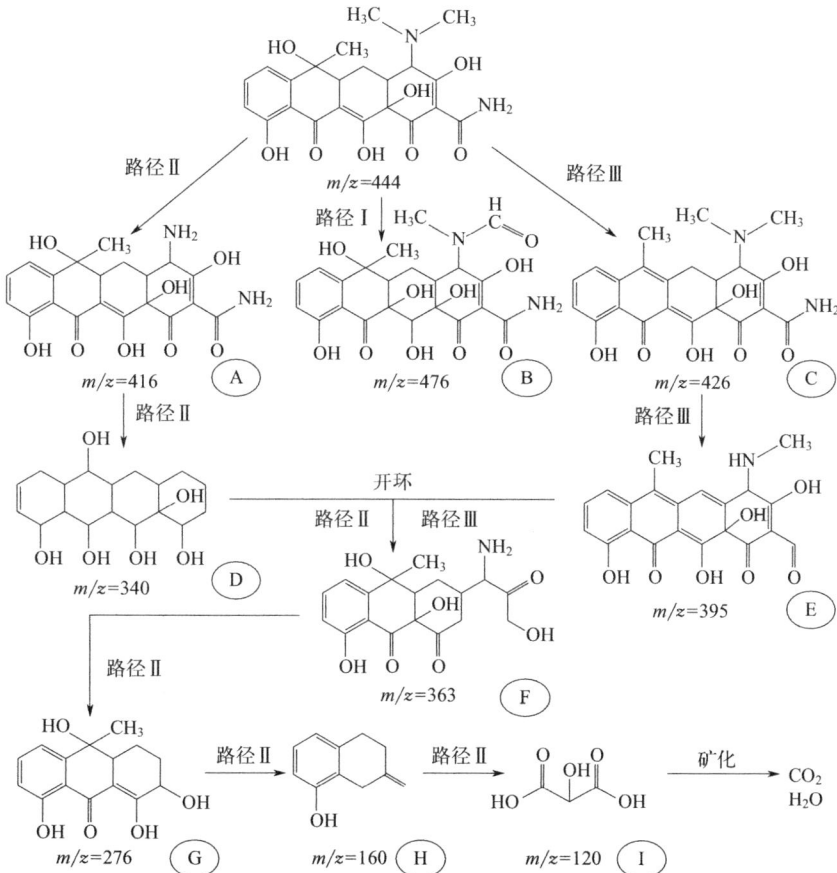

图 5-31 TC 可能的降解路径

O_2^-·的攻击，使其在脱甲基反应[44]之后形成产物 A($m/z=416$)。此后，氢化、羟基化、脱氨、脱甲基和 C—C 断裂等多个反应发生，生成了产物 D($m/z=340$)[44]。然后，TC 在脱水反应后通过路径Ⅲ生成产物 C($m/z=426$)，通过脱甲基和脱氨反应形成产物 E($m/z=395$)[45]。产物 D 和产物 E 则在自由基影响下发生开环反应生成产物 F($m/z=363$)。由于产物 F 中的 C—N 不稳定，进一步被分解生成产物 G($m/z=276$)[46]。该低环分子进一步经历开环反应生成产物 H($m/z=160$)，直至逐渐被矿化为 CO_2 和 H_2O。

5.5 铁-氮生物炭的稳定性和循环利用性考察

5.5.1 反应过程中铁离子的浸出

根据机制分析，材料上的 Fe_3C 和 Fe_4N 参与了反应。由于金属铁的存在，在反应过程中会产生离子浸出的可能性，因此，采用 ICP 对反应系中不同时间段的溶液进行监测，通过铁离子的浸出浓度考察材料的稳定性以及评估该材料的使用是否会对水体造成二次污染。测试结果如图 5-32 所示。

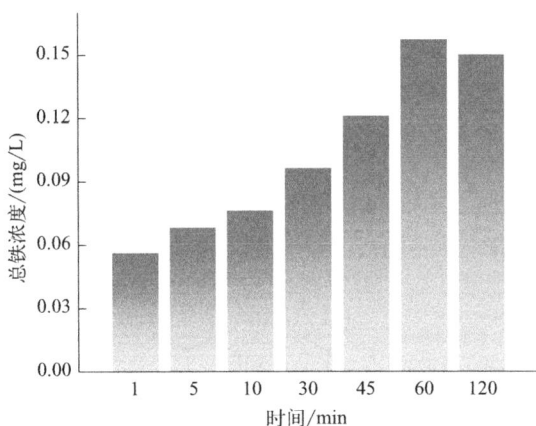

图 5-32　反应过程中铁离子的浸出浓度

如图 5-32 所示，在反应的初始阶段铁离子就发生了浸出，说明材料上的含铁物相在开始时便参与了反应，侧面证明了材料迅速参与反应。此时铁离子的浓度不高，为 0.056mg/L。随着反应时间的延长，铁离子的浓度随之升高。反应结束（60min）时，铁离子的浓度升高到最大（0.157mg/L），说明铁离子在反应过程中不断析出。反应结束后，继续检测铁离子，发现铁离子浓度略有下降，可能是溶液体系中的铁离子发生了沉淀，被吸附到材料上，导致最终的铁离子浓度减小到 0.15mg/L。上述结果说明 Fe-N@MFC 的使用不会对水体造成二次污染，具有良好的化学稳定性和应用潜力。

5.5.2　铁-氮生物炭的循环利用性分析

在最佳反应条件（0.5g/L 的 Fe-N@MFC、5mg/L 的 TC、1.8mmol/L 的 PDS）下，对第一次使用后的 Fe-N@MFC 材料进行回收，烘干后重复利用，对 Fe-N@MFC 进行了 5 次循环利用实验的考察，结果如图 5-33 所示。

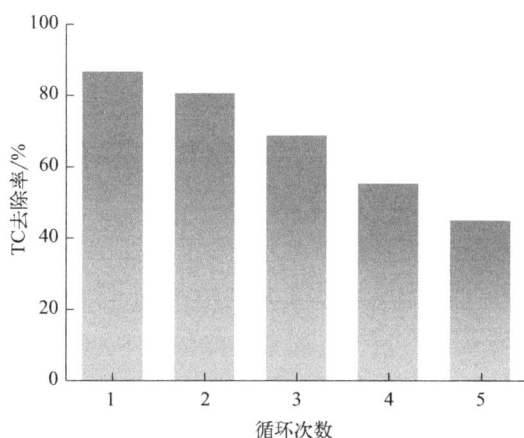

图 5-33　Fe-N@MFC 的循环实验

从图 5-33 中可以看出，随着循环次数的增加，TC 的去除率逐渐下降。1～5 次循环实验的 TC 去除率依次为 87.45%、81.04%、69.70%、55.53% 和 45.22%。虽然循环利用后的材料对 TC 的去除并没有初始材料那么有效，但是，从该循环结果仍可以看出 Fe-N@MFC 具有良好的应用潜力。Fe-N@MFC 在循环利用后催化活性减弱，主要是因为材料中的 Fe_3C 和 Fe_4N 的消耗，这种现象已在 XRD 物相结果中得到了证实。

Fe-N@MFC 催化剂不仅合成方法简单，而且具有多个催化位点，催化性能好，同时具有磁性，在未来的高级氧化领域中具有很大的应用潜力。

综上所述，以染料的絮凝实验产生的絮体作为原材料，通过一步热解法合成了铁-氮生物炭催化剂。研究了该材料的物化特性、活化过硫酸盐降解四环素的催化效能和活化机制，考察了材料的应用潜力，分析了污染物四环素的降解产物及降解途径。主要结论如下：

① 合成的磁性铁-氮生物炭（Fe-N@MFC）同时含有 Fe_3C 和 Fe_4N 构象的催化位点。铁原子被包裹在石墨层内，防止其被氧化。Fe-N@MFC 的磁性强度为 17.9emu/g，易于从液相系统中分离；材料具有缺陷结构，含有 C=C/C—C、C—O、C=O 和 O—C=O 等官能团，对过硫酸盐的活化十分有利。

② Fe-N@MFC 在活化过硫酸盐降解四环素的反应体系中展现出较强的催化能力，与未加入催化剂的 TC 降解率（7.17%）相比，Fe-N@MFC 催化后的 TC 降解率（90.00%）提升了 82.83%。反应条件优化后，TC 的降解率为 90.50%，降解速率达到了 $0.3304min^{-1}$。

③ 反应体系中同时存在 $\cdot OH$、$SO_4^- \cdot$ 和 $O_2^- \cdot$ 自由基途径、电子转移和 $^1O_2$ 非自由基途径，以 $\cdot OH$ 和 $SO_4^- \cdot$ 氧化为主。材料上的 Fe_3C 和 Fe_4N 参与了氧化还原反应，DFT 计算证明了 Fe_3C 和 Fe_4N 的掺杂增强了 Fe-N@MFC 对过硫酸盐的吸附和解离，促进了零价铁和二价铁与过硫酸盐之间的氧化还原反应，激发出活性氧物质来攻击污染物四环素。

④ Fe-N@MFC 具有良好的应用潜力，在反应过程中，铁离子的浸出浓度为 0.157mg/L，不会对环境造成污染。重复利用铁-氮生物炭 5 次后，四环素的去除率为 45.22%，根据机制分析，去除率的降低与 Fe_3C 和 Fe_4N 催化位点的消耗有关。

参考文献

[1] 席慕凡. 铁氮共掺杂生物炭活化过硫酸盐降解诺氟沙星的研究 [D]. 合肥：合肥工业大学，2021.

[2] Wen Z，Ci S，Zhang F，et al. Nitrogen-enriched core-shell structured Fe/Fe_3C-C nanorods as advanced electrocatalysts for oxygen reduction reaction [J]. Advanced Materials，2012，24（11）：1399-1404.

[3] He L，Wang G，Wu X，et al. N-Doped graphene decorated with $Fe/Fe_3N/Fe_4N$ nanoparticles as a highly efficient cathode catalyst for rechargeable Li-O_2 latteries [J]. ChemElectroChem，2018，5（17）：2435-2441.

[4] Wang W，Jia Q，Mukerjee S，et al. Recent insights into the oxygen-reduction electrocatalysis of Fe/N/C materials [J]. ACS Catalysis，2019，9（11）：10126-10141.

[5] Wang B，Wang S F，Lam S S，et al. A review on production of lignin-based flocculants: Sustainable feedstock and low carbon footprint applications [J]. Renewable and Sustainable Energy Reviews，2020，134：110384.

[6] 张华宇，罗芳颖，江婷婷，等．La/Y 掺杂二氧化硅膜的制备及其对染料废水的分离性能研究 [J]．膜科学与技术，2018，38（4）：113-119，131．

[7] Wang X，Zhang Y，Hao C，et al. Ultrasonic-assisted synthesis of aminated lignin by a Mannich reaction and its decolorizing properties for anionic azo-dyes [J]．RSC Advances，2014，4（53）：28156-28164．

[8] 胡拥军，龙立平，吴四贵，等．利用草浆黑液制备两性木质素絮凝剂 [J]．工业水处理，2006（2）：30-32．

[9] Lyu S，Wang L，Li Z，et al. Stabilization of ε-iron carbide as high-temperature catalyst under realistic fischer-tropsch synthesis conditions [J]．Nature Communications，2020，11（1）：6219．

[10] Du N，Liu Y，Li Q，et al. Peroxydisulfate activation by atomically-dispersed Fe-N$_x$ on N-doped carbon：Mechanism of singlet oxygen evolution for nonradical degradation of aqueous contaminants [J]．Chemical Engineering Journal，2021，413：127545．

[11] Wang X，Zhang P，Wang W，et al. Fe$_3$C and Mn doped Fe$_3$C nanoparticles：Synthesis，morphology and magnetic properties [J]．RSC Advances，2015，5（71）：57828-57832．

[12] Han J，Bao H，Wang J，et al. 3D N-doped ordered mesoporous carbon supported single-atom Fe-N-C catalysts with superior performance for oxygen reduction reaction and zinc-air battery [J]．Applied Catalysis B：Environmental，2021，280：119411．

[13] Yao Y，Liu X，Hu H，et al. Synthesis and characterization of iron-nitrogen-doped biochar catalysts for organic pollutant removal and hexavalent chromium reduction [J]．Journal of Colloid and Interface Science，2022，610：334-346．

[14] Hai N T，Tomul F，Nguyen H T H，et al. Innovative spherical biochar for pharmaceutical removal from water：Insight into adsorption mechanism [J]．Journal of Hazardous Materials，2020，394：122255．

[15] Zhuo S，Yan X，Liu D，et al. Use of bacteria for improving the lignocellulose biorefinery process：Importance of pre-erosion [J]．Biotechnology for Biofuels，2018，11（1）：1-3．

[16] Ding X，Zhang L，Qin Y，et al. Highly porous Fe/N/C catalyst for oxygen reduction：The importance of pores [J]．Chemical Communications，2021，57（56）：6935-6938．

[17] Lian Y，Shi K，Yang H，et al. Elucidation of active sites on S，N codoped carbon cubes embedding Co-Fe carbides toward reversible oxygen conversion in high-performance zinc-air batteries [J]．Small，2020，16（23）：1907368．

[18] Jiang N，Xu H，Wang L，et al. Nonradical oxidation of pollutants with single-atom-Fe（Ⅲ）-activated persulfate：Fe（Ⅴ）being the possible intermediate oxidant [J]．

Environmental Science & Technology，2020，54（21）：14057-14065.

[19] Zhou Y，Liu X，Xiang Y，et al. Modification of biochar derived from sawdust and its application in removal of tetracycline and copper from aqueous solution：Adsorption mechanism and modelling [J]. Bioresource Technology，2017，245：266-273.

[20] 郜旭敏，冯威，王显胜，等. 活性炭负载 Fe_3O_4 催化降解盐酸四环素 [J]. 化工环保，2022，42（5）：616-621.

[21] Patniboon T，Hansen H A. N-doped graphene supported on metal-iron carbide as a catalyst for the oxygen reduction reaction：Density functional theory study [J]. ChemSusChem，2020，13（5）：996-1005.

[22] Yang C，Zhou M，He C，et al. Augmenting intrinsic fenton-like activities of MOF-derived catalysts via N-molecule-assisted self-catalyzed carbonization [J]. Nano-Micro Letters，2019，11：87.

[23] Timmins G S，Liu K J，Bechara E J H，et al. Trapping of free radicals with direct in vivo EPR detection：A comparison of 5，5-dimethyl-1-pyrroline-N-oxide and 5-diethoxyphosphoryl-5-methyl-1-pyrroline-N-oxide as spin traps for HO• and SO_4^-• [J]. Free Radical Biology and Medicine，1999，27（3-4）：329-333.

[24] Si M，Zhang J，He Y，et al. Synchronous and rapid preparation of lignin nanoparticles and carbon quantum dots from natural lignocellulose [J]. Green Chemistry，2018，20（15）：3414-3419.

[25] Zhuo S，Dai T，Ren H，et al. Simultaneous adsorption of phosphate and tetracycline by calcium modified corn stover biochar：Performance and mechanism [J]. Bioresource Technology，2022，359：127477.

[26] Zhu X，Liu Y，Qian F，et al. Preparation of magnetic porous carbon from waste hydrochar by simultaneous activation and magnetization for tetracycline removal [J]. Bioresource Technology，2014，154：209-214.

[27] Wang S，Kong F，Fatehi P，et al. Cationic high molecular weight lignin polymer：A flocculant for the removal of anionic azo-dyes from simulated wastewater [J]. Molecules，2018，23（8）：2005.

[28] Wu H，Yan J，Xu X，et al. Synergistic effects for boosted persulfate activation in a designed Fe-Cu dual-atom site catalyst [J]. Chemical Engineering Journal，2022，428：132611.

[29] He J，Wan Y，Zhou W. ZIF-8 derived Fe-N coordination moieties anchored carbon nanocubes for efficient peroxymonosulfate activation via non-radical pathways：Role of FeN_x sites [J]. Journal of Hazardous Materials，2021，405：124199.

[30] Miao J，Geng W，Alvarez P J J，et al. 2D N-doped porous carbon derived from polydopamine-coated graphitic carbon nitride for efficient nonradical activation of peroxymonosulfate [J]. Environmental Science & Technology，2020，54（13）：8473-8481.

[31] Huang J, Mabury S A. The role of carbonate radical in limiting the persistence of sulfur-containing chemicals in sunlit natural waters [J]. Chemosphere, 2000, 41 (11): 1775-1782.

[32] Fang J, Fu Y, Shang C. The roles of reactive species in micropollutant degradation in the UV/free chlorine system [J]. Environmental Science & Technology, 2014, 48 (3): 1859-1868.

[33] Ji Y, Dong C, Kong D, et al. New insights into atrazine degradation by cobalt catalyzed peroxymonosulfate oxidation: Kinetics, reaction products and transformation mechanisms [J]. Journal of Hazardous Materials, 2015, 285: 491-500.

[34] Wang J, Wang S. Effect of inorganic anions on the performance of advanced oxidation processes for degradation of organic contaminants [J]. Chemical Engineering Journal, 2021, 411: 128392.

[35] Neta P, Huie R E, Ross A B. Rate constants for reactions of inorganic radicals in aqueous solution [J]. Journal of Physical and Chemical Reference Data, 2009, 17 (3): 1027.

[36] Wang J, Wang S. Reactive species in advanced oxidation processes: Formation, identification and reaction mechanism [J]. Chemical Engineering Journal, 2020, 401: 126158.

[37] Thomas K, Volz-Thomas A, Mihelcic D, et al. On the exchange of NO_3 radicals with aqueous solutions: Solubility and sticking coefficient [J]. Journal of Atmospheric Chemistry, 1998, 29 (1): 17-43.

[38] Wang S, Liu Y, Wang J. Iron and sulfur Co-doped graphite carbon nitride (FeO_y/S-g-C_3N_4) for activating peroxymonosulfate to enhance sulfamethoxazole degradation [J]. Chemical Engineering Journal, 2020, 382: 122836.

[39] Grebel J E, Pignatello J J, Mitch W A. Effect of halide lons and carbonates on organic contaminant degradation by hydroxyl radical-based advanced oxidation processes in saline waters [J]. Environmental Science & Technology, 2010, 44 (17): 6822-6828.

[40] Xu Y, Ai J, Zhang H. The mechanism of degradation of bisphenol a using the magnetically separable $CuFe_2O_4$/peroxymonosulfate heterogeneous oxidation process [J]. Journal of Hazardous Materials, 2016, 309: 87-96.

[41] Zhuo S, Ren H, Cao G, et al. Highly efficient activation of persulfate by encapsulated nano-Fe^0 biochar for acetaminophen degradation: Rich electron environment and dominant effect of superoxide radical [J]. Chemical Engineering Journal, 2022, 440: 135947.

[42] Rokhina E V, Suri R P S. Application of density functional theory (DFT) to study the properties and degradation of natural estrogen hormones with chemical oxidizers [J]. Science of the Total Environment, 2012, 417-418: 280-290.

[43] Barhoumi N，Olvera-Vargas H，Oturan N，et al. Kinetics of oxidative degradation/mineralization pathways of the antibiotic tetracycline by the novel heterogeneous electro-Fenton process with solid catalyst chalcopyrite [J]. Applied Catalysis B：Environmental，2017，209：637-647.

[44] Jiang J，Wang X，Liu Y，et al. Photo-Fenton degradation of emerging pollutants over Fe-POM nanoparticle/porous and ultrathin g-C_3N_4 nanosheet with rich nitrogen defect：Degradation mechanism，pathways，and products toxicity assessment [J]. Applied Catalysis B：Environmental，2020，278：119349.

[45] Zhang P，Zhang X，Zhao X，et al. Activation of peracetic acid with zero-valent iron for tetracycline abatement：The role of Fe（Ⅱ）complexation with tetracycline [J]. Journal of Hazardous Materials，2022，424：127653.

[46] Jiang X，Guo Y，Zhang L，et al. Catalytic degradation of tetracycline hydrochloride by persulfate activated with nano Fe^0 immobilized mesoporous carbon [J]. Chemical Engineering Journal，2018，341：392-401.

第6章
结论及发展趋势

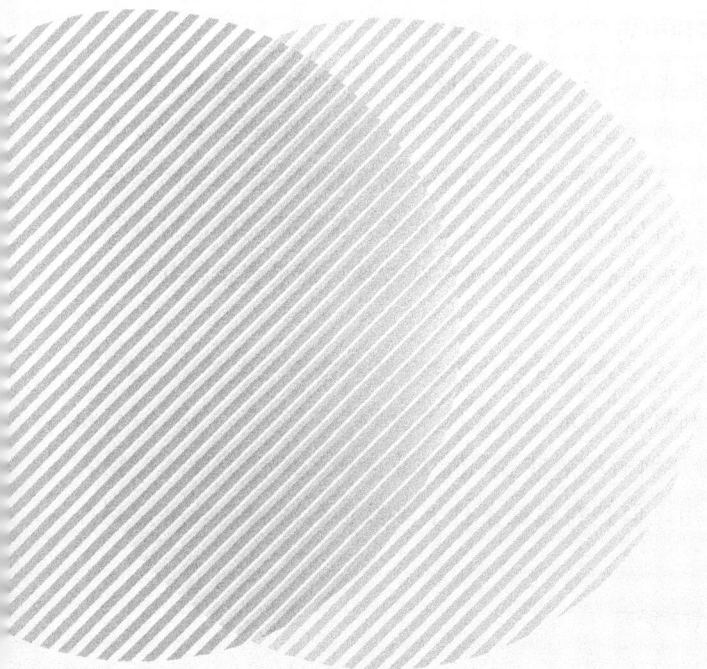

6.1 结论

综合笔者研究结果，可得出以下结论。

① 利用 $FeCl_3$ 耦合聚乙二醇 400（PEG400）的新方法处理水稻秸秆，水稻秸秆的物理结构得到了适度的改善，有利于铁元素在秸秆表面的沉积，使铁原子含量提高了 19 倍。处理后秸秆的化学结构，尤其是木质素的化学官能团没有被破坏。通过一步热解法，使处理后秸秆转化为了纳米零价铁生物炭（nZVI-BC）。PEG400 具有促进 $FeCl_3$ 水解的作用，该处理方法中的铁相转移是合成 nZVI-BC 的主要机制。nZVI-BC 具有良好的石墨层包裹性、优越的比表面积和丰富的孔结构，其中微孔比表面积和孔容分别占 73.85% 和 49.59%。材料表面含有大量的含氧官能团，对过硫酸盐的活化十分有利。

② 以对乙酰氨基酚（ACT）作为研究对象，考察了 nZVI-BC 活化过二硫酸盐（PDS）降解 ACT 的催化效能。结果表明，在 PDS/nZVI-BC 体系中，ACT 可在 20min 内被 100% 去除，降解速率最高可达 $0.3748min^{-1}$，比大多数文献报道的速率高很多。nZVI-BC 在反应过程中的铁离子浸出浓度很低（0.036mg/L），不会对水体造成二次污染。在 5 次循环使用后，nZVI-BC 的催化能力仍然可使 ACT 的降解率维持在 90% 以上，具有良好的稳定性和循环利用性。在反应过程中，nZVI-BC 的多孔、缺陷、杂化碳、C—O、C=O、Fe(0) 和 Fe(Ⅱ) 共同参与了 PDS 的活化，产生了 4 种活性氧（ $\cdot OH$、$SO_4^-\cdot$、$O_2^-\cdot$ 和 $^1O_2$ ），共同作用于污染物 ACT，使其降解产生了多种中间产物，矿化率达到了 61.7%。

③ $FeCl_3$ 耦合 PEG400 处理水稻秸秆产生的液体产物在稀释过程中可以自组装形成木质素纳米颗粒，且木质素的形态呈球状，Fe^{3+} 的存在导致木质素纳米颗粒的分散性变差。木质素纳米颗粒被证明含有丰富的官能团（亲水基团和疏水基团），考虑到体系中木质素胶粒的特性和 Fe^{3+} 的存在，推断该液体产物具有絮凝的潜力。因此，未将该产物中的木质素进行提取或改性，而是直接将其作为木质素基絮凝剂应用。

④ 以液体产物作为木质素基絮凝剂对 9 种阴离子染料都有脱色能力。其中，对 CR、AR、RR 3 种染料的脱色效果最好，脱色率分别为 99.84%、99.37% 和 97.49%。木质素基絮凝剂投加前后的溶液 pH 值变化表明了酸性的液体产物具有自动调节体系 pH 值的作用，但是在强碱条件下多数染料的脱色效果受到抑

制。木质素基絮凝剂中的 Fe^{3+} 起到电荷中和的作用，当木质素基絮凝剂加入染料溶液中时，其自组装形成的木质素纳米颗粒能够与染料分子发生化学反应，且反应迅速。化学反应主要发生于木质素纳米颗粒的羟基和 CR 的氨基之间，该反应增加了絮体的疏水性，有利于沉淀物从水中脱除。此外，木质素纳米颗粒作为天然高分子聚合物，可以增加絮凝物的分子量并增强其网状结构，从而加速絮体的沉降。

⑤ 通过含有 Fe、N、C、O 元素的絮体一步热解合成了同时掺杂 Fe 和 N 原子的磁性生物炭催化剂（Fe-N@MFC）。该方法合成简单，且材料同时具备两种稳定构象的 Fe_3C 和 Fe_4N 催化位点，它们被包裹在石墨层内，可保护其不被氧化，而且材料的磁性强度大（17.9emu/g），容易实现固液分离。材料具有良好的缺陷结构和丰富的官能团（C=C/C—C、C—O、C=O 和 O—C=O），对过硫酸盐的高级氧化十分有利。

⑥ 以抗生素四环素（TC）作为目标污染物研究了 Fe-N@MFC 的催化能力。实验结果证明，Fe-N@MFC 可以有效活化 PDS 降解 TC，在 60min 内，TC 的降解率为 90.50%，降解速率为 $0.3304min^{-1}$。猝灭实验和 EPR 测试说明了 •OH 和 SO_4^- 在反应中发挥了主要作用。材料的结构变化表明，Fe-N@MFC 中的 Fe_3C 和 Fe_4N 参与了反应，通过 DFT 计算证实了 Fe_3C 和 Fe_4N 的掺杂增强了 Fe-N@MFC 对 PDS 的吸附和解离，从而促进了 Fe_3C 和 Fe_4N 中零价铁和二价铁与 PDS 之间的氧化还原反应，由此引发活性氧物质攻击 TC，使 TC 主要通过自由基反应发生降解。Fe-N@MFC 可多次循环利用，铁离子浸出浓度低（0.15mg/L），自身具备磁性，便于回收，在未来应用中有很大的潜力。

6.2 成果创新点和进一步研究方向

通过一种水稻秸秆处理体系衍生出 3 种环境功能材料，并将其应用于水污染物的去除，实现生物质转化和废水处理，主要的创新点如下：

① 基于金属卤化物的酸催化和聚乙二醇（PEG400）的相转移特性，提出了 $FeCl_3$ 耦合 PEG400 改性处理水稻秸秆热解制备纳米零价铁生物炭催化剂的新方法，阐释了铁元素由氯化铁向处理秸秆表面转移的负载沉积机制。

② 发现 $FeCl_3$ 耦合 PEG400 改性处理水稻秸秆的液体产物是一种具备较强染料脱色能力的新型木质素基絮凝剂，解析了 Fe^{3+} 的电荷中和与木质素纳米颗

粒的化学吸附等脱色絮凝机制。

③ 利用木质素基絮凝剂与染料形成的絮体合成了具有稳定构象 Fe_3C 和 Fe_4N 的铁-氮生物炭，揭示了其在活化过硫酸盐降解四环素过程中对过硫酸盐的强化吸附解离和 $\cdot OH$ 与 $SO_4^-\cdot$ 的协同降解机制。

基于 $FeCl_3$ 耦合 PEG400 的方法处理水稻秸秆，实现了纳米零价铁生物炭的转化，制备了木质素基絮凝剂，并以染料去除后的絮体热解合成了铁-氮生物炭。这些材料对污染物具有高效的催化作用和脱色作用。但是，在整个研究过程中仍有一些问题和不足值得思考。

① 水稻秸秆的处理液作为絮凝剂与染料发生反应后，上清液中残余的铁离子和木质素虽然被证明不会对水体造成二次污染，但是，木质素的剩余浓度并没有一种标准的方法可以检测，木质素是一类难生物降解的物质，它在出水中能否被进一步降解使其完全去除仍是未来值得研究的问题。

② 本书对纳米零价铁生物炭和铁-氮生物炭活化过硫酸盐降解有机污染物进行了研究，证明了其催化能力，阐释了催化机制。但是，若要进一步将材料用于实际污染物去除，还需对材料的催化作用机制进行更深层次的解析，以提供更加有力的理论支撑。

6.3 发展趋势分析

未来 5 年是实现"双碳"目标的关键时期，秸秆作为农业固体废物，含有丰富的碳资源，其综合利用是国家重视且支持的资源转化途径。秸秆基水处理材料，包括生物炭、絮凝剂等不同类型的产品开发，可为秸秆的高值化利用、污染水体的治理修复提供双重保障，是绿色低碳产业的重要技术发展方向。当然，秸秆的综合利用和应用出路不应局限于生物炭或絮凝剂在污水治理方面的研究，未来可将秸秆的转化与燃料、能源相结合，实现绿色能源、燃料产品的升级等。另外，对于秸秆基材料的研究，可借助人工智能、机器学习等手段，为技术研发过程中参数的优化、作用机理的分析等提供帮助，以期为今后规模化生产秸秆基材料提供更有说服力的数据支撑和理论技术指导。

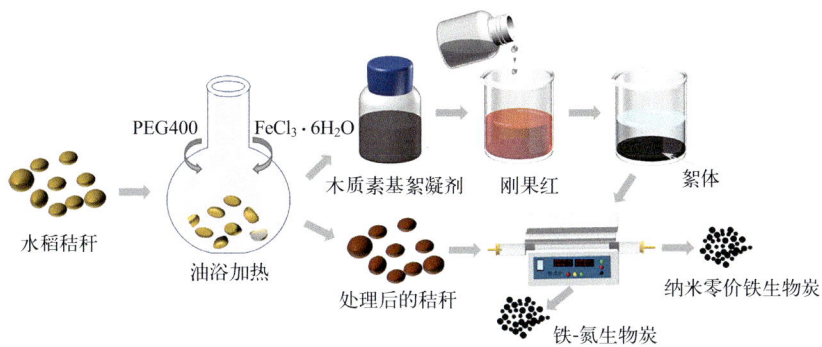

图 2-1　材料的制备过程示意

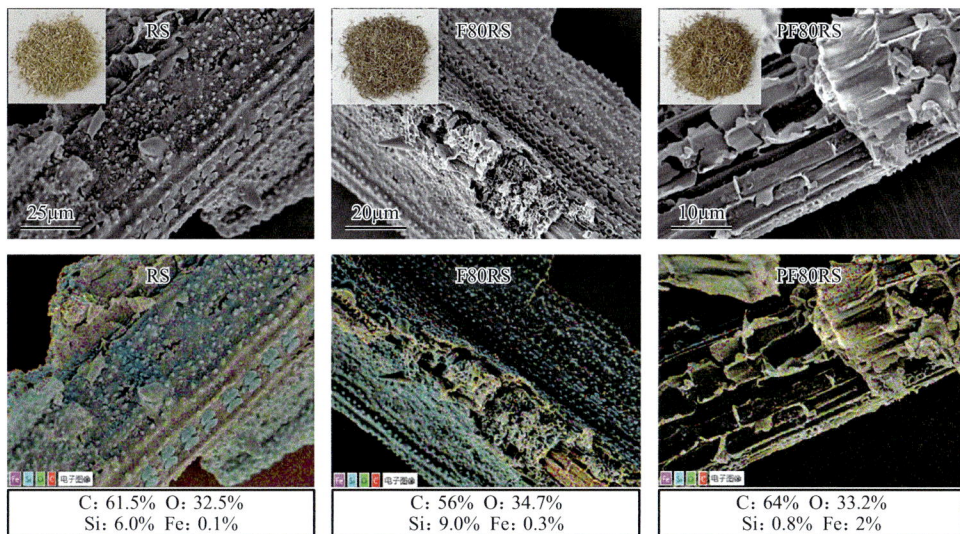

C: 61.5% O: 32.5%
Si: 6.0% Fe: 0.1%

C: 56% O: 34.7%
Si: 9.0% Fe: 0.3%

C: 64% O: 33.2%
Si: 0.8% Fe: 2%

图 3-4　不同处理后水稻秸秆的 SEM 和 EDS 图像

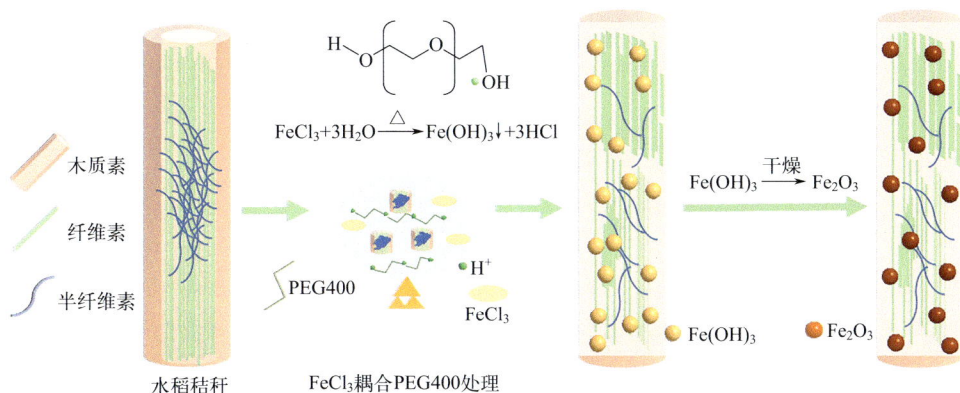

$$FeCl_3 + 3H_2O \xrightarrow{\triangle} Fe(OH)_3\downarrow + 3HCl$$

$$Fe(OH)_3 \longrightarrow Fe_2O_3$$

图 3-8　FeCl$_3$ 耦合 PEG400 处理水稻秸秆的相转移机制

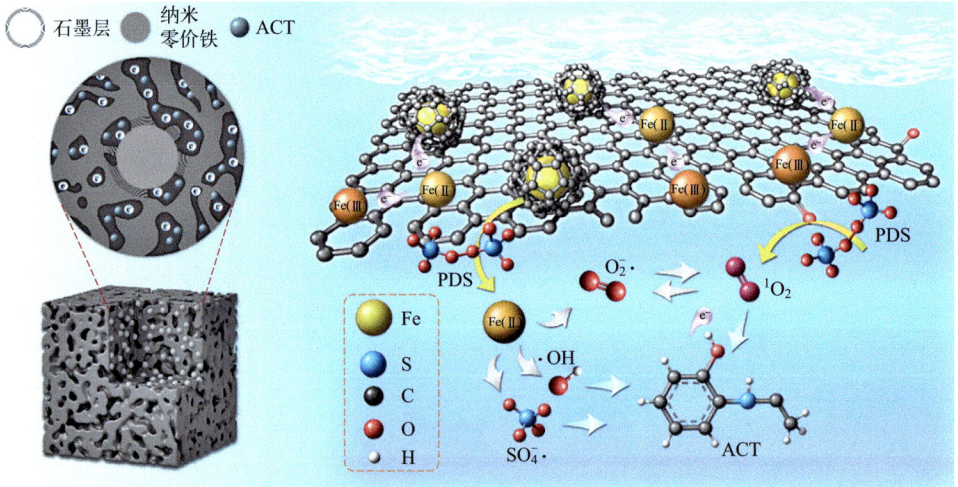

图 3-25   nZVI-BC 活化 PDS 降解 ACT 的机制

(a) 木质素基絮凝剂发生的丁达尔效应

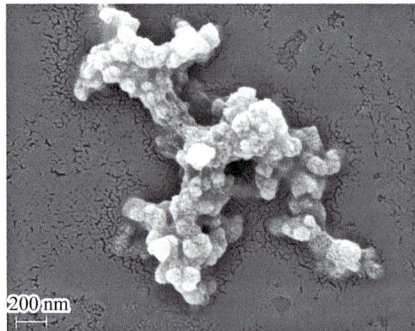

(b) 木质素纳米颗粒的SEM图

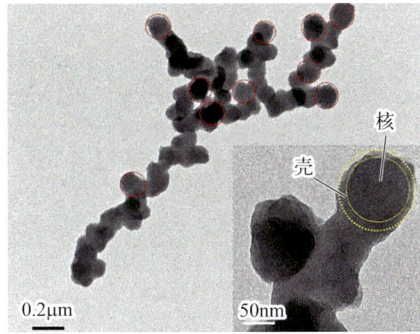

(c) 木质素纳米颗粒的TEM图

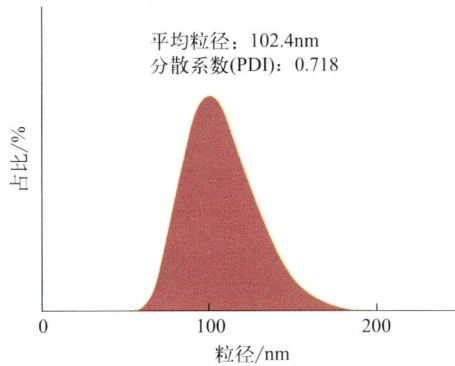

平均粒径：102.4nm
分散系数(PDI)：0.718

(d) 木质素颗粒的粒径分布图

图 4-1　测试现象和结果图

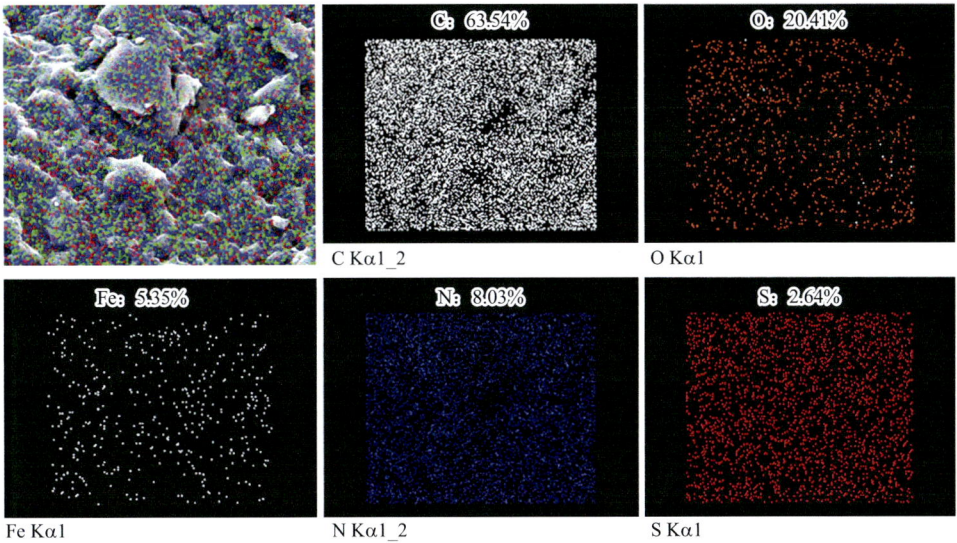

图 4-12　木质素基絮凝剂作用于 CR 后絮体的 EDS 图

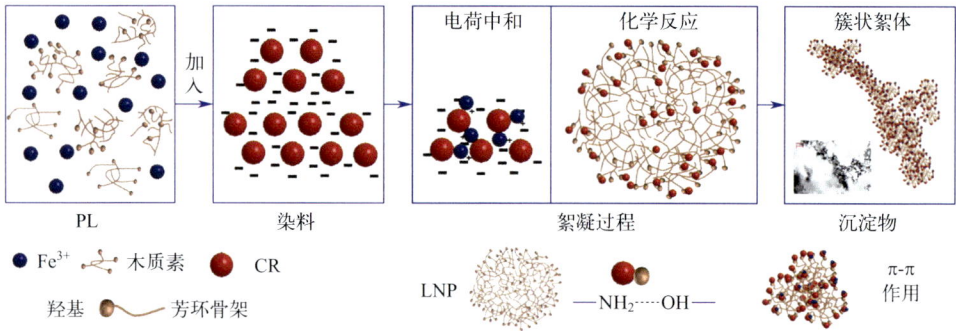

图 4-23 木质素基絮凝剂与 CR 的絮凝反应机制

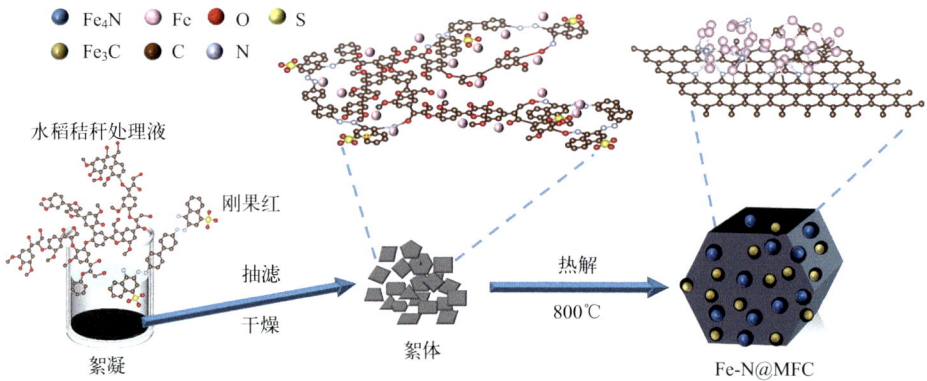

图 5-1 Fe-N 生物炭制备的过程示意

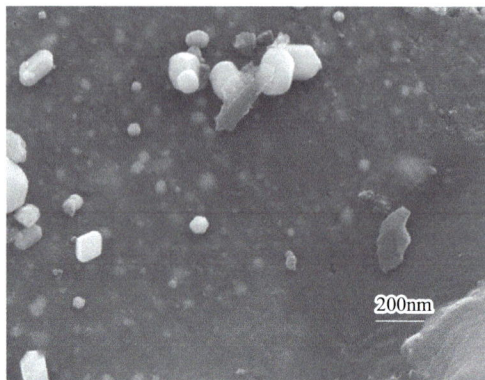

(a)

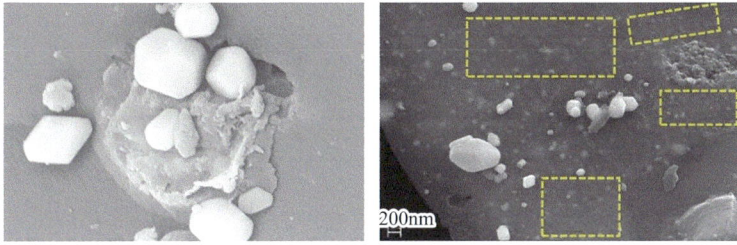

(b)　　　　　　　　　　　　　(c)

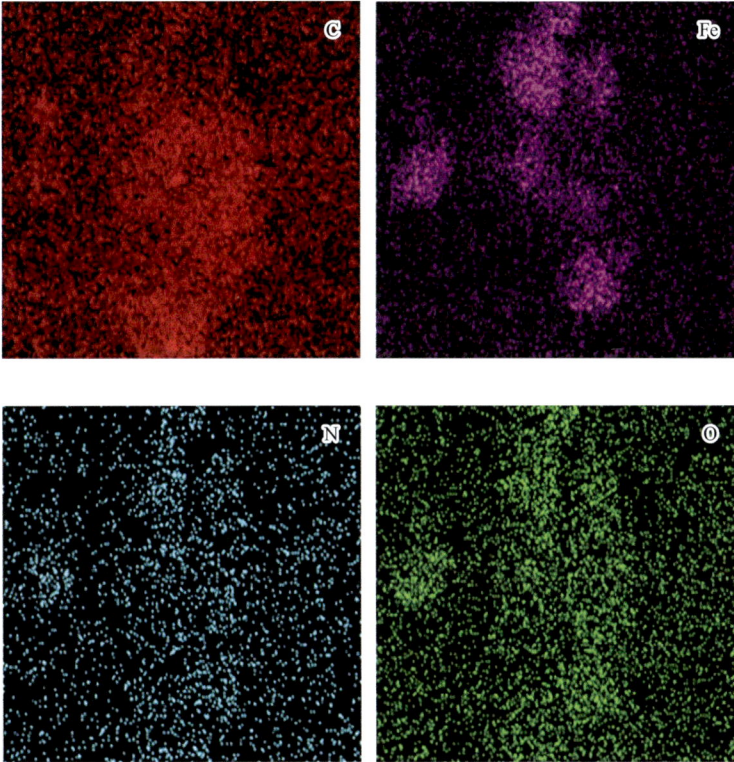

(d)

图 5-4　Fe-N@MFC 的 SEM 图像和 EDS 图

(a)

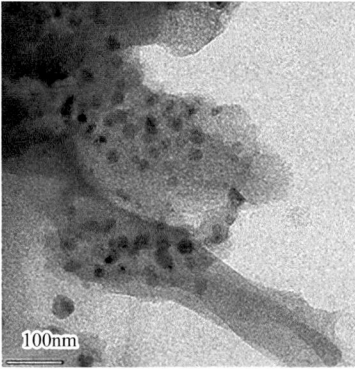

(b)

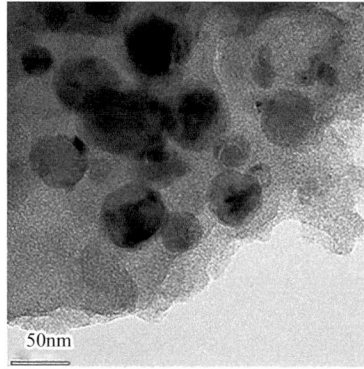

(c)

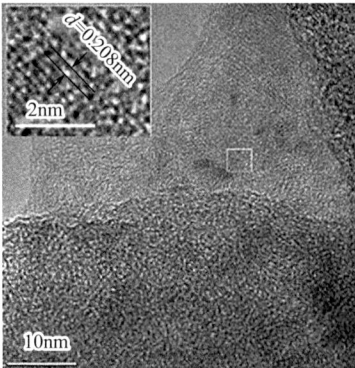

(d)

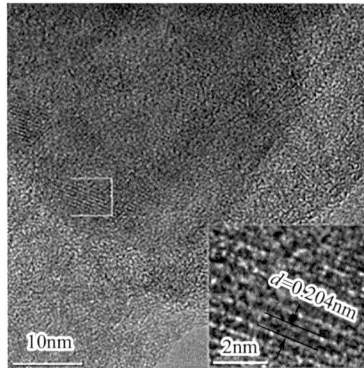

(e)

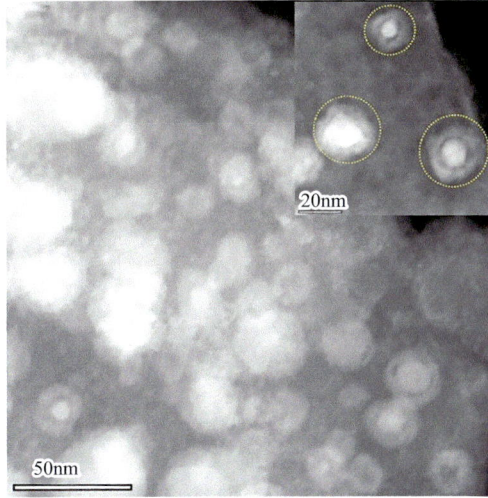

(f)

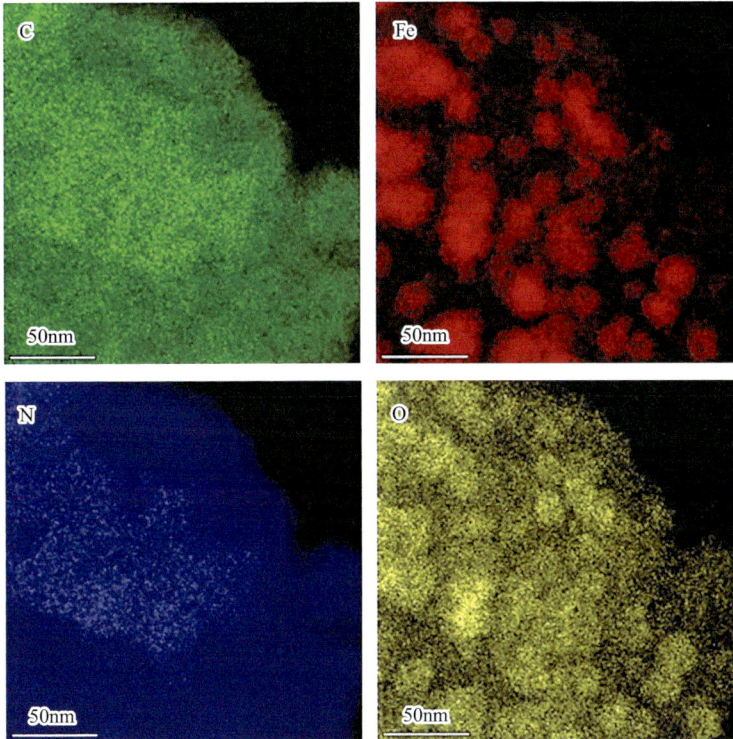

(g)

图 5-5　Fe-N@MFC 的 HRTEM 图像（a～e）、
HAADF-STEM 图（f）和 EDS Mapping 图（g）

$E_{ads}=-2.80eV$ 模型1

$E_{ads}=-8.66eV$ 模型2

$E_{ads}=-9.84eV$ 模型3

$E_{ads}=-10.05eV$ 模型4

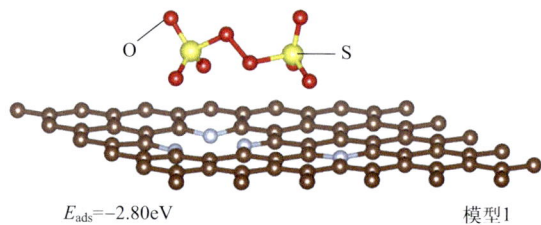

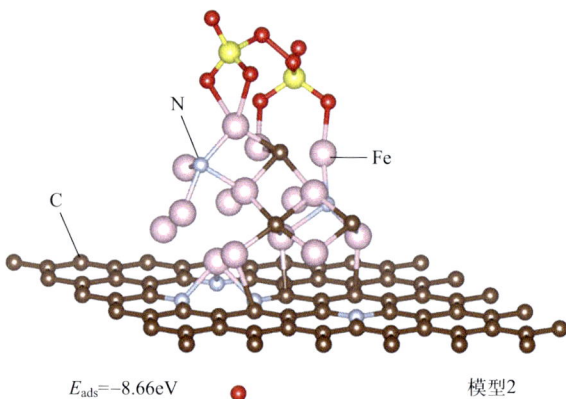

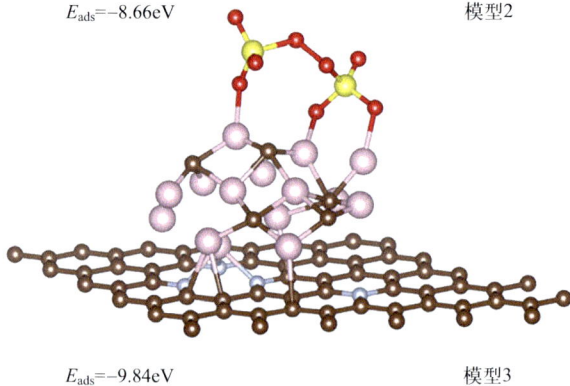

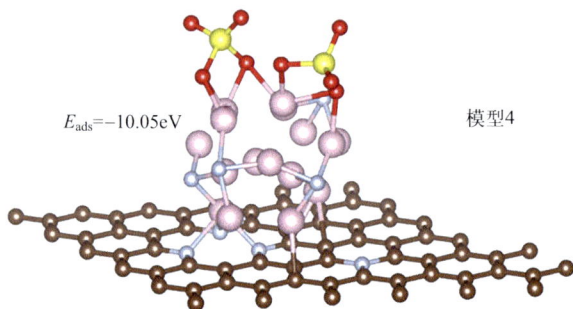

(a) PDS在4种模型上的吸附

模型1

模型2

模型3

模型4

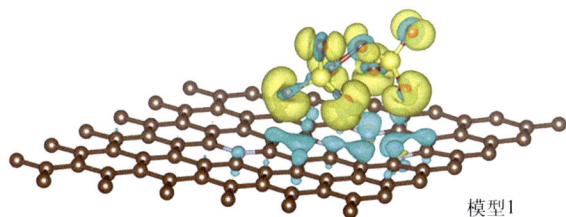

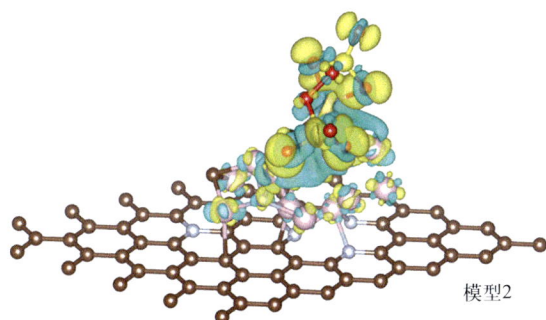

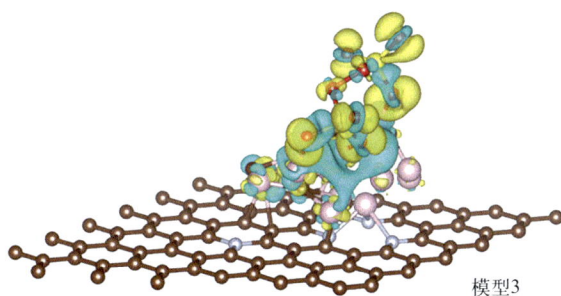

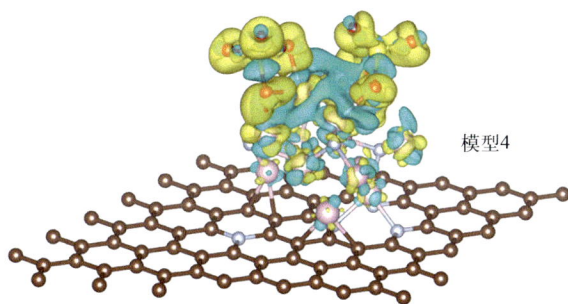

(b) 差分电荷密度分布

图 5-26　PDS 在 4 种模型上的吸附和差分电荷密度分布

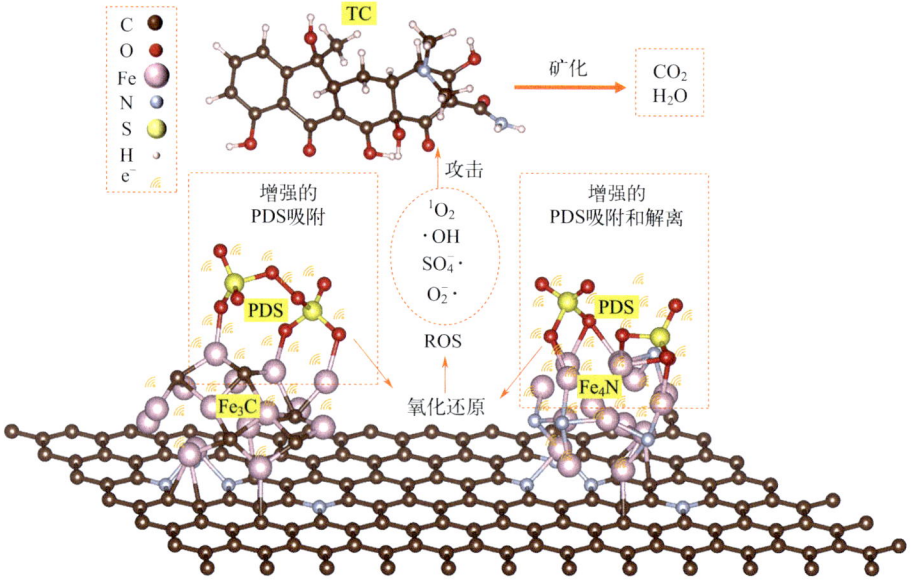

图 5-28　Fe-N@MFC 活化 PDS 的机制示意

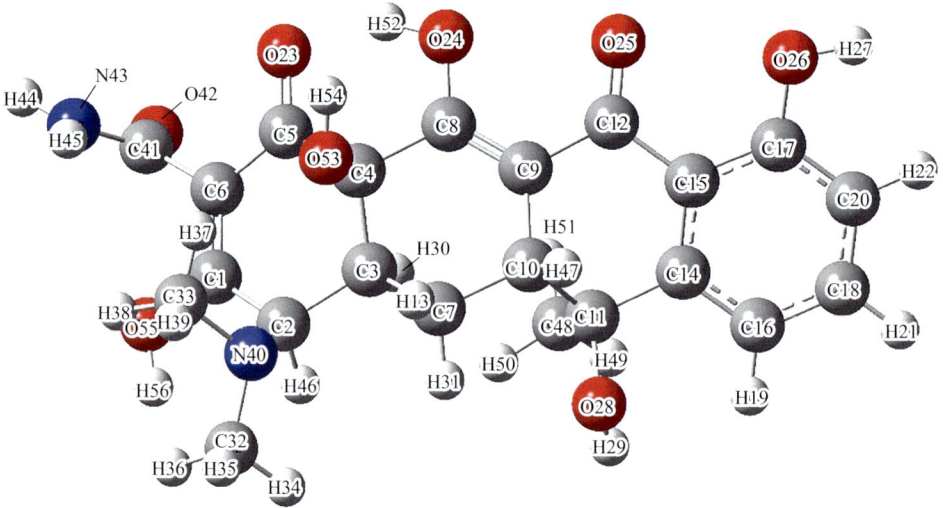

图 5-29　TC 的优化结构

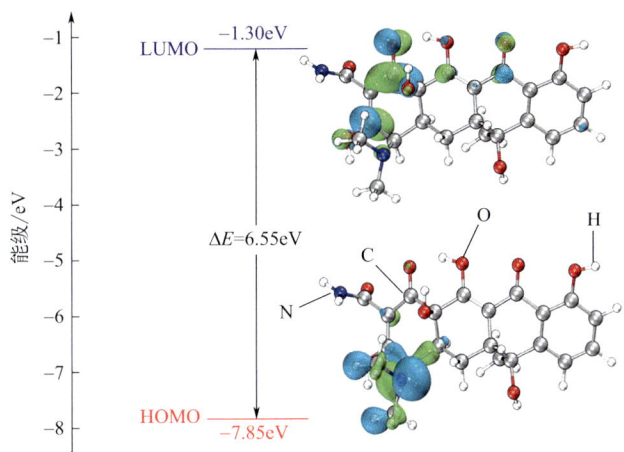

图 5-30　前沿分子轨道能级图和等密度图